これからはじめる人の
プログラミング言語の選び方

掌田　津耶乃・著

秀和システム

- 本書で使われているサンプルのプログラムは、次のURLからダウンロードできます。
  http://www.shuwasystem.co.jp/support/7980html/5746.html

- 本書に記載した内容は2019年2月現在のものであり、製品名やバージョン、価格、URLなどは、その後変更される可能性があります。

■注意
1. 本書は著者が独自に調査した結果を出版したものです。
2. 本書は内容に万全を期して作成しましたが、万一ご不審な点や誤り、記載漏れなどお気づきの点がありましたら、出版元まで書面にてご連絡ください。
3. 本書の内容に関して運用した結果の影響については、上記にかかわらず責任を負いかねますのであらかじめご了承ください。
4. 本書およびソフトウェアの内容に関しては、将来予告なしに変更されることがあります。
5. 本書およびソフトウェアの一部または全部を出版元から文書による許諾を得ずに複製することは禁じられています。

■商標等
・ 本書に登場するシステム名称、製品名等は一般に各社の商標または登録商標です。
・ 本書に登場するシステム名称、製品名等は一般的な呼称で表記している場合があります。
・ 本書では©、TM、®マークなどの表示を省略している場合があります。

はじめに

🔵 「プログラミング」世界の入口は、ここだ！

 2020 年だそうだ。子どもたちがみんな、学校でプログラミングを学び始める年。どうするよ、それまでに義務教育を修了しちゃってる人たち。自分たちより年下は、みんなプログラミング技術を身につけて世に出てくるんだぜ？「なんか、このまんまだとまずいんでないか……」なんて思ってはいるんだけど、具体的にどうすればいいかわからない。「そんなの**文系**のオレにわかりっこないし」、そう思い込んで諦めている君。君！ ほら、きょろきょろしない。そう、これを読んでる君のことだ。

 なんで、そこで「どうせダメだ」と決めつけるんだ？ そんなの誰が決めたんだ？ 未来の子どもたちは、みんなプログラミングして社会に出てくるんだぜ？ 未来の子どもたちはみんな理系脳なのか？ みんな IQ が 120 以上あるのか？ んなわけないだろう。彼らができるなら、君にだってできるはずだ。そうだろ？

 君がプログラミング**できない理由**は、たった一つしかない。それは、**プログラミングを始めようとしないから**だ。「やってやろうじゃん！」と思えば、今すぐにでもできるんだ。
 プログラミングが「理系で知能指数の高い一部のエリートが行うもの」だった時代は、もう 50 年も前の話だ。プログラミングだって日々進歩している。今じゃ、小学生だって絵を動かし音を鳴らし、オリジナルのゲームを作って悦に入ってる。それは別にその子が特別なんじゃない。誰でもそんなことができる、そういう時代が到来しているんだ。
 遅すぎることはない。今すぐに始めようじゃないか、プログラミングを。

 「でも、**どうやって始めたらいいかわからない**」って？ 心配する必要はないさ、そのためにこの本があるんだ。ここでは、プログラミングっていうのがどういうものか、どんな**ジャンル**でどういうプログラミング言語が使われているか、どんな**ツール**でプログラミングすればいいか、全部書いてある。おまけに、「プログラミングってどんな感じなのか」の体験までできる。
 これを読めばプログラミングできるようになる……ことは、全然ない。読み終わっても、プログラミングはできないままだ。だけど、「プログラミングできるようになるための**道筋**」は見えてくるはずだ。あとは、その道を歩き出すだけ。簡単だろ？
 さ、それじゃ行ってみようか。「プログラミング」っていう世界の入り口にさ。

2019 年 2 月
掌田　津耶乃

CONTENTS

も・く・じ

はじめに 3

Chapter1 プログラミングの世界を知ろう　　7

1-1　プログラミングの世界って？..................... 8
1-2　プログラミング言語を知ろう..................... 29
1-3　プログラミングの周辺の話....................... 46

Chapter2 パソコンプログラミングの世界　　65

2-1　アプリ開発のプログラミング言語................. 66
2-2　インタープリタで動かす言語..................... 99

Chapter3 Webとサーバー開発の世界　　117

3-1　Webとサーバー開発の言語....................... 118
3-2　フレームワークの世界........................... 148

Chapter4 スマホ・タブレット開発の世界　　169

4-1　アプリ開発のプログラミング言語................. 170
4-2　アプリでプログラミング！....................... 196
4-3　スマホ開発するなら何がベスト？................. 206

Chapter5 開発ツールの世界　　　　　　　　209

- 5-1　統合開発環境 210
- 5-2　特定用途に向けた開発ツール 229
- 5-3　開発ツールはどう選ぶ？ 248

Chapter6 ゲームと教育向けプログラミングの世界 251

- 6-1　ゲーム開発の世界 252
- 6-2　教育向けプログラミングの世界 270

Chapter7 「プログラミングの世界」を覗く　　　293

- 7-1　JavaScripでプログラミング！ 294
- 7-2　オブジェクトでWebページを操作しよう 324

- 索引 350

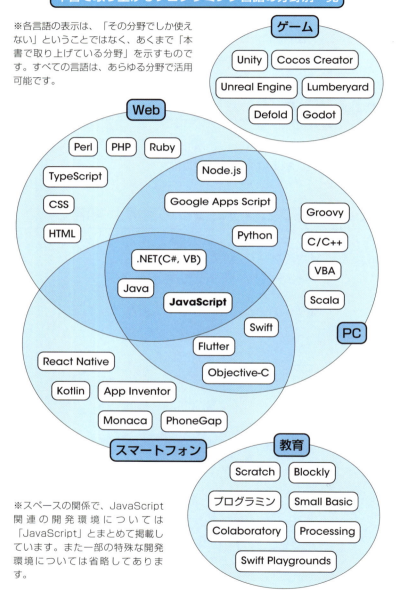

Chapter 1

プログラミングの世界を知ろう

　この本を手にした君。君は「プログラミング」っていうものについて、少しばかりの興味と、圧倒的にでっかい不安を、たぶん抱いているはず。そんな君のために、まずは「プログラミング」という世界がどういうものなのか、考えていくことにしよう。すべての不安は、「知らないこと」から生まれるもの。知ることが、すべての始まりなんだから。

1-1 プログラミングの世界って？

この世はすべてソフトでできているのだ！？

　とりあえず、君は「プログラミングってもんに興味がある」という人間である、はずだ。でなかったら、こんな本、読まないからね。興味があるってことは、多少は「プログラミングっていうのがどういうものか」を知っていることだろう。……いや、具体的なナニかではなくってね、「プログラミングって多分、こんなもんでしょ？」という漠然としたイメージみたいなものだな。
　プログラミングという仕事。これは、端的にいえばこう。

ソフトウェアを作ること

　実に単純。ソフトウェアを作る仕事、それがプログラミングだ。「そんなこと、当たり前じゃん」……はいはい、そうですね。じゃあ聞くけど、「ソフトウェア」って何のことだい？
　「パソコンとかで使うワープロとか、ブラウザとか、そういうもののこと」……はいはい、これまた予想した通りの答えでしたね。が、残念ながらこれは不正解。いや、確かにワープロもブラウザもソフトウェアなんだけど、「それがソフトウェアだ」と思われるとちょっと困る。君の答えは、「車ってどういうもの？」と聞かれて「ベンツのことだ」と答えるようなもの。そりゃ、間違いじゃないよ。ないけど、それが正解となったら、トヨタや日産の立場はどうなる？
　要するにだね、ワープロやWebブラウザとかといったものは、確かにソフトウェアなんだけど、「ソフトウェアのごくごく一部」でしかない、ということ。

　ソフトウェアというのは、もっともっとさまざまなものがある。パソコンの**OS**（Operating System、WindowsやmacOSなどの基本ソフト）そのものだってソフトウェアだ。それに、パソコン以外のものだってある。家電製品にだっ

てソフトウェアは使われている。それどころか、車やテーブルや家や洋服やサッカーや小説や映画にだってソフトウェアはある。……はぁ、わけがわからなくなってきた？　じゃあ、まずは「ソフトウェアって何か？」ということから考えていこうか。

● ソフト＝「情報」？

　この世のあらゆるものは、「ハードウェア」と「ソフトウェア」からできている。ハードウェアというのは「モノ」の部分のこと。そして、それ以外の部分が「ソフトウェア」だ。「それ以外って、何？」と思うだろうが、これはわかりやすくいえば「情報」のことだ。要するに、ハードウェアに付随するあらゆる情報、それが「ソフトウェア」だ。

　例えば、君が書店で漫画を買ったとする。このマンガ本は、ハードウェアだ。では、そのマンガ本に、まったく何も印刷されていなかったらどうだろう？　全部のページが白紙だったら？　君は、それを買うだろうか？　「買うわきゃない」って？　そりゃそうだ。君は紙をとじた「マンガ本」というハードウェアが欲しかったわけじゃなくて、そこに印刷されている「漫画」という情報が欲しかったわけだ。これが「ソフトウェア」だ。

　音楽CDにしたって、そこに収められている「音楽」というソフトウェアがなかったら意味がない。「テーブルや洋服ってのは？　そんなもん、何もないじゃないか」と思うかもしれない。が、実はちゃんとある。それは「デザイン」というソフトウェアだ。だって、洋服の生地や糸やボタンをそのまま「はい」って渡されたって嬉しかないだろう？

　でもまぁ、普通は「この洋服は生地というハードウェアとデザインというソフトウェアによって構成されているものだ」なぁんてことは考えない。なぜって、こういうのは全部、ソフトウェアとハードウェアを分けて考えることができないから。ソフトウェアを作るってのは、自動的にハードウェアも作ることになってたわけだね。

　だから、そうしたものしかない時代には、別に「ソフトウェアを作る人」「ハードウェアを作る人」なんて分けて考えることはあんまりなかった。もちろん、例えば洋服のデザインを考える人と、実際にそれを作る人は別だけど、デザインを考える人にしたってそのデザインをちゃんとしたハードウェアの形（デッサンとか模型とかね）で用意するのが当たり前だったわけだね。

ところが、これが通用しない世界が登場してしまった。それが「デジタル」という世界だ。

ソフトウェアはすべてプログラム……じゃない？

　デジタル情報というのは、ハードウェアとソフトウェアを切り離すことができてしまう。

　……例えば、さっきの「パソコンのソフトウェア」というのを考えてみよう。パソコンのワープロは、確かにハードディスクというハードウェアに記録されている。けれど、それは「永遠に、そのハードディスクと一緒にいる」ってわけじゃない。コピーすれば、別のディスクにそれ自身を移すことができる。デジタルでない世界（アナログってやつだね）じゃ、こうはいかない。本の中から、そこに印刷されているマンガというソフトウェアだけをベリベリとはがしてほかの白紙の本に移す、なんてことはできないだろう？

　要するに、デジタルの世界では、ハードウェアとソフトウェアは完全に切り離されているんだ。もちろんハードウェアがないとソフトウェアが動かないのは確かだけど、でも特定のハードウェアの中だけでしか生けていけないわけじゃない。ほかのハードウェアにソフトウェアを移したり複製したりして動かすことができてしまう。

　これが可能になったことで、デジタルの世界では「ハードウェアを作る人」と「ソフトウェアを作る人」が分かれるようになってきた、というわけ。パソコンでドキュメントを作る人、絵を描く人、音楽を作る人。みんな「ソフトウェアだけ」を作っている人たちだね。昔は絵を描くにもキャンバスというハードウェアを使ったり、音楽を作るにも楽器や譜面というハードウェアを使ったのだけど、今では全部、ソフトウェアそのものだけを作って済むようになったのだ。

　「……え。ちょっと待てよ。じゃあ、パソコンで絵を描く人も曲を作る人も、それじゃあみんなプログラマだってのか？」

　なんて思った人。実は、そうなんだ。でも、そうじゃない。えーとね、どういえばいいのかな……。

　今は、パソコンで絵を描こうとしたら、グラフィックツールを使うよね？

1-1 プログラミングの世界って？

　だけど、昔はそうじゃなかったんだ。昔は、絵を描くのも音を鳴らすのも、すべてプログラムを組んで作っていた。パソコンでグラフィックを表示させるには、「ここからここまで円を描け」「ここを赤く塗れ」というような命令をずらっと書いて実行させていた。
　つまり、昔は「パソコンで絵を描く」というのは「プログラムを書く」ことだったわけ。絵に限らず、音楽もテキストもすべてそうだった。

　けれど、今ではそうしたものは専用のソフトウェアを使って簡単に作ることができる。実は、コンピュータの内部的には、行っていることはそれほど大きく変わっているわけじゃないんだけど、ややこしい処理の大半をOSや、API（エーピーアイ）と呼ばれる特別なプログラムなどが行ってくれるようになっていて、今では「ここからここまで円を描く」という命令を実行しなくても円が描けるようになった。描く絵のデータだけあれば、それを元に絵が表示できるようになった。
　そう、つまり今のデジタルの世界では、ソフトウェアは「データ」の部分と「処理」の部分に分かれている、といってもいいだろう。この「処理」の部分が、「プログラム」なんだ。
　そして、そのプログラムを作るという仕事を行うのが、「プログラマ」というわけだ。……やれやれ、ようやくこれで最初の話に戻ってきたぞ。

デジタルなものはすべてプログラムで動く！

　こんなふうに、「ソフトウェアっていうのはとっても幅広くあるものだ」っていうことが頭に入っていれば、プログラムというものも実は僕らが考えている以上に幅広く使われているものなんだ、ということに気がつくだろう。

　さまざまなデジタル情報を「処理」するためのもの、それはすべて「プログラム」だ。である以上、そうしたものはすべて「プログラマ」が作っているわけ。……まぁ、もちろん、場合によってはそれを作っている人を「プログラマ」と呼ばない場合もあるだろうけど、実質的に「プログラムを作る人」っていうことに変わりはない。
　ということは……君が考えていた「ワープロとかブラウザとか」がプログラムだ、というのは、実はプログラムのごくごく一部分しか見ていなかったことが、なんとなくわかってくるんじゃないかな。プログラムは、もっともっ

と幅広く使われている。どんなものに？　そうだな、ちょっと思いつくものだけでもざっと挙げていってみようか。

- パソコンの中に入っているソフトウェア。これは当然。
- パソコンのOSそのものだって、もちろんプログラム。
- インターネットで配っていたりする「フリーウェア」なんかもプログラム。
- ていうか、インターネットのWebサイトだってプログラムじゃない？
- Webサイトやメールを管理している「サーバー」だってプログラムで動いてるはず。
- だったら、スマホやタブレットのアプリだってプログラムだよね？
- スマホでアプリが動くってことは、スマホにだってOSが入ってることになる。これだってプログラム。
- だったら、カーナビとか電子レンジだってプログラムが入ってるはずだよね。
- それじゃ、デジタルな機械は、全部プログラムで動いてる？

　……ちょっと待てよ。なんか、ずいぶんとボーダイなものになってしまいそうだぞ。こんな調子で一つずつ挙げていったんじゃいつ終わるかわかったもんじゃないな。ちょっと整理してみようか。

①コンピュータの中の世界

　ワープロなんかのソフトウェア、OS、そういうものだね。これがまぁ、基本。といっても、OSそのもののように高度なものから、「Excel」(エクセル)を使ったデータの管理システム作りみたいなものまで、かなり幅広いものがある。

②デジタル機器の中の世界

　スマートフォンやタブレット、Alexa (アレクサ)のようなスマートスピーカーなんかは、みんな中にOSが入っていて、そこにアプリが組み込まれている。これって、ほとんどコンピュータと同じようなものだ、って考えていい。

③ネットワークの中の世界

　今や、こっちのほうがプログラミングの主流になっているかもしれない。インターネットのサイト開発などのことだね。スマホのアプリでGoogleマップの地図なんかを表示するものもあるけど、こういうアプリも実は同じような仕組みで動いてたりするんだ。

④組み込み機器の世界

意外に気づかないのが「機械に組み込まれているソフトウェア」だ。カーナビとか電子レンジとかいったものの中の処理も、もちろんプログラムが行っている。こうしたプログラムの需要というのは、実はこれから一番多いっていわれている。

①や②については、誰もが納得するだろうけど、③については「あれ？ホームページってプログラミングするもんだっけ？」と思う人もいるかもしれない。

確かに、最近ではホームページ作成ツールを使ったり、ブログなどのサイトを利用したりして簡単にWebサイトを作れるようになった。けれど、やっぱりWebサイト作りっていうのは基本的に「プログラミング」なんだ。前にいった「絵を描くのも昔はプログラミングだった」というのと同じ。ホームページというのは、内部的にはすべてプログラムを元に表示や動作を行っている。最近はマウスでデザインしてそうしたプログラムを自動的に作ってくれるソフトなどがあるので、そのことに気がつかないだけなんだよ。

④については、ほとんどの人が「えっ、そんな世界があったの？」という感じかもしれない。まさか、さまざまな電化製品の中に「プログラム」が入っているなんて想像していなかっただろう。けれど、これも立派なプログラム。ただ、いわゆるパソコンのソフトやホームページと違って、アマチュアが自分で作って冷蔵庫のプログラムを入れ替えたりできない。要するに「本職の人だけの世界」なんだね。

プログラミングって楽しいの？

さて、こうした「プログラム」というものを作ること、それが「プログラミング」だ。で、このプログラミングという世界がどんなものか、これから話していくんだけど……その前に、ここで根本的な疑問についてお答えしておきたい。

それは、「そもそもプログラミングなんかやって、楽しいのか？」という疑問だ。

プログラミングというものの説明はこの先ずらずらと続くけど、そもそも

「プログラミングやって、何が面白いんだよ？」という疑問に答えずして、先に進むことはできないだろう。だって、つまんないなら、この先、進む意味ないじゃん？　誰だって、クソ面白くもないことを苦労してやりたくなんかないだろうし。

では、プログラミングは楽しいのか？　これは、僕が自信を持っていっておこう。

　　プログラミングは、楽しい！
……ただし、プログラミングの**勉強**は、あんま楽しくない。

多くの人は、参考書かなんかを買ってきて勉強してみて、「あ〜、プログラミングなんて面白くない」と思ってしまったりする。それは、間違いだ。それはプログラミングではなくて、「プログラミングの勉強」なのだ。勉強は、楽しくない。まぁ中には「勉強が楽しい！」という人もいるかもしれないけど、少なくとも僕はあんまり楽しくない。だって、勉強だもん。

が、プログラミングは楽しい。要するに、「実際にプログラムを作るということ」は、そりゃあもう楽しいものなのだ。……じゃあ、何がそんなに楽しいのか？　それは、こういうこと。

　　「何かを作る喜び」にまさるものはない！！！

結局、なんだかんだいっても、最後にたどり着くのは、ここなんだ。「自分で何かを作り出す」ということ。これ以上の楽しさ・面白さ・喜びというのは、世の中にない。そこに気づいた人は、先へ進めるし、いつまでたっても気づけない人は進めない。そういうことなんだ。

● モノを作る喜びに勝るものなし！

どんなものであれ、音楽であれ、絵であれ、映画であれ、アニメであれ、サッカーであれ、恋であれ、「人がやってるのを眺めて面白い」というのより、「自分で実際にやってみて、面白い！」というほうが、少なくとも5億倍（当社比）は面白いもんだ。……そりゃあ、スマホで無料のゲームをダウンロードして遊べば、面白いだろうさ。けれど、そのゲームを自分で作ることに比べたら！

どんなにちっぽけな、ひとから見たら取るに足らないプログラムであれ、それは「自分だけのプログラム」なのだ。自分が作った、世界に二つとないプログラムなのだ。君は、持っているかい？　「ほら、これは世界にただ一つしかない、オレ自身が作り出したものなんだぞ」と胸を張っていえるものを。

もちろん、それにはちょっとばかり苦労もあるだろう。だが、自分で作ったプログラムが動いた瞬間の喜び、それはほかにたとえようもないもんだ。「あっ、動いた！」……この瞬間の感動を知らずして、プログラマになんて絶対になれない。この感動を知らない人間に、プログラミングの本当のことはわからない。

そのほかにも、いろんな楽しみはあるだろう。フリーウェアを作ればいろんな人と知り合うきっかけになるだろうし、多くの人から喜ばれたり感謝されたりするかもしれない。それもまた楽しみの一つだ。けれど、「モノを作る」という楽しさこそが、プログラミングの原点なんだ。そこを「面白そうだ！」と思えるかどうか、それがすべてなんだ。

……最近は、「自分でモノを作る」ということが、あんまり流行らなくなってる。「インターネットで何でも手に入るしぃ、別に自分でなんかやらなくてもぉ」と思う人は多いんじゃないだろうか。

だがね。そりゃあずいぶんとちっぽけな楽しみで終わってると思うよ。せっかく自分だけの「コンピュータ」があるっていうのに。50年前なら数百億円もしたような超高性能のコンピュータが君の家にあるってのに。

とりあえず、「自分でモノを作ったりしたことなんてあんまりない」というなら、一度それに挑戦してみてほしい。ちょっとばかり大変だったりするけど、「なんとか自分だけの作品ができる」というところまでがんばってみてほしい。

そうして、「やっぱり面白くなかった」っていうなら、そりゃしょうがない。君にこの世界は合わなかったんだろう。だけど、何もしないうちから「どうせつまらないに決まってる」と決めつけるのはやめようぜ？

プログラマってどんな人間？

それじゃ、話をプログラムのことに戻していこう。……こうしたさまざまなプログラムというのは、誰が作っているのか。それが、いわゆる「プログラ

マ」という人たちだね。すなわち、君がこれからなろうとしているもの、ってことだ。

　たぶん、君らの中には「でも、プログラマなんてオレにはやっぱり無理そうだよなぁ」なんて思っている人もいるに違いない。なんというか、世間で「プログラマ」ってもののイメージというのは、実際とはかなりずれてるのは確かだからね。
　じゃあ、世の中の「プログラマ」っていう人たちは、どういう人たちなんだろう？　そもそも、僕らがちょこっと勉強したぐらいでなれるものなんだろうか？
　大学でコンピュータの専門教育を受けて、どこかの開発会社に就職して、毎日難しいことをやっている人たち……そう思っているとしたら、間違いだ。いや、そういう人もいるんだろうけど、別にプログラマがみんなそういうわけじゃないんだよ。ちょっと「プログラマという人間」について考えてみよう。

● プログラマは大学で専門教育を受けている？

　こう考えている人は意外に多いみたいなんだけど、これは間違い。もちろん、そういう人もいるだろうけど、大学でコンピュータと全然関係ない勉強をしていた人も多いし、そもそも大学なんていってない人だってたくさんいる。
　プログラマの多くは、「独学でプログラミングを学んだ人」だってことは知っておいて欲しい。別に、専門の学校などにいかないとプログラミングはできないわけじゃない。家で入門書を買って一人で勉強した、なんて人も多いし、会社に入ってそこで教えられた、という人も多いんだよ。

● プログラマとは会社でプログラムを書く人である？

　これも間違い。これは、いわば「本職の」プログラマで、本職以外の、アマチュアのプログラマだってたくさんいる。
　ごく普通に（コンピュータとは関係ない）仕事をしていながら、家に帰ってから、あるいは休みの日などにこつこつプログラムを書いている「アマチュアプログラマ」も大勢いる。
　この「本職」と「アマチュア」の間の垣根は、実は思ったほど高くない。本職のプログラマでありながら、プライベートでアマチュアとしてフリーウェアを作ったりしている人もいるし、アマチュアで作ったプログラムが高く評価され、会社を作ってプロになってしまう人もいる。本職のプログラマでも、

会社に所属せずフリーでやっている人だっているんだよ。

● 文系の人はプログラマは無理？

こういうこと思ってる人、いるよね。「プログラミングとかやってみない？」「いや、オレ、文系だし」なんて人。そうでなくとも、数学とかが得意でないとプログラマにはなれないだろう、と思ってる人は意外に多いみたいだ。

誤解を恐れずにいってしまうと、「数学とプログラミングは、まったく関係ない」のだ。そうはいっても、「計算をするのがプログラミングでしょ？」という人。いや、計算するのはコンピュータであって君じゃない。君が「計算が得意」である必要はないんだよ。

確かに、数学的な知識が必要となってくることはある。例えば、アナログ時計みたいなプログラムを作ろうとすれば三角関数を使わないといけないだろうし、データを処理していくプログラムなら統計の知識が必要だろう。が、そうしたこと以上にプログラミングで必要なのは「数学」そのものではなくて、「数学的な思考」なんだ。つまり、「物事を論理的に組み立てる力」だね。だから、学校の理数系の成績とプログラマの実力はイコールじゃないんだよ。

● プログラマは機械にも詳しくないとダメ？

プログラマというと、コンピュータのソフトウェアはおろか、機械についても熟知している人、という印象があるみたいだ。確かに、昔のプログラマというのは、機械についても詳しくないといけなかった。けれど、今は一概にそういえなくなってきている。

例えばOSであるとか、ハードウェアに直接関係するプログラム（組み込み機器のプログラムとか）を作るプログラマは、確かにハードウェアの知識が必要だ。けれど、世の中には「ハードウェアに依存しないプログラム」というのもたくさんある。例えば、インターネット関連の開発の多くはハードウェアの知識など特に必要ない。

「ハードウェアはどうも苦手」って人は、そういう知識がなくても十分やっていける分野を目指せばいいだろう。

● プログラマはハッキングもできる？

……おいおい（笑）。まぁ、プログラマというと、こういうハッカー的な人

間を想像する人はいるかもしれないけど、別に「裏技やハッキングができないとプログラマになれない」わけじゃない。それに、プログラミングをするからといってそういう知識に詳しくなるってわけでもない。

　プログラミングをするというのは、やっぱり「OSとかソフトウェアの仕組みに詳しくなる」ということに通じる。だけど、「詳しければみんなハッキングできる」というわけでもない。そういうのは、プログラミングの本道とは別のものなんだ。くれぐれも両者を混同しないように。

　……どうだろう、プログラマっていうのがどういう人種か、ちょっとはイメージできたかな？　「なんか、別にどうってことない、ふつーの人じゃん」って思ったなら、正解。

　プログラミングにあまり縁がない人っていうのは、プログラムを作る人を、「自分とは別の世界の人間」のように考えてしまうみたいだ。「なんか、すっげー人」とか、「オタクな人」とかね。けど、プログラマの大半は、ごく普通のまっとーな社会人だ。

　なんでプログラマというのを別種の人間のように見てしまうかというと、彼らに「特別な技術や知識」があると思い込んでしまうからだろう。普通の僕らには絶対ないようなすごいテクがある、と。……まぁ確かに、中にはそういうすごい人もいると思う。けど、多くのプログラマは、多少コンピュータに詳しいだけの、ごく普通の人間だ。「ごく普通の人間がプログラムなんて作れるわけないじゃん」って？　いや、違うのだ。ごく普通の人間が、プログラムを作っているんだ。

　あとで**開発環境**ってやつについて話をするところで改めて触れるけど、今はプログラムを作る環境も進化していて、ごく簡単なプログラムなら、本当に勉強を始めたその日のうちに作れるぐらいになってる（もちろん、プログラミングの基本的な知識は必要だけどね）。今や、プログラマとそれ以外の人を隔てる壁というのは、君が思ってる以上に低くなっているんだよ。

プログラマにはどんな形がある？

　プログラマと一口にいっても、さまざまな形がある。みんなは、プログラマというとどういうイメージを持っているだろうか。「仕事でプログラムを

作っている人」って？　もちろん、それもそうだ。だけど、そうした人がすべてじゃないんだよ。
　では、どんなプログラマがいるのか、ちょっと考えてみようじゃないか。

● 職業プログラマ

　開発関係の会社の社員で、仕事としてプログラムを作っている、という人。これが、たぶん「プログラマ」のイメージに一番近いんでないかな？　こうした人が作っているのは、業務用のシステムだったり、ソフトウェア製品だったり、工業製品の制御用プログラムだったりと、さまざまだ。

　実際にみんなが持っていて使っているというものより、「見えないところで使われているさまざまなプログラム」を作っている人のほうが圧倒的に多いだろう。意外に地味な仕事なんだよね。

● フリープログラマ

　プログラミングを仕事にしている人の中には、会社に所属せず、フリーで仕事を請け負っている人もいる。大手の企業から委託されたものを自宅で作って納品する、という感じだね。リモートワークプログラマといってもいいかな？

　こういうのはある程度の実績と信用、そして人間関係（コネクション）がないとなかなか成立しない仕事だ。なので、普通の社員プログラマに比べ狭き門ではある。けれど、「自分の腕一本で世間を渡る」というのはなかなかカッコいいね。

● 副業プログラマ？

　本職はプログラミングではないんだけど、必要に迫られてプログラムも作っている、という人。これがけっこう多いのだ。

　例えば、普通のサラリーマンであるのに、**定型処理**を自動化するプログラムを自分で作ったり、Excelの処理用**マクロ**を作ったりしている人は多い。またWeb関係の仕事では、デザイナーだった人が、必要に迫られて**スクリプト**（小型のプログラム）まで書くようになってしまった、ということもよくある。

　今や、コンピュータを使って仕事をしている人のかなりの割合が、「必要なら片手間にプログラミングをやってる」のだ。「デキル人」ってのは、そのぐらい、さらっとこなせるものなんだ。

Chapter 1 プログラミングの世界を知ろう

● **アマチュアプログラマ**

「日曜大工」のプログラマ版だね。仕事ではなく、趣味でプログラミングをしている人のこと。普段はちゃんとお勤めなりをしていて、仕事が終わってからとか、休みの日などに趣味でプログラムを作ったりしている人。

実は、こうした人はみんなが思っている以上に多い。圧倒的に多いのは、スマートフォンのアプリを作っている人だろう。iPhoneやAndroidのアプリというのは、実はかなりの割合が個人によって作られている。AndroidやiPhoneのアプリマーケット（Google PlayやApp Storeってやつだね）は、誰でも簡単な手続きと僅かな費用で開発者登録して、自分の作ったアプリを申請し、公開できるようになっているんだ。自作のゲームなどをいくつも公開して大勢のファンを獲得している「アプリ作家」はけっこういるんだよ。

もう一つの大きな分野は、**Web**だ。Webサイトだって、実はプログラミングした作品なんだよ。最近では、「ただ絵と文字が表示されるだけ」なんてサイトは少なくなり、ダイナミックに動き、操作できるWebサイトが増えている。

こうしたサイトでは、Webページの中に組み込まれたプログラムでさまざまな機能を実現している。時にはサーバーと通信して必要なデータをやりとりしたりして高度なサービスを作り出しているんだ。これだって、れっきとしたプログラム作品。アプリより気軽にアクセスされる分、有名になれば何十万、何百万という人が利用するようになることだってあるだろう。彼らは一般に「Web運営者」とか「管理人」なんて呼ばれるけど、実はWebに進出した「アマチュアプログラマ」であることも多いんだ。なので、ここでは「プログラム作品としてのWebサービスを作る人」を、敬意を込めて「Web作家」と呼ぶことにしよう。

アマチュア「作家」を目指せ！

とりあえず、ビギナーが最初に仲間入りするのは、もちろん「アマチュアプログラマ」だろう。いきなり会社に就職して職業プログラマになっちゃう人もいるだろうけど、まずは趣味から始める、という人が大半だろうからね。

そうした人に、ぜひ提案をしたい。「プログラミングの**作家を目指せ！**」ってことを。

「作家」というのは、つまり「作品を公開して大勢に使ってもらう人」ということ。例えば、アプリを作るアプリ作家。Webサービスを作って運営するWeb作家。そうした、自分の作品を公開して誰でも利用できるようにする、これはアマチュアプログラマならぜひ目指して欲しいところだ。なぜかって？
　理由はもちろん、いろいろとある。

● 誰でもなれる！

アマチュア作家は、誰でもなれる。本職のプログラマになろうと思ったら、いろいろと乗り越えないといけない関門があるけど、アマチュア作家には何の資格もいらない。作った作品を公開すれば、もう君は立派な「作家」だ。

● 世界中が「アイラブユー！」

スマホのアプリマーケットやWebサイトは、世界中につながっている。一昔前のフリーウェアなどとは、ここが根本的に違う。以前はソフトを作っても、せいぜい日本の中でしか流通しなかった。が、今、アプリやWebサイトを作れば、ユーザーは世界中にいるのだ！

もちろん、日本人以外の人となると、日本語じゃないだろうし、コミュニケーションを取るにも不自由はあるだろう。だけど、作ったプログラムが縁で、普段の生活では絶対に出会うことのない人たちと出会えるかもしれない、っていうのはものすごくワクワクしないか？

● 大富豪になれる！（かもね）

スマホのアプリは、当たれば何百万とダウンロードされる。もし、一つ1ドルの有料アプリとして公開していて大ヒットすれば、あっという間に億単位のお金が転がり込んでくるだろう。

また無料アプリでも、実は稼ぐことができる。それはアプリの広告だ。これはWebサイトの場合も同じだけど、利用者が増えて大勢がアクセスし、たくさんの広告が表示されるようになれば、それだけで結構な金額の広告料が入ってくることになる。

まぁ、現在は大手のゲームメーカーが大掛かりなゲームアプリを作ったりしているから、アマチュアの作ったものが大ヒットする確率は限りなくゼロに近づいているのは確かだろう。だけど、それでもゼロじゃないし、大ヒットは無理でも「ぷちヒット」ぐらいなら十分狙うことはできる。何億円は無理

でも「毎月、数万円が入ってくる」ぐらいを目標に考えれば、可能性はけっこうあるんじゃないかな。

● **技術の向上も！**

自作のプログラムを公開する一番大きなメリット。それはお金や名声などよりも、「プログラミング技術の上達」のほうが大きいかもしれない。プログラムっていうのは、ひとに使ってもらって初めて問題がわかることが多い。自分でチェックしても、作った本人は「どういう操作をすればいいか、どういうことをしてはいけないか」がわかってるので、無意識の内に安全な使い方をしてしまう。

公開すれば、こっちが予想もしていなかったような使い方をする人も大勢出てくる。トラブルなどの報告を調べる過程で、プログラム内部で何が起こったか、なぜ起こったかを知れば、それだけプログラムの質も向上する。今では歴戦の勇士たるプログラマだって、数限りないトラブルと向き合うことで自分を磨いてきたんだよ。

プログラミングを始めるための最悪の方法

それじゃ、プログラマになるためにはどうすればいいんだろう。前に挑戦したことがあるけど、3日で挫折（ざせつ）した……中には、そういう人もいるんじゃないだろうか。パソコンを買ったばかりの頃っていうのは、何にでも興味が湧くもんだ。だから、「プログラミングってのも面白そうだぞ」なんて思って挑戦した経験のある日ともきっと多いことだろう。そして、たいていは完膚なきまでに叩きのめされて終わるのだ。うんうん、オレもそうだった。

なんだってプログラミングに挑戦する多くの人が挫折してしまうのか。それは、思うに「**アプローチのしかたを間違えた**」からだ。

プログラミングというのは、やっぱり「難しい」「面倒」といった部分もある。なかなか最初からすらすらと入っていけるわけでもない。けれど、必要以上に大変なものだと考えることもないんだ。もし、君が「ダメだ、オレにはとても無理だ……」なんて思ったとしたら、それは「必要以上に大変な思いをしている」からじゃないだろうか。

じゃあ、プログラミングを始めるとき、「**これこそ最悪の道だ**」というの

はどういうものなのだろうか。多くの人がやりそうなアプローチを、ここでちょっと検証してみよう。

● パソコンに詳しい友だちに聞く

　もっともやりがちな間違い。それが、これだ。君の周りに、パソコンに詳しくプログラミングなんかもできそうな友だちがいたなら、誰もが最初に「とりあえず、こいつに教えてもらえばいいや」なんてムシのいいことを考えるだろう。

　が、たいてい、この方法は失敗に終わる。なぜか？　「友情なんてモロいものだ」というのが理由、ではない。なぜかというと、君の友だちが教えてくれる言葉は、おそらく君には皆目理解できないくらいに難しいはずだからだ。

　「なんだ、プログラミングだと？　お前なぁ、プログラミングがどういうもんか、わかってるのか？　今のGUIベースの開発ってのはな、昔みたいに命令を書いておしまいってわけにはいかねぇのよ。今のOSってのは何千っていうAPIを使って動いてんだぞ。そいつを使いこなすには、オブジェクト指向をマスターしないといけないしな、各種のフレームワークやダイナミックライブラリを駆使してな、イベントドリブン方式のな、デリゲートシステムがコングロマリットでアウストラロピテクスのアンドロメナスがダイアモンドを……（以下略）」

　……要するに、彼は君にこういいたいのだ。「お前がプログラミングなんて百年早いんだよ」と。人間ってやつは不思議な生き物で、自分よりはるかにできの悪いやつを相手にするとイライライライラするし、といって相手が自分よりすぐれているのがわかったりすると更にイライライライラする。君が彼よりできの悪い人間でも、その逆であっても、うまくはいかないようにできているのだ。

　人にモノを教えるってのは、それなりの才能がいるもんなんだなぁ、と思う。特に、自分が既に当たり前のようにわかってることを、それがまったくわからない人に教えるってのは、なかなか大変だ。それに、教えるのってけっこうな時間と労力がかかる。「友だちだから」という甘えに乗っかってそういうのが少しずつ負担になってくると、だんだん人間関係にひびが入ってくる。

　変に「友だちどうしだから」なんて甘えると、お互いにいいことなんて何も

ないのだ。いっそのこと、赤の他人に教わるほうがはるかに気が楽だろう。

● **プログラミングの入門書で勉強する**
　まぁ、これが一番スタンダードな道なんだろうと思う。本格的にやろうとすると、なんか高いソフトウェアとか買わないといけないみたいだし、できるかどうかわかんないのにお金を出すのはちょっと……。そこで、とりあえず手ごろそうなプログラミングの入門書を買ってきて、「とりあえず、これで勉強してみよう」と思うわけだ。で、なにかわかりそうだったら、ちゃんとしたソフトウェアを買ってきて勉強すればいっか……なんて君はまたもやムシのいいことを考える。

　ところが、このアプローチも案外とうまくいかないことが多い。この際、はっきりいってしまおう。

　　プログラミングの入門書を読んだぐらいで
　　プログラミングをできるようになんて、絶対になりはしないのだ。

　……あ〜、この本を書いてる筆者(オレ、オレ)も、実はこの種の入門書をヤギに食わせるぐらいたくさん書いております。だからいってしまうけど、入門書を読んだぐらいでプログラミングはできるようになりません(なんて書くと、オレの本が売れなくなりそうだな。うーん……。ま、いっか)。
　なぜ、できないのか。その理由を端的にいうと、以下のようなものになる。

● **「めっちゃ難しい本」が多い。**
　これは、本を書いた人間が「やさしく書く」ということに慣れてないことが原因であったりする。ざっと目を通しただけで、こういう本はわかる。まず、専門用語が最初のうちからバシバシ登場して、しかもその用語の説明がまったくない。説明していない**命令**だの**関数**だのがどんどん登場する。基本の説明が済んだら、いきなりとんでもない難しげな応用例が出てくる。日本語とは思えないほど説明が読みにくい。……こういうのを見たら、「入門書とは名ばかりの入門書」と思って間違いない。

　この種の本の書き手っていうのは、プログラミングのプロではあるけど、文章のプロではない。だから、「わかりやすく書く」「読みやすく書く」ってい

うのには慣れてないんだな。

　実際、書いている側からいわせてもらうと、「難しい文章」っていうのは誰でも書けるんだ。「誰でもわかる、やさしい文章」ってのは、本当に書くのが難しい。文章を書く専門の人間でさえ大変なんだから、プログラマが副業に書ける代物じゃあない。プログラミングに関する専門的な解説をするなら、こうした人たちは適任だろう。けれど、少なくとも「プログラミングを知らない人のために、専門的な知識がなくとも読める文章」を書くとなると、誰もみんな落第だ。

● プログラミングのプロに「ビギナー」がわかるのか？

　この種の本を書いている人たちは、みんなプロだ。で、ただのプロでなくて、「プログラミングのエリート」たちだ、ってこと。正直いって、「この人たち、プログラミングをやって挫折したことなんてないだろうなあ」って感じの人たちばっかりなのだ。

　だから、「こんな単純なことがわからない人間が存在するはずがない」なんて考えてるのではないかと思う（……えーと、「それはお前のひがみだろう」という突っ込みは、なしで）。いや、マジでね、「わからない」人のことってのは、「わからない」経験がないとわからないものなんだよ。

　先に「難しい本が多い」と書いたのも、文章がうまい下手ということのほかに、この**「わからないことがわからない」**ということが大きいように思う。「説明を読み、理解すればわかる」と思っている人間には、「説明を読み、理解できない」という人間がいることがうまく飲み込めないんじゃないか。そういう人の書いた本ってのは、ビギナーには読みづらいものだよほんと。

● プログラミングは「暗記」科目ではない！

　もう一つ重要なのは「プログラミングは、知識を詰め込んだからってできるようになるものではない」ってこと。つまり、文法や命令だのを本で覚えても、それだけじゃちっともプログラミングはマスターできないのだ。プログラミングってのは、実は**「習うより慣れろ」**の世界。命令だの関数だのを暗記するよりも、覚えたものを使ってひたすらプログラムを書く！　書いて書いて書きまくる！　それなしにマスターなんてできないものなんだ。

　だから、本を読む「だけ」でプログラミングを覚えることは絶対に無理だ、と断言できる。読むなら、同時にそのプログラムを自分で書いて動かしてみ

ること。自分で書かない以上、ぜっっっったいにプログラミングはできるようにはならないんだよ。

まぁ、世の中には、もちろん「わかりやすい入門書」もあるから、一概に「全部ダメ」ってわけじゃない。ただ、プログラミングをまったく知らない人間が、「ただ本を読んだだけでできるようになる」ということはない、ってこと。「読む」プラスアルファが必要なのだ。

● ネットで入門テキストを検索して勉強する

最近、増えてきているのがこのパターンだ。ネットの世界には、さまざまなドキュメントが散らばっている。なにしろ、Webの情報は基本的にすべてタダだ。ネットでは、本職のプログラマや研究者などがわかりやすい解説などをアップしてくれている。これを利用しない手はない！

……まぁ、間違いではないよ、その発想は。確かに、ネットではたくさんのプログラミングの解説や入門のドキュメントがある。それらを使えば、かなりいい勉強にはなるだろう。ただ、それで「まったくの未経験者がプログラミングを習得できるようになるか？」といえば、これまた「そう簡単にはいかないよ」と答えるしかない。理由はいくつかある。

もっとも大きな理由は、「不完全なドキュメントが大半である」ということだろう。プログラミングの入門書って、本屋さんで見たことあるだろう？　何ページぐらいあって、どれくらいのテキストが書かれていると思う？　それをだいたい頭に入れて、ネットにあがっている入門ドキュメントの類の情報量と比べてみよう。こうしたドキュメントの多くは、全部まとめても薄っぺらい入門書の半分にも満たない。ネットだからそれなりの量があるように見えるけれど、情報の絶対量は圧倒的に少ないんだ。

また、ある程度のボリュームがあったとしても、それが全体としてバランスよくまとめられているか？　というと、そういうわけでもない。書いた人間が興味のある分野は詳しく、そうでない分野は何も書かれていない、というような「デコボコしたドキュメント」が多いんだ。

ネットの情報は、実は入門より、「ある程度プログラミングをマスターした後」にこそ役に立つんだ。「これはどうやるんだ？」とか「こういうことを実現

するには？」というようなことを検索して調べたりするのには、ネットはすばらしく役に立つ。これは、下手な単行本なんかより遥かに役立つよ。

最良の道は「とにかく書く！」こと

　……ざっと、「あれもダメ」「これもダメ」と並べてみたけど、「じゃあ、どうすればいいんだ！」と思った人も多いことだろう。
　プログラミングを始めるための一番のアプローチ。それは、これだ。

　プログラムを書く！

　……おい、それが答えか。と、そこで怒りのあまりこぶしを震わせている君。いいから、ちょっと落ち着けってば。つまりね、「実際に、自分でプログラムを書いて動かす」ということ以外に、プログラミングを習得する近道はない、ってことなんだ。
　とにかく、実際にひたすらプログラムを書く。それだけ。……もちろん、実際にプログラムを書こうと思えば、いろいろと考えないといけないことも出てくる。まず、どんな言語があるのか。自分にはどれがいいのか。必要なソフトなどはあるのか、どれをどうやって手に入れればいいのか。参考になる書籍やサイトなどはあるのか。そういうことだね。それらは、あくまで「付随するもの」だ。根本は「書いて動かす」、これなんだ。

　どうすれば自転車に乗れるようになるだろうか？　自転車の乗り方の本を読む？　ひとに乗り方を教えてもらう？　そりゃあ少しは役に立つかもしれないけど、でも「実際に自分で自転車に乗ってみる」のが一番だろう？　ていうか、それなしに自転車に乗れるようになんてなるわけないだろう？

　プログラミングだって同じだ。どうもプログラミングの勉強というと、「知識を得る、暗記する」ことだと思っている人が圧倒的に多いように思う。でもね、「覚えること＝プログラミングの勉強」ではないんだ。ただ、命令や関数を暗記したって、そんなものはなんにもならない。それこそ、「山ほど本を読んで勉強したけど、結局挫折した」なんてことになるんだ。
　プログラミングを挫折しないための唯一の道、それは「**自分でプログラムを作る**」ということ。どんな小さなものであってもいい、「自分で作ったプログ

ラムを動かす」という経験なしにプログラミングをマスターすることはできない。一つ、また一つとちっぽけなプログラムを作っていくことでしか、プログラミングをマスターする道はないんだよ。

　ただし、「じゃあ、さっそく！」なんて慌ててはいけない。プログラミングを開始する前に、もう少し知っておくべきことというのがある。どうすればプログラムが作れるのか。作るためにはどんなものが必要になるのだろうか。そうしたことについて、具体的に考えていくことにしよう。

1-2 プログラミング言語を知ろう

プログラミング言語の二つの種類

　どのようなプログラムであれ、それを作るためには「プログラミング言語」というものを使うことになる。この辺りの詳しいことは改めて触れるけれど、プログラミング言語っていうのは、要するに「プログラムを記述するために考え出された専用の言語システム」のことだ。

　プログラムっていうのは、コンピュータに「これをやって」と命令して動いている。ってことは、この「実行させる命令」を順番に記述していったものがプログラムなわけ。ただし！　このコンピュータが理解できる命令というのは、人間の言葉とはまったく違うものだ。ほとんど「電気信号でできた暗号」みたいなもんだと思っていい。だから、まともな方法では、本格的なプログラムの命令を書いていくことなんてできない。

　そこで、「人間がわかる文章で書いた命令を、コンピュータが理解できる命令に翻訳するソフトウェア」というのを作ったのだ。これが**プログラミング言語**というやつだ。

　このプログラミング言語は、一つじゃない。その用途などに応じて多数のものが作られてきた。それぞれのプログラミング言語は、基本的な考え方などは似ているのだけど、文法などはたいてい異なっている。また、そのプログラミング言語で書いた命令をコンピュータの命令に変換する方法についてもいくつかの種類がある。だから、自分がどういうことをやりたいかをよく考え、それにもっとも適したプログラミング言語を選ぶことが大切になってくる。

　プログラミング言語というのは、その「命令の変換方式」によって二つのものに分類して考えることができる。それは以下のようなものだ。

Chapter 1 プログラミングの世界を知ろう

● インタープリタ方式

　プログラムを実行する段階で、一つずつ順番に翻訳しては実行していくタイプ。プログラムは、常にプログラムリスト（プログラミング言語の命令が書いてあるもの。「**ソースコード**」と一般にいう）の形になっていて、それを実行する際に**逐次変換**しながら動くわけだ。

　従って、プログラムの中身は、いつも丸見えになるし、プログラムを変換するための専用ソフトが必要になる。また、変換しながら動くので動作速度も遅い。その代わりに、プログラムの修正などがとても容易という利点もある。

　インタープリタ方式は、単独の言語として配布されているものもあるし、一般のアプリケーションの中に組み込まれて使われることもある。例えば、ビジネスソフトのマクロ言語などはインタープリタ方式だし、Webブラウザで表示される**JavaScript**（ジャバスクリプト）などもインタープリタ方式だ。また、いつでも簡単に修正できることから、インターネットのサーバーなどでもけっこう広く使われていたりするんだ。

● コンパイラ方式

　プログラムリストの命令をまとめてコンピュータの命令に変換し、ファイルとして保存する（これを「**コンパイル**」っていう）方式。作成されたファイルは、そのまま直接コンピュータが実行できるようになる。Windowsで普段使っている**EXE**（エグゼ）ファイルなどがこれだ。

　コンパイラ方式は、プログラムの実行速度も速いし、インタープリタのように実行の際に変換ソフトなども必要なく、とても便利だ。ただし、作ったプログラムはもう人間が読めるような代物ではなくなっているため、できあがったものを修正するのは容易でない。コンパイラはプログラムリストと実行するファイルが完全に分かれているので、問題が起こってもそれがプログラムリストのどこで起こっているのかわからない。

　コンパイラによるプログラムは、一般的なアプリケーションやOSなどで用いられている。パソコン用のソフトや、スマートフォンのアプリなどはほぼこのタイプで作られていると思って間違いない。それから組み込み機器のプログラム開発なども大抵はこのタイプだ。

このインタープリタとコンパイラの違いは、今ではだいたい「言語の種類によってほぼ決まる」と考えていい。言語については後で詳しく触れるけど、C（シー）言語などの本格開発向けの言語はほとんどがコンパイラ方式、JavaScriptやExcelマクロ（Visual Basic for Applications）などはインタープリタ方式だ。従って、「どちらのタイプを使うか」というより「どの言語を使うのか」を考えたほうがいいだろう。

プログラミング言語の形にはいろいろある！

　このほかにも、プログラミング言語について覚えておきたいことはいろいろある。まず、何より覚えておきたいのは「プログラミング言語によって、それを利用するために必要なものが違ってくる」ということ。

　プログラミング言語によっては、商品パッケージを買ってこないと使えないものや、特定のアプリケーション内に組み込まれているもの、またOSなどにその機能が含まれているために何も用意しなくても使えてしまうものなどがある。だから、単純にプログラミング言語の機能だけを調べて「これを使おう！」と決めてしまうよりも、それがどういう環境でどういう用途に使われるかということを知って、それによって「自分にはどれが適しているか」を考えたほうがいい。
　では、プログラミング言語にはどんな形のものがあるのか、おおまかに整理してみよう。

言語単体で配布されているもの
　昔は、このタイプがほとんどだったんだ。ある言語を使いたければ、その言語のプログラムをインストール（導入）して使う、そういうスタイルのもの。C言語やJava（ジャバ）など、割と業務などで使われることの多い言語はこのタイプが多いだろう。
　こうしたものは、インストールすればすぐ使えるから割と手軽に開始できる。けれど、専用のツールなどはなにもないので、そうしたプログラミングのための環境は自分で整えていかないといけない。完全な素人より、ある程度のプログラミング経験がある人のほうが向いているだろう。

● 開発環境とセットになっているもの

　最近のパソコンやスマホのアプリケーションを開発するプログラミング言語などは、多くがこの形になっている。

　開発環境というのは、**コンパイラ**（コンパイルをするプログラム）や専用の**ソースコードエディタ**（ソースコードっていうのは、既に説明したようにプログラムリストのことね）、**デバッグ環境**、そのほか、ウインドウやメニューなどの**インターフェイス**を作成するツールなどが一式揃ったソフトだ。「**統合開発環境**」なんて呼ばれることも多い。

　こうした統合環境は、開発の面倒な部分をほとんど自動的に行ってくれるので、ビギナーでも安心して使うことができる。ただし、ソフトウェアによってはツールの機能が豊富すぎてそれらを覚えるのが大変だったり、べらぼうに値段が高かったりすることもある。

　ソフトウェアによっては、かなり高度なことまでできるものもあれば、最初から「これでできるのはここまで」と割り切って作ってあるものもある。また本格的な開発ソフトでは、いくつかエディション（版）が用意してあるものも多い。こういうのは、基本機能だけのものは無料で、本格的な機能が組み込まれたものになると有料、といった具合だね。

● アプリケーションに内蔵されているもの

　アプリケーションの中には、プログラミング言語を内蔵しているものがけっこうある。例えば、Microsoft OfficeやOpenOfficeといったオフィスソフトなどがそうだ。またWebブラウザには、Webページで動くJavaScriptという言語が組み込まれているけど、これもまぁ広い意味で「アプリ内蔵言語」といっていいだろう。

　こういうものは、「どうせマクロ程度のことしかできないじゃん」とバカにしがちだけど、そうでもない。企業向けのシステム開発などでは、Excel＋マクロで本格的なシステムを構築しているところだってけっこうあるのだ。特にビジネス関係では、表計算やデータベースソフトなど、使い方次第でかなり本格的な開発ができる。

　ただし、当たり前だけど「作ったアプリケーションがないと使えない」ので、一般的に配布するようなソフトは作れない。

　この種のマクロというのは、プログラミングの入門としては格好のものだ

ろう。例えばExcelなどは、ダイアログウインドウなどをツールで作ることもできるので、これ自体でけっこう本格的なプログラムが作れる。最近では、パソコンを買ったときに既にオフィスソフトがバンドルされてくることもあったりする。手元にあるなら、これでプログラミングを開始するのが一番だろう。

言語仕様が独立しているもの

これはWeb関係などで見られるのだけど、言語とそれを作ったり使ったりする環境が完璧に分離して存在している場合がある。え、「何いってるかわかんない」って？ つまりね、プログラミング言語の具体的な「仕様」や「設計」を考えたり決めたりしている人たちがいて、それとは別に、そうして決められた仕様に従ってその言語をソフトウェアなどに組み込んだりするメーカーがいる、そういう関係。

一番わかりやすい例は、Webで使われている「HTML」(エイチティーエムエル)や「JavaScript」だろう。これらは標準化団体によって使用が決められていて、それぞれのWebブラウザのメーカーがそれに従って各自組み込んでいる。こうしたものは、「この言語を買ってくる」なんて具合にはいかない。どういうところで使われているのか、自分なりに調べる必要がある。

言語とソフトの関係を把握しよう

プログラミング言語のあり方としては、こんなところだろうか。だいたい「特定のソフトウェアに依存するもの」と「依存しないもの」とがあることがわかるだろう。

特定のソフトに依存するもの

「特定のソフトウェアに依存するもの」は、そのソフトウェアを手に入れて勉強していけばいい。とてもアプローチが単純だ。反面、そのソフトウェア以外にはせっかく覚えた知識も通用しないというデメリットもある。また、インタープリタ方式の言語の場合には、そのソフトウェアを持っていないと使えない、ってことも頭に入れておく必要があるだろう。

Chapter 1　プログラミングの世界を知ろう

● 特定のソフトに依存しないもの

ソフトウェアに依存しないものは、プログラミング言語に関する知識については、それに対応するあらゆるソフトウェアや環境で応用できるということになる。ただし、「このソフトの使い方を覚えればOK」という形になっていないから、対応するソフトウェアも千差万別だったりするので、プログラミング言語以外の部分で苦労することも多い。

● まずは「なにをしたいのか」が重要！

プログラミング言語の多くは、言語ごとに「この言語はこういう用途に使われる」ということがけっこうはっきりしている。中には、さまざまな用途に用いられているものもあるけれど、基本的に「こういうのを作るのが得意」というのは決まっているといっていい。

つまり、「プログラミングを始める」には、次のようなことをまず自分自身の中できちんと決めて取りかからないといけない。

①どういうことをやりたいか。何が作りたいか。
②そのためには、どういうプログラミング言語を使うのがいいか。
③その言語は、どういう形で使うようになっているのか。特定のソフトウェアが必要なのか、何らかの環境を整える必要があるのか。

これらがはっきりと決まってくれば、自分がどういうことをやっていけばいいのかが、次第に明確になってくるだろう。プログラミングをしたいなら、まずはこれらの点をしっかり自分なりに考えておこう。

プログラミング言語に関するもう一つの重要なポイント

さて、コンパイラ方式とインタープリタ方式の違いや、プログラミング言語の主な特徴などを整理したけれど、実はこのほかに、現在ではもう一つだけ「プログラミング言語をチェックする上で重要なポイント」というのがある。それは、

オブジェクト指向か？

ということ。
　オブジェクト指向っていうのは、プログラムを「オブジェクト」っていう小さな塊の集合体として扱うようにする考え方。
　例えば、「メニューのオブジェクト」「ウインドウのオブジェクト」「ボタンのオブジェクト」といった形でプログラムを用意していく。メニューのオブジェクトには、メニューの表示の処理や、メニューを操作したときの処理などがすべて用意されている。ウインドウのオブジェクトにも、ウインドウの表示や操作に関する必要なすべてが入っている。これらが、それぞれ完全に独立したプログラムとして、自由に利用したり入れ替えたりできるようになっているんだ。

　まぁ、実際にオブジェクト指向がどういうものかっていうのは、今すぐ理解する必要は全然ないんだけど、今やこのオブジェクト指向っていう仕組みなしにはプログラミングはできない、っていうぐらいに広まっている。だから、まぁよほど変な言語を選ばない限りは、オブジェクト指向に対応しているはずだ。
　が、中には「オブジェクト指向に対応していない言語」というのも存在するので、注意だけはしておこう。

プログラムを作るためには？

　プログラミングとプログラミング言語について、だいたいイメージがつかめてきたかな？　それじゃあ、具体的に「こういう種類のプログラムを作りたい場合はどうすればいいか」ということについて、簡単にまとめておこう。

　プログラミング言語といっても、今まで見てきたように実に幅広いものがあるから、ここではその用途に応じて考えることにしよう。なお、それぞれの分野で「どんなプログラミング言語が使われているか」といった詳しい説明は、このあとの章で順に行っていくから、まずは全体像だけ大雑把に頭に入れておくことにしよう。

● パソコン用のアプリケーションの場合

　プログラムといえば、やっぱりパソコン用のソフトウェア（アプリケーション）を指すことが多いだろう。ほかの、例えばサーバー関係のプログラミング

などをしたい場合でも、「まずは基本」ってことで、アプリケーション作りから入る人は多い。
　こうしたパソコン用のアプリ開発というのは、もう大昔から行われているわけで、基本セットみたいなものができあがってる。「Windowsならこれをインストールしてこの言語で作る」「Macの場合はこれを使ってこの言語で作る」っていう感じだね。だから、まずは「デファクトスタンダード（事実上の標準）になっているもの（ソフト、環境、言語といったもの）」から始めればいいだろう。これは、OSが違えばツールも違ってくる。どのOSで開発するかをよく頭に入れて考えること。

　それと、「パソコンでプログラミング」といっても、「アプリを作る」ことが全てじゃないんだ、ってことも知っておいて欲しい。パソコンのいろんな処理を自分でプログラムを書いて行ったりするのも立派なプログラミングだ。「アプリを作ってヒットして有名になってお金持ちになる」以外にも、プログラミングをする理由は山ほどある。もっと身近なところでプログラミングすることも多いんだ。
　こうした場合は、手軽に使えて**ライトウェイト言語**なんて呼ばれるものがよく使われる。インタープリタで、テキストファイルに処理を書いてその場で実行できる、そういうものだね。
　あるいは、オフィスソフトのマクロのようなものも「パソコンでプログラミング」の仲間だ。「そんなのたいしたことできないだろう」なんて最初から無視しないように。マクロでとんでもなく高度なプログラムを開発している会社や人もたくさんあるんだよ。

　こういう「アプリ作成以外のプログラミング」もあるんだ、ってことは頭に入れておこう。こうしたもののほうが、いわゆる「本格的なアプリ開発」よりも簡単で敷居も低いんだ。最初から無理してアプリ開発に挑戦するより、まずはこうした簡単な言語から入る道だってある。本格的な開発は、その後でやればいいんだから。

● Web/サーバーの場合

　アマチュアが一番入りやすいプログラミングの世界は「Webサイト」の世界だろう。いわゆる、Webサイト（ホームページ）作りだ。
　Webサイトの開発というのは、そんなわけで「レベルによって差がある」っ

てことを考える必要がある。ごく単純なWebページであれば、特に専用のソフトウェアなどなくても作ることができるけど、オンラインショップのように**サーバーサイド**の開発が必要となるものでは、サーバープログラムや専用の開発ツール、そのほか各種のソフトウェアなどが必要となってくることもある。

また、Webサイトの開発で知っておきたいのは「一つの技術だけでおさまるわけではない」ってこと。プログラムにしても、さまざまな種類のツールで作ったものを組み合わせたり、サーバー側とクライアント（Webブラウザとか）側の両方でプログラムを連携して動かしたりすることになる。一つのことを専門的に学ぶというほかに、一通りの技術についてオールマイティに理解しておくことが要求されたりするのだ。

このように、Webと一口にいっても、**クライアントサイド**と**サーバーサイド**があることも知っておきたい。クライアントサイドというのは、要するに「Webブラウザの中で動く世界」のこと。HTMLとか、JavaScriptって言語を使って作る。

これに対して「サーバーサイド」というのは、ブラウザでアクセスするサーバー側に用意するプログラムのこと。実は、この見えない部分のほうが圧倒的に難しい。そして、ちょっと複雑なことをさせようとすると、このサーバー側の開発が不可欠になってきたりするんだ。これには、普通のパソコン用アプリの開発で使う言語から、Webサーバーで多用されるものまで、本当にいろんな言語が使われている。

だから、Webの開発を考えるなら、まず「クライアントサイド」から考えていこう。これは、まぁわかりやすくいえば**HTMLとJavaScript**の開発、ってことだ。といっても、最近はこのJavaScriptにもさまざまなソフトが使われるようになっているんだけど、とりあえず一番基本的な機能の使い方から覚えていこう。

そして、それが一通りわかってきたら、「サーバー側のプログラミング」についても少しずつ勉強していくといいだろう。Webの開発は、両方そろってはじめてまともなことができるようになる、と思ったほうがいい。

Chapter 1 プログラミングの世界を知ろう

● **スマートフォンの場合**

　現在、もっともアマチュアプログラマの注目が集まっているのは、パソコンよりも「スマートフォン」だろう。

　スマホには二つの種類がある。**iPhone**と**Android**だね。このほかにもマイナーなものがないわけじゃないけど、「スマホの開発＝iPhoneまたはAndroidの開発」と考えて間違いないだろう。

　スマホ用のプログラムは、基本的に「アプリ」という形で配布されてる。これはiPhoneもAndroidも同じ。このアプリを作って、アプリ用のマーケットに登録して公開されれば、自分の作ったアプリを世界中のスマホ利用者に使ってもらえるようになるわけだね。

　アプリは、大きく分けると二つの作り方があると考えていい。

　一つは**ネイティブアプリ**というもの。要するに、スマホに本来用意されている、もっともスタンダードなアプリだ。これは、OSによって作り方が違う。

　iPhoneの場合、アップルが開発配布する**Xcode**（エックスコード）という開発環境を使って作る。使うプログラミング言語は**Objective-C**（オブジェクティブシー）か**Swift**（スウィフト）のどちらかだ。

　Androidの場合には、Googleが開発配布する**Android Studio**という開発ツールをインストールして作るのが基本。使うプログラミング言語は**Java**か**Kotlin**（コトリン）のいずれかになる。

　どちらも、開発環境から使用言語まで全く違う。そして、アプリで使えるさまざまな機能にしても全く違う形で組み込まれているから、それぞれ別々に勉強しないといけない。これは、一度に両方やろうとすると頭が混乱する。どっちから始めるかを決めて、そのスマホの開発に絞って勉強していくのがいいだろう。

　また、Androidの開発はMacでもWindowsでもできるけど、iPhoneの開発はMacでないとできないんだ。だから、「自分が使ってるパソコンは何か」も考えておかないとダメだよ。

　この「ネイティブアプリ」の開発は、かなり難しい言語を習得しないといけないし、複雑な開発ツールの使い方や、スマホの仕組みなどまで理解しないといけない。これはけっこう大変だ。だけど、ネイティブアプリでないもの

なら、もっと簡単な方法もある。

ところで、**ネイティブアプリでないアプリって何だ？**と思った人。これは要するに「Webと同じようなやり方で作ったアプリ」のこと。Webページのように HTML で画面を作って、JavaScript で動かすやり方だね。このためのソフトもいろいろあって、これならだいぶ作りやすくなる。

また、独立したアプリでなくていいなら、専用のソフトでプログラムを書いて動かすようなものも今はあるんだ。アプリを起動して、そこでプログラムを書いて動かしたりするものだね。これなら手軽に始められる。ただし、作ったものは完全なアプリではないから、アプリの公式マーケットなどで公開できないし、使えない機能も多い。その辺を割り切って考えるなら、一つの選択肢として十分ありえるだろう。

● **オフィスソフト**などを使った**開発の場合**

意外に根強く、そして幅広く使われているのがオフィス関係のソフトを使ったプログラミングだ。これで何よりも重要なのが「オフィスソフトの互換性」だろう。

現在、オフィスソフトはいくつかの種類に分かれている。まず、もっとも広く使われているのが、マイクロソフトのオフィス（Microsoft Office）。また、Googleが提供する、Webブラウザで使えるオフィス環境「G Suite」（ジースイート）というのもある（アップルもオフィスソフトを出しているが、これはプログラミングできないからここでは除外して考えよう）。

これらはいずれもプログラムの互換性が全くない。マイクロソフトのExcel（表計算ソフトね）のマクロはGoogleでは動かないし、ほかもまた然りだ。

だから、最初に「どのオフィスソフトを使うか？」を徹底的に考えよう。これは、ただプログラムの作りやすさなどだけでなく、仕事で使うなら会社で使うオフィスソフトとの互換性などもきっちり考えて決めたい。オフィスソフトのプログラムは、ある程度作ってしまった後で「やっぱり別のオフィスソフトで」となった場合、移植には意外なほど手こずることもある。「これ！」と決めたら、当分はそのオフィスソフト一本で行くんだ、と考えよう。

● **ゲームエンジン**の**場合**

さまざまな種類のプログラム作成については、ざっとここまでまとめた通

りだ。が、実をいえば、これらのどれにも当てはまらないジャンルが一つだけある。それは**ゲーム**だ。

ゲームも、もちろんここまでの説明に従って言語や環境を整え、作っていくこともできる。実際、そうやって作られたゲームも山ほどある。が、こうした方法とは全く異なるアプローチで作られるゲームも最近はだんだん増えているんだ。それは、**ゲームエンジン**を使った開発だ。

ゲームエンジンというのは、ゲームに必要なさまざまな機能やシステムそのものをパッケージ化したもの。ゲームって、実はだいたい同じような機能しか必要ないんだよね。どんなアクションゲームも、キャラクタを重ねあわせて描画したり、ユーザーからの入力をチェックしたり、なんて処理はみんな同じだ。

そこで、そういう「ゲームに必要なコアの機能」を用意して、そこにちょこちょこっと付け足せばゲームが作れるような仕組みを考えたわけだ。それが、ゲームエンジン。ゲームエンジンは、ゲームに必要な基本的なシステムがもうできていて、「この部分はこうやって作る」「この処理はここに書いて」というように、それぞれのゲーム固有の部分だけを組み込めばいいようになってる。だから一から作るより圧倒的に開発が楽なんだ。

ゲームエンジンについては後で改めて説明するけど、ゲームを作るなら「ゲームエンジンという選択肢がある」ってことを頭の片隅に入れておいて欲しい。

ゲームエンジンを使う場合、考えないといけないのは「どのゲームエンジンを使うか」ってこと。ゲームエンジンはいくつか存在するんだけど、ソフトごとにまるっきり内容が違う。ソフトの使い方も、ゲームの設計の仕方も、使用する言語もまるで違うんだ。あるゲームエンジンの知識は、ほかのゲームエンジンでは全く使えない。だから、最初に「どのゲームエンジンを覚えるか」をきちんと考えておきたいね。

教育目的の場合

一般的な「プログラミング」とは異なる目的のためにプログラミング言語を使うこともある。それは「教育」だ。

普通、プログラミングというのは、何かのソフトなどを作るために覚える。だけど「教育用プログラミング言語」というのは、それを覚えて使うことによっ

て、プログラミングのための知識や経験を身につける、というのが目的になってる。だから、実用的なプログラムが作れないものや、プログラミング言語として機能が極端に削られているものも多い。だけど、それで教育の目的が達成できるなら、それでいいんだ。

「教育目的のものなんてオレには関係ないね」なんて思っている君！　いや、教育用のプログラミングツールは、さすが教育用だけあって、「プログラミングのエッセンス」をうまく習得できるようになっているものが多いんだ。だから、まず教育用の簡単なツールで遊んでみて、プログラミングの基礎的な考え方が身についたところで本格言語に進む、という道は十分アリだ。

教育関係のものは、ソフトを作るということが目的ではないので、内容はまさに千差万別、普通のプログラミング言語とはまるで違うものが多い（もちろん、普通のプログラミング言語っていってもいいものもある）。だから、「ここに注意して選べばOK！」というのは、正直ないと思う。

唯一、注意点として考えたいのは、**日本語の情報**だろう。この種のものは特殊なツールだから、一般的なプログラミング言語に比べると情報が少ない。特に、日本語となるとかなり限られる。だから、「日本語の情報が豊富かどうか」はかなり重要になると思う。

それと、敢えていうなら「**それをマスターした後、次にどうつながるか**」も考えておくといい。教育向けのツールは、それをマスターしたからといって本格的な開発に使えるわけではない。ただ、そこでどのような知識や考え方が身につくか、それが重要だ。

例えば、「基本的な値や変数、条件分岐や繰り返しといった構文」の考え方が身につくもの、というのは多い。だが、「オブジェクトの考え方」まで身につくものは意外と少ない。「それは、その後のプログラミングに役立つものを得られるか？」ということは意識したほうがいいんじゃないかな。

WindowsとMac…どっちがいいの？

たぶん、多くの人が現在使っているパソコンは、Windowsマシンだろうと思う。一般ユーザーが使うOSとしては、このほかにMacがある。最近ではLinux（リナックス）などを使う人も出てきているだろう。「プログラミングを

やろう」と思ったとき、どのOSがいい、といったことはあるんだろうか。

OSごとに、プログラミングをやる上で有利な点・不利な点などをちょっと整理してみよう。

● Windowsの場合

- 開発ソフト類の数などは、とても充実している。たいていのものは、まずWindows用で作られるので、やりたい言語は一通り揃っているといってもいいだろう。ただし、標準では本格的な開発環境はついていないので、開発ソフトなどが必要な場合は買うなりしないといけない。
- プログラミングに関する情報の類も豊富。書籍の類も多数出ているし、インターネットを検索すれば膨大な数のサイトが見つかるはず。そういう意味では安心。
- ただし、「アップル系の開発」には使えないので注意が必要。Macのアプリや、iPhone、iPadのアプリ作成はWindowsじゃできないんだ。

● Macの場合

- 開発ソフトの数などは、残念ながらWindowsと比べるとかなり少ない。なかなか「よりどりみどり」とはいかないのが現状だ。
- ただし、実はこの「開発環境の少なさ」はあんまり気にならなかったりする。なぜなら、Macには、アップル純正の「標準開発環境」ともいうべきものがあって無料で配布されているからだ。Macのアプリも、iPhoneやiPadのアプリも、全部、アップル純正の開発環境を使うのが前提になってる。だから、それ以外のものはほとんど使われていない。なにしろ、アップルが「これで作らないとダメ！」っていってるんだから。
- プログラミング関係の情報は、Windowsに比べるとかなり少ない。書籍の類も日本語のものはあまり出ていないし、ネットを探してもWindowsほどは見つからない。ただし、システムに標準で開発に必要な情報が一通り用意されているので、とりあえずはそれで十分役に立つ。といっても、大半が英語なので覚悟は必要。

● Linuxの場合

- まぁ、ごく一般のユーザーで最初っからLinuxという人はほとんどいないだろう。Linuxでは、さまざまな開発環境がフリー（無償）で流通しているのが特徴。中には市販されているものもあるけれど、基本はフリーウェア。

- ただし、多くが「コマンド」として使うものだ。WindowsやMacの開発環境のように、必要なものが全部用意されていてマウスを使って簡単設計、みたいなものはあんまりない。基本的に「プログラミングがわかっている人間が使うもの」という感じだ。
- Linuxというのは**ディストリビューション**（配布パッケージ）によってウインドウシステム（ウインドウとメニューを使って操作をするためのシステムね）が異なる。そして、プログラム内からウインドウシステムを利用するための「ライブラリ」と呼ばれる専用小型プログラムのようなものにも、さまざまな種類が用意されている。WindowsやMacと違って、「これがシステム標準。これを覚えればOK」というのとは違う。
- プログラミング関係の情報は、書籍の類はまだまだWindowsなどに比べると少ない。ただ、オンラインで検索すればかなりのものが見つかるはずだ。が、その大半はやっぱり英語だ。

　基本的に、Linuxでのプログラミングは「既にプログラミングがわかっていないと難しい」と考えたほうがいい。またLinuxは、WindowsやMacと比べ、OSそのものの勉強がかなり大変だ。「WindowsとLinuxの両方を使っている」というなら素直にWindowsでプログラミングしたほうがいい。

　いろいろと並べたけれど、こうしたポイントのほかにもっと重要なポイントがある。それは、「あるOS用に作ったプログラムは、ほかのOSでは動かない」という点だ。だから、あんまり「どのOSでプログラミングをしたらいいか」ということを気にしないほうがいい。君が普段使っているOSが、君にとって「プログラミングをする最適なOS」なんだ。

プログラミング学習のポイント

　あれこれ書いてきたけど、最後に「プログラミングを学習していく上での最大のポイント」というものを挙げておこう。それはこういうこと。

　焦って背伸びをしない！

いきなり高度なものを作ろうと欲張っちゃいけない。時々、「初心者ですが教えてください」といって、とんでもなく高度なことを聞いてくる人があるんだけど、それは無茶だ。いきなり「インターネットを使ったオンラインRPGを作ろうと思いますが作り方を教えてください」とかいわれても、答えようがない。

　目標を高く持つのはいいんだけど、当面はもっと身近な目標から考えていかないと。「テキストファイルを読み書きする方法を覚えよう」「グラフィックを描く方法をマスターしよう」「イメージを重ね合わせる方法を考えよう」というように、単機能に絞って一つひとつ攻略していくのが基本。いきなり「オンラインRPG」のように山のような機能が複合的に絡まりあってるようなものを考えてはいけない。

　プログラミングを覚えていくということは、命令や関数を暗記することじゃない、と前にいったね。では、どういうことなのか。それは、端的にいえばこうなる。

**　　機能を実現するための解法を増やしていく。**

　解法なんていうと難しそうだけど、要するに「その機能の実現のしかた」のことだ。プログラミングを知らないうちは、プログラム作りというのは「これこれこういう機能は、この命令を使う」というように、「機能＝命令」のような単純なイメージで捉えていることが多い。それで、命令や関数を山ほど覚えてみるんだけど、「○○する命令がない！」「××する関数がない！」と大騒ぎすることになる。

　プログラミング言語に用意されているのは、もっとも基本的な処理を行うための命令や関数だけだ。そして、僕らが普段アプリケーションなどで利用しているさまざまな機能というのは、そうした命令をいろいろと組み合わせて実現しているものなんだ。

　どのような命令をどういう順番に組み合わせていけば、思っていたことが実現できるか。自分の引き出しにそうしたチップス（tips）情報を蓄えていくこと、それがプログラミング上達のコツだ。「この機能を実現するにはこういう処理をすればいい」という小さなテクニックをこつこつと引き出しの中に増やしていく。そうすることで、次第に大きな処理も「これとこれとあれを組み合

わせていけばなんとかなりそうだ」とわかるようになってくる。

　そうしたチップスを蓄積し、引き出しの中身を増やしていく。それがプログラミングを学ぶということなのだ。引き出しに何もなければ、どんなプログラムだって作れない。そこをよく考えておこう。

1-3 プログラミングの周辺の話

書籍には三つの種類がある！

　いろいろとプログラミング言語や開発環境について説明をしてきたけど、最後にプログラミング全般について、補足しておきたいことを整理していくとしよう。まずは、プログラミング関係の書籍についてだ。

　先に「いきなり入門書を読んで覚えようったって、そううまくはいかないよ」ということをいったけど、実際にソフトウェアを用意したり環境を整えたりしてプログラミングを開始するようになってみると、やっぱりそれなりの入門書や解説書があったほうがいいと思うようになる。
　既に「このソフトウェアを使って、このプログラミング言語を使って、プログラムの練習をするんだ」という具体的なことが決まっていれば、書籍にしても「こういうものがあるといいな」ということもわかってくることだろう。
　プログラミング関係の本というのは、だいたい三つの種類に分かれていると考えていい。それぞれを整理するとこんな感じになる。

 プログラミングの入門書

　プログラミングを始めようって人に向けて、初歩から順番に説明してあるものだね。ただし！　前にもいったけど「これを読めばプログラミングがわかる」という本なんてない。「これを読みながら、実際にプログラムを書いていけばわかってくるようになる」のだ。本を読むだけではダメだってことは肝に銘じておくこと。
　入門書と一口にいっても、いろいろとある。言語そのものの入門書もあれば、特定の開発環境の使い方を説明した入門書もある。また言語の入門といっても、たいていは「この開発環境を使って説明する」ということがうたってあるものだ。だから、自分が使っている環境にあわせて購入すること。「まだ、どの言語でどんなソフトウェアを使うか決めてない」って人は、それがしっかり

決まってから本を探したって遅くないぞ。

● リファレンス
　プログラミング言語の文法や、用意されている命令・関数などの使い方と用例をずらっと整理したもの。これは、読んで勉強するというより、辞書のように「わからないときに引いて調べる」ものだと考えたほうがいい。

　本格的な開発環境などになると、言語のリファレンスはオンラインヘルプで用意されていることが多い。これで十分な場合もけっこうあるものだ。だから、まずはヘルプを使っていろいろと調べてみて、「やっぱりこれだけじゃわからない」となったらリファレンス本を探す、というのがいいだろう。今すぐ必要ってものじゃない。

● 応用解説書
　プログラミング言語の具体的な応用テクニックについて説明したもの。これが、実は一番多いかもしれない。既にプログラミングができる人、いわば「ビギナーを抜け出した中級レベルの人」以上を対象にしたものが大半だろう。

　先にいったように、プログラミングっていうのは、さまざまな解法のテクニックを身につけていくことで上達する。だから、ある程度基本がわかったら、こうした解説書で、さまざまな応用テクニックを学んでいくのがいい。まだビギナーのうちは、こうしたものまで考える必要はない。

　以上の三種類を頭に入れて、本屋にいったら「どの種類のものが必要か」を考えて探すといいだろう。

参考書を選ぶポイントとは？

　とはいえ、こうした解説書は豚に食わせるほど巷（ちまた）に出回っている。一体、どれがいいのかわかりゃしないだろう。表紙やコシマキ（オビのことね）のキャッチコピーを眺めて「これでいいか」なんて決めてしまう人が大半でないかな。これではちょっと情けないぞ。

　そこで、「どんな点に注意して選ぶか」というポイントを考えてみよう。

● まずは前書きと目次をチェック！
　だいたい、書店で本を手にとって、前書きや目次などをざっと見てみると、

上記のどのタイプのものかなんとなくわかってくるものだ。だから「どれが入門書だ？」なんてときは、ともかく前書きと目次をチェックしよう。

● オンライン配布をチェック！
　最近は多くのソフトウェアが無償公開されるようになってきている。これは開発の分野では特に顕著で、今や主だった開発関係のソフトは大抵が無償版を用意するようになった。サイトにアクセスしてダウンロードすれば、大抵のものはただで手に入る。まったくいい世の中になったものだ。

　が、なんでもすべて手に入るわけではない。書籍を購入して勉強しようと思ったとき、何より重要なのは、実はソフトじゃない。それは、その書籍の「サンプルデータ」だったりする。これは、「自分でタイプするより、サンプルをコピペしたほうが楽ちん」ということじゃない。「正解を確認できる」ってことが大きいんだ。
　プログラミングってのは、試行錯誤の連続だ。しっかり本を読んで同じように書いても、慣れないうちはまず間違いなくどこか書き間違える。細かな設定を忘れる。ファイル名やフォルダの構造が微妙に違ってる。そんなことはしょっちゅうだ。そして、「おかしい、正しいはずなのに動かない……」と頭を悩ませることになる。

　そんなとき、きちんと動くサンプルデータがあれば、問題を探しだすための手助けになる。ちゃんと動くサンプルと自分の作ったものを見比べて、どこが違うのか探せば、原因を見つけ出せるだろう。
　その昔は、CD-ROMなどにサンプルを収録しているのが一般的だったけど、今はオンライン配布が一般的。「サンプルはオンラインで手に入る」という書籍が増えてきた。サンプルをちゃんと配布しているかは、実はかなり重要なんだ。

●「まとめ」と「インデックス」をチェック！
　多くの入門書では、説明などの後にたいてい「まとめ」のページが用意されている。これがちゃんとしているかどうかで、けっこう後々まで使えるかどうか違ってくるものだ。また、適当に本文を眺めて、登場する命令などが巻末のインデックスにちゃんと収録されているか、いくつか試してチェックしてみよう。意外にインデックス（索引）が貧弱な本というのは多い。インデッ

クスがしっかりしていると、後々まで辞書的に利用できるのだ。

● **アフターケアもチェック！**

　書籍によっては、作成したサンプルプログラムをオンラインで配布したり、校正情報などのサポートのページをWebサイトに用意しているものもある。また、著者によっては「質問等は一切受け付けません」という人もいれば、「メールで送ってくれれば、なるべくお答えします」というスタンスの人もいる。

　この種の本というのは、けっこう高い。数千円するものが大半だろう。ならば、後々までサポートしてくれるもののほうがいいに決まっている。こうした情報は、たいてい目次の前後や巻末、あるいは著者紹介などのところに掲載されているはずなので、それらをチェックしておこう。

ソフトウェアの配布形態

　次に、ソフトウェアの配布形態について考えてみよう。プログラムというのは、その配布形態によっていくつかの形に分けて考えることができる。

● **有料ソフト**

　お金を払って購入するソフトのことだね。パソコンでは、ショップで商品として売られているソフトがそうだ。またパソコン用のソフトでは、無料だと制限がかかり、お金を払うと全機能が使えるようになる「シェアウェア」というソフトもある。

　最近では、ショップじゃなくてオンラインのストアでダウンロード販売しているものも増えてきた。AndroidやiPhoneのオンラインストアで販売されているアプリなども、有料ソフトの一種といってよいだろう。

　こうした有料ソフトは、れっきとした「商品」だ。ショップでパッケージで売られているものだけでなく、シェアウェアやダウンロードして購入するものも、商品であることに変わりはない。だから利用に関してはきちんとした規約があり、勝手にコピーして配ったりすると違法になる。ダウンロード販売のものもこの点は同じだからね。勝手にコピーして友達にあげたりすると違法行為になるから注意しよう。

● **フリー（無償）ソフト**

　タダで配られているソフトのことだね。オンラインで配布されている「フ

リーウェア」というものや、スマホのオンラインストアで無料販売されているものなどがこれに当たる。また後で触れるけど、最近では企業が開発したれっきとした商品でありながら無料で配られているものもあったりする。

　これは文字通り無料のソフトウェアで、自由に使っていいし、配布していい。ただし、フリーではあっても、たいていの場合、著作権は放棄していないので、勝手に改造して配ったり、中で使われているプログラムやデータを勝手に自分の作品で使ったりしてはいけない。「タダ」と「勝手に何でもしていい」のとは違うので注意が必要だ。

● 課金型ソフト

　スマホのゲームアプリを見ると、人気のゲームはほとんどが無料アプリだ。それらは企業が大金を投資して開発したものだ。そんなにお金をかけて作ったのにタダ？　と不思議に思うだろう。以前なら、そんなことはあり得なかった。が、最近は「有名ゲームでも無料」というのがずいぶんと増えてきた。

　その秘密は、「課金」にある。ゲーム内でさまざまなアイテムなどを有料販売しているんだね。ソフトはタダだが、ゲームを進めていくと、タダのままではどうしても先に進めなくなってくる（不可能ではないけどめちゃくちゃ難しくなる）。もっと遊ぼうと思ったら、有料アイテムを購入しないといけなくなる、というわけ。こうした「基本は無料だけど、アイテムやサービスなどを有料で提供することで利益を出す」というビジネスモデルも増えてきた。これは無料ソフトではあるけど、実質的には有料ソフトと同じと考えていいだろう。

● オープンソース

　最近、よく耳にするようになってきたのがこれだ。これも無料ソフトの一つだけど、一般的なフリーウェアなどとはちょっと違う。

　オープンソースというのは、プログラムの完成品だけでなく、ソースコードまでをすべて公開して誰でも無償に使えるようにしているソフトウェアのこと。ソースコードまで手に入るので、プログラマならそれを自分なりに改良したりして独自のプログラムを作ったりできるんだ。ただし、改良して作ったものは同じようにオープンソースで公開しないといけないとか、いろいろと制約はある。

　オープンソースのプログラムは、LinuxなどUNIX（ユニックス）系のOSの世

界で広まったものだけど、最近ではWindowsやMacでもこうしたものが増えている。ただ使うだけなら、いわゆるフリーソフトと同じと考えていい。が、自分で作ったものを公開するようになると、「オープンソースにすべきかどうか」はけっこうきちんと考えないといけないだろう。

ソフトがどういう形態のものかによって、扱いも違ってくる。有料ソフトと無料ソフトでは扱いも変わってくるし、普通のフリーウェアとオープンソースも扱いは微妙に違う。特に利用に関する権利などは、ソフトによって違うことが多い。

今までは、単に「ソフトを使う側」だったから、基本的な扱いの違いだけ頭に入れておけばよかった。が、プログラマを目指すなら、もう少ししっかりと理解しておかないといけないことがある。なぜって、今度は君が自分のプログラムを配布する際に、そうした知識が必要となってくるからだ。

作ったプログラムは、有料にするのか、無料にするのか。無料ならオープンソースにするのか、しないのか。それによって、自分の配布するプログラムがどのように扱われるかが変わってくるのだから。

著作権とライセンス

フリーウェアやオープンソースのプログラムを作成する場合、注意しておかないといけないことがいくつかある。それは「著作権」と「ライセンス」だ。

著作権というのは、いわゆるコピーライト。その作品が誰のものであり、誰に権利があるのかを示すものだね。ソフトウェアだってれっきとした作品。当然、それには著作権というものがある。この著作権ってやつは、考え出すとそれ自体で一冊の本になるぐらいに奥深いものだけど、とりあえず「自分で作ったプログラムを配布する」というときに関係する注意点ぐらいにしぼってまとめてみよう。

フリーウェアにも著作権はある！

まず「フリーウェア」なんだから著作権もないんだろう、なんていう錯覚を起こさないようにしよう。たとえ君がフリーウェアとしてソフトウェアを作って配布したとしても、Read me（リードミー。注意書き）などにきちんと「著作

権は○○が保持します」と明記してあれば、そのプログラムに関する権利はすべて君自身のものだ。どっかの会社が勝手にCD-ROMに収録して販売したりしているのを見つけたら、文句を言う権利がある。

　一つ覚えておいて欲しいのは、「著作権は、自ら放棄することもできる」ということ。例えば、スクリプト言語やオフィスのマクロなどを使ったプログラムを作った場合、著作権を放棄して「誰でもこのプログラムのソースコードを自由に使っていいよ」という形で配布することもできる。法的には、日本では著作権を完全に放棄するということはできないようなんだけど、こうして「放棄します」と明確に記すことで、著作権を行使しないことを伝えることができる。
　……え？　「そんなことをして何の得になるんだ？」って？　大きな得になるよ。君のプログラムを見た人が、それを利用して更にすばらしいプログラムを作って配布するかもしれない。そう考えれば、形にできない大きなメリットがあることがわかるだろう？

● 素材にも著作権がある！

　自分でプログラムを作って配布するようになって最初にぶつかるトラブルが、これ。インターネットなどで検索して見つけたグラフィックやアイコンなどをそのまま使ってプログラムを作りフリーウェアで配布したら、その作者からクレームが来た、というようなことはけっこうありがち。

　フリーウェアとして配布されているグラフィックやアイコン、サウンドなどだって、フリーではあるけれど、著作権はちゃんとあるのだ。「ご自由にご利用ください」というものであっても、一応は作者に連絡するのがスジってもの。自分で作ったプログラムを配布しようというなら、同じように作品を配布している人への敬意を忘れないように。

● オープンソースはライセンスを確認！

　オープンソースの場合、それを開発したり管理する団体によっては、再利用や配布に関する細かな決まりを設定してあるところもある。
　例えば、よく耳にする**GPL**（The GNU General Public License）というのは、GNU（グヌー）プロジェクトと呼ばれるところで開発されたソフトウェアなどに設定されるライセンスで、再配布や改変に関する細かなルールが制定され

ている。こうしたものを利用する場合には、そのライセンスをよく理解してそれに従わないといけない。

まぁ、ビギナーである間は、いきなり「ソースコードを修正してプログラムをアレンジする」なんてことまではいかないだろうけど、「オープンソースだからといって何でもしていいわけじゃない」ってことは頭に入れておこう。

本職プログラマになるには？

みんなの中には、ひょっとしたら「本職のプログラマになりたい」と思っている人もいるかもしれない。そうした人には、「どういう勉強をしたら有利なのか」といったことを知りたいと思ってる人も多いかもしれないな。

では、本職のプログラマになるためには、どんなプログラミング言語を学んだらいいのか？　どういう道があるのか？　その辺りについて簡単に整理してみよう。まぁ、「まだどんな言語があるのかよくわからない！」って人も多いと思うので、この辺は次の章からの言語の説明をざっと読んだ後で改めて読むといいだろう。知らない言語が出てきても、「そういうものがあるんだ」程度に考えておこう。

● 基本は就職！

本職のプログラマといってもいろいろある。フリーランスでやっている一匹狼もいるけれど、まぁ基本的には「開発系の会社に就職する」というのが一般的だろう。

ただ、多くの人が勘違いしているような気がするのだけど、「プログラマ」というと、ゲームだとかビジネスソフトなんかを開発しているように考えていないだろうか？　いわゆる「商品パッケージとして販売されているソフトウェア」を作っている、というイメージが、ね。ゲームなんかは作るのも面白そうだし、マイクロソフトとか有名な会社の製品の開発に関わってみるのもわくわくするし……なんて考えているかもしれない。

確かに、そうした会社もあるけれど、そういう仕事ははっきりいって「プログラマのごくごく一部だけ」でしかない。こうした会社に入ってプログラマとして製品開発に携わるのは、かなり難しい。というか、「これからプログラミ

ングを覚えてみようかな」と人間が1～2年後にそうした会社に就職できる確率は限りなくゼロに近いといっていい。

現在、多くのプログラマが開発しているソフトウェアの種類、それは「サーバー関係」「組み込み機器関係」「業務用システム関係」の三つだ。どれも、はっきりいってあんまり派手なものじゃない。地味ぃ〜な仕事だ。あんまりカッコイイものをイメージすると期待はずれでがっかりするかもよ?

● 最大の敵は「年齢」

中には、「自分でちょっとずつプログラミングの勉強をしていって、ある程度自信がついたら開発会社に転職しよう」なんて考えている人もいるかもしれない。が、それはあまりいい選択とはいえない。

プログラマになりたい、と思ったとき、ネックとなる最大の要因はなんだろうか。知識? 技術力? いいや、そんなものじゃない。いちばん重要なのは「年齢」だったりする。

プログラマは、とにかく「若いうちになる」のが基本。ある程度の年令になったら、普通はプログラマからもっと上流の仕事(プログラムを直接書くんでなくて、全体を設計したりプロジェクトをまとめたりする仕事)に移行していくもの。

もちろん、中には「いくつになってもプログラマでいく」という人もいる。それは、「ほかの人がとても真似できないほどの技術を持った人」たちだ。そうした人は、プログラマとしていくつになっても需要がある。だけど、ごく平均的な実力のプログラマは、ある程度の年令になったらほかへの転身を考えないといけなくなる。

ものすごく大雑把にいえば、「30歳を過ぎてからプログラマを目指すのは諦めたほうがいい」と考えてほしい。もちろん、人によっては、それ以上でもプログラマとして就職しバリバリやってる! という人だっているよ。だけど世間一般的には、その辺りが一つの区切りとして見られていると考えたほうがいいだろう。

本職になるにはどの言語が有利?

それじゃ、君が「本職のプログラマを目指そう」と思ったとしよう。そうなったとき、何を勉強するのがいいんだろうか。

「まったく何も知らないでプログラマを目指すのはやっぱり不安」という人には、とりあえず何か一つ、「これを学ぶ！」という言語を決めて、それを学びながらプログラマへの転身を考えるのがいいだろう。それじゃ、何を学ぶ？

これは、どういう方面のプログラマになりたいかで決まってくる。

● サーバー関係ならJava！

現在、もっとも需要が高くて引っ張りだこなのが「サーバー関係」だろう。インターネットを使った業務は増える一方で、人手はいくらあっても足りない。新しい会社もぞくぞくと誕生しているから、やる気さえあれば（更には「大企業でなくてもいい！」という割り切りさえあれば）道はそれほど険しくはない。

こうしたサーバー系の開発なら、ともかくJavaを覚えておくのが一番！ サーバーサイドのJavaまでをマスターしておく必要はないだろうが、「Javaの基本は一通り身についています」ということなら、それなりにアピールできるはずだ。

ただし、サーバー系の会社では、別に新卒でなくて中途の採用でも「未経験者歓迎」というところが多い。「とにかく来てくれ、後はこっちで面倒見るから」というスタンスだね。だから、「よくわかんないけど飛び込んでみる！」というのもアリだろう。

● Web開発ならPHPとJavaScript

本格的なサーバー開発、大規模なWebアプリケーション開発ともなればJavaの分野なんだけど、世の中の大半のWebサイトは、もっとこじんまりとしたものだ。せいぜい一日に数万アクセスぐらいのサイトで、とにかく安く、メンテナンスもしやすいものを作ってほしい、といった「本格サーバー開発の世界よりはるかに小さなWeb開発」の世界のほうが実は遥かに需要は多い。

こうした世界では、サーバー側に**PHP**（ピーエイチピー）、クライアント側にJavaScriptといった言語を使って開発をしているところが圧倒的に多い。PHPだけでなく、**Ruby**（ルビー）や**Python**（パイソン）を使うこともある。またサーバー側でもJavaScriptを利用する場合もある。

これら全てに精通する必要は、全然ない。これらからどれか一つを選んで勉強すればいいだろう。こうした小規模なWeb開発は、企業に就職するだけでなく、「副業として自分で仕事を受注してプログラミングする」なんて道も

ないわけじゃない。そうした「副業プログラマ」が一番やりやすいのが、この「小規模Web開発」の世界じゃないだろうか。

● **スマホ開発はJavaかSwift！**

　最近は、大手のゲームメーカーなどだけでなく、ごく普通の開発会社も当たり前にスマホアプリの開発をするようになった。アプリで一発当てて儲けよう、というだけでなく、いろんな企業が自社の宣伝やプロモーションを兼ねてアプリを作って配布することが多くなってきたんだ。だからスマホのアプリ開発を業務にする開発会社は思った以上に多いんだよ。

　こうした開発では、AndroidならJavaが基本。iPhoneアプリの場合、Swiftが基本と考えていいだろう。ほかにも、AndroidならKotlin、iPhoneならObjective-Cといった言語があるんだけど、とりあえずJavaかSwiftがわかれば問題ないはずだよ。

● **組み込み機器関係なら「C」！**

　もう一つ、「この先、とにかく需要が増えて人手不足が深刻になっている」分野がある。それが、組み込み機器の世界だ。実は、開発の中でもっとも大きな分野は、これだったりする。家電製品、自動車、携帯電話、業務用の機器。どんなものであれ今は中に小さなコンピュータが埋め込んであるようなものなんだから、当然、それを制御するソフトウェアが必要になるわけ。

　こうした組み込み関係では、依然としてC言語が主流で、これは当面、ほかのものに置き換わりそうもない。なので、文句なく「Cをひたすら学ぶ」のがいいだろう。

● **業務用システム関係はいろいろ？**

　会社のさまざまな業務管理などは、「市販されているビジネスソフト」だけを使って作られているわけじゃない。それよりも、その会社の業務にあわせて設計したシステムを導入し、それで業務を行っているところが大半だ。こうした業務用のシステムを開発する会社も、かなり多い。

　こうした世界では、会社によって使うプログラミング言語にはばらつきがある。だから、「これ！」という決まりはない。C#（シーシャープ）やVisual Basic .NET（ビジュアルベーシック・ドットネット）といった言語で作っているところもあれば、Excelなどをベースに基幹システムを作っているところも多い。また最近では、Webベースやクラウドベース（インターネットのサービス

を利用するやり方のこと)で基幹業務を構築するところも増えてる。

　この分野は、とにかく「どういう業務開発をしている会社に入るか」でまるっきり変わってくる。だから、あまり「どの言語を学ぶべきか」は意識しなくていいだろう。それより、一刻も早く就職するのが一番だ。

　以上、いろんな分野について簡単にまとめてみたけど、個人的には「本職のプログラマを目指すなら、とりあえずJavaをやっておけ」といっておきたい。スマホ、パソコン、サーバー開発。どれに進むとしても、Javaができれば道は拓ける。Javaは、今、もっとも広く使われている言語の一つだし、「非常に潰しが利く」プログラミング言語だ。覚えて損になることは絶対にないだろう。

資格試験って？

　単に趣味でプログラミングを勉強するなら特に考える必要はないが、もし「プログラミングを仕事にしたい」と思っているならば、どうしても気になってくるのが「資格」だ。プログラミングの世界には、公の機関や企業などが行っている資格試験がいろいろとある。これらの資格を持っていれば、プログラマとして仕事をするには何かと有利だろう、と思う人も多いだろう。

　だが、具体的にどんな資格を取ればいいのか。あるいは、取らないとどういうデメリットがあるのか。その辺りについて考えてみよう。
　まずは、「どのような資格があるか」からだ。一企業が行っている細かな資格などもあるけれど、プログラミングの世界で一般的に認められている資格というのはそれほど多いわけじゃない。主な資格について以下にまとめておこう。

情報処理技術者試験
　日本には、情報処理に関する12種類の国家資格の試験がある。それらをまとめて「情報処理技術者試験」と呼んでいる。要するに、「国家資格の総称」だね。これは、独立行政法人情報処理推進機構の情報処理技術者試験センターというところが行っている。
　この試験は年に2回、4月と10月に行われている。ただし試験によっては毎年1回いずれかの時期に実施されてるものもある。この試験は、レベルによっていくつかに分かれている。

ITパスポート試験

　情報処理技術者試験のうち、一番簡単なのがこれ。ITに関する職業に就く人が身につけておく技術と基礎知識に関するもので、IT関係のもっとも基本となる資格だ。まぁ、プログラマのための資格ではないけれど、IT関係に進みたいなら「とりあえずとっておく」と考えてもいいだろう。

情報セキュリティマネジメント試験

　ITパスポート試験の上級、みたいに思っていいだろう。これは2016年から始まった、比較的新しい資格試験だ。「ITの安全な利活用を推進するための基本的知識・技能を身につけた者」が対象。まぁ、これも直接プログラマの技量とは関係ないけど、持ってればいばれるだろう。

基本情報技術者試験

　情報処理技術者試験の中で、情報処理のもっとも基本となる資格だ。IT関係の基本的な技術や知識を持った人を対象としている。プログラミングの問題が出題されるため、「プログラマ向けの試験」として昔から知られている。プログラマ向けの資格試験の最初に受けるべきもの、と考えておこう。

応用情報技術者試験

　基本情報技術者の上の資格に当たるもの。シニアプログラマ、システムエンジニア辺りを対象としたもので、中規模システムの仕様や開発、テストといった、基本情報技術者よりも上位のレベルの知識を要求されるようになっている。単にプログラミングに関する知識だけでなく、プログラマのチームを統括し、指導するようなことまでを考えた資格なのだ。

高度情報処理技術者試験

　これは、もっとも高いスキルが要求される資格だ。といっても、こういう名前の試験があるわけじゃない。それぞれ専門分野ごとに8種類の試験が用意されており、その総称なんだ。プログラミングだけでなく、IT関連の専門職を対象とする高度な内容の試験なので、まぁ「いつかはここを目指せ！」ぐらいに考えておくといいよ。

MOS(Microsoft Office Specialist)

　これは国家資格ではないんだけど、コンピュータの世界ではかなり認知さ

れているものなので挙げておこう。MOSは、マイクロソフトが認定している資格の一つで、毎月試験が行われている。

MOSは「Microsoft Office」の活用能力を認定するもので、ソフトウェアの種類やバージョンごとに試験がある。オフィス関連の業務では、この資格はかなり重視される。このジャンルに進みたい人は要チェックだ。

Microsoft Certified Trainer

MOSとは別に、Microsoft製品のトレーナーの資格としてMCTというものもある。まぁ、これはプログラマというよりMicrosoft関連製品を教える側に回りたい人向けの資格と考えていいだろう。

Oracle Java Certifications（Java認定資格）

Javaの開発を行っているOracle（オラクル）が認定している資格で、Javaのプログラミング全般に関する知識と技術を、いくつかの項目に分けて認定している。Javaのプログラマを目指すなら、取っておいても損はない資格だろう。

この認定資格は、Javaのエディションやバージョンごとに細かく用意されている。ここでは一般的なパソコン用のJavaである「Java SE」の資格を紹介しておこう。

Oracle Certified Java Programmer, Bronze	Java SEのもっとも基本となる資格。Java SE 7および8に関する基本的なプログラミング知識が必要になる。
Oracle Certified Java Programmer, Silver	Bronzeの上の資格というより、Bronzeとセットの資格と考えたほうがいい。Javaによる基本的なプログラミングスキルが必要だ。
Oracle Certified Java Programmer, Gold	Bronze、Sliverに合格しないと受けられない、上位資格。Java全般に関する幅広い知識と技術が必要になる。

このほか、サーバー開発のJava（Java EE）に関する資格もいろいろと用意されている。またJavaを開発するOracleはデータベースでも有名な会社で、そっち方面の資格もたくさん用意してある。サーバー開発者には、Java EEと併せてそうしたデータベース関連の資格も取る人が多い。

資格をとると何がいいの？

　ざっと主な資格を挙げてみたけど、まぁはっきりいって「どれを取ればいいのかわからない」って人が大半だろうと思う。それに、「そもそも、そんな資格なんて何かの役に立つの？」と思う人だっているかもしれない。
　では、こういう資格をとったらどんなメリットがあるんだろうか。

● 就職に有利？

　プログラミング系の会社に就職したいという場合、この種の資格を持っているってことは、それだけ有利になる。これは間違いない。特に、オフィス関連の会社ではMOS、Java開発の会社ではJava認定資格があれば、それだけで有利になるだろう。
　募集要項などを見ると、はっきりと「○○の資格のある人は優遇」などと書かれているものもある。新卒に限らず、中途や転職などに関しても、やっぱり資格があるのは強い。

● 給料がちょびっと上がる？

　開発関係の会社で働いている場合、こうした資格の取得を奨励しているところも多い。資格を取得すると、特別手当などがちょこっとつくようになったりする。要するに、「資格があると給料が上がる」のだ。
　え、「うちは持ってても上がらない」って？　まぁ、そういう会社も、ね……。

　こうしてみると、「やっぱり、取れるなら取っといたほうがいいか」と思うだろう。プログラマとして就職することを目指すなら、それも一つの道だ。
　ただし、「資格がすべて」ではないことも理解しておこう。例えば中途採用などの場合、「資格を持っているが未経験」の人間と「資格はないが実務経験が豊富」な人間であれば、間違いなく後者が採用されるはずだ。
　資格はあるに越したことはないが、あくまで重視されるのは「実際のプログラミングの能力と経験」だ。資格はあくまで「ある程度の技術を持っていることを示すもの」でしかないってことを頭に入れておこう。

作ったソフトをみんなに使って欲しい！

別にプロになりたいわけじゃない、アマチュアとしていろんな面白いプログラムを作ってみたい。——そういう人が目指すのは、やっぱり「アプリ作家」だろう。これからプログラミングをやろう！　という君が、最初の目標とするのが、この「アプリ作家」だ。自分の作ったプログラムを大勢がダウンロードして使ってくれるという楽しさ。これは実際に経験してみないとわからないものだ。

この「アプリ作家」になるためにはどうするのか。注意したいポイントとともにまとめておこう。

●「何のアプリ」作家を目指すのか？

一昔前なら、「プログラムを作る人」といえばパソコン用のゲームとかユーティリティ（単機能のソフトウェア）なんかを作るのが基本だった。だけど、今はほかにも選択肢がいろいろとある。

もちろん、パソコン用のアプリを作って配布する、それも当然アリだ。パソコン用のアプリ作りは、とにかく情報が多いし、参考となるサンプルやプログラムも多い。これは、WindowsならC#辺り、MacならSwiftを勉強するのがいいだろう。

●「スマホ」こそ作家の活躍の場？

今や、アプリ作成というと、パソコンよりこっちのほうがメジャーだろう。AndroidやiPhoneのアプリ作家は既に大勢いる。これらは専用のオンラインストアを持っていて、世界中の人がアクセスして気軽にアプリをインストールできる。いいものを作れば大勢がそれを使ってくれる。

スマホは、プラットフォーム（使っているOS）によって使う言語などが違ってくる。AndroidならJavaだし、iPhoneならSwiftになるだろう。まずはどっちのアプリを作っていくか、そこからしっかり検討していこう。

●「Webアプリ作家」という道だってある！

もう一つ、忘れてはならないのが「Webアプリ作家」だ。まぁ、こういう呼び名があるわけじゃないけど、「Web」というのが、今では一つの表現の場として定着している。Webでプログラムを公開して、大勢に使ってもらう、というのも当然アリだ。

昔と違い、今のWebは、パソコンのアプリに匹敵するような高度なことができるようになった。オフィスソフトだって、今ではWeb版が用意されている。Webなら、誰でもアクセスして使えるし、高く評価されれば検索エンジンによって大勢がサイトを知ってくれるようにもなるだろう。また広告などを掲載することで結構な収入になることだってあるぞ。

　とにかく、Webの世界は幅が広い。使う言語も、作るプログラムの形態もさまざまだ。まずは、何が自分に向いているか、どんなものを表現したいのか、それをきっちりと見つめ直して考えよう。

● オンラインストアや検索エンジンをフル活用すべし！

　パソコン用のアプリやスマホアプリは、自分でWebサイトを作ってアップロードしたって、それだけじゃダメだ。誰も君のサイトなんて知らないからね。こうしたものは、プログラムの配布サイトをフルに活用するといい。

　スマホやパソコンのアプリは、今は正規のマーケットが用意されている。Microsoft StoreやGoogle Play、アップルのAppストアなどだね。こうしたところに登録できれば、あっという間に大勢に使ってもらえるようになる。ただし、こうした正規マーケットへの登録はかなり大変だ。「頑張って、いずれは登録できるようにしよう」ぐらいに考えておこう。

　パソコン用のアプリなら、オンラインのフリーウェア配布サイトというのがある。例えば「Vector」(http://www.vector.co.jp/)や「窓の杜」(https://forest.watch.impress.co.jp/)といったサイトが有名だ。

　それじゃ、Web作家の場合は？　これは「検索エンジン」をフル活用しよう。GoogleやYahoo!などの大手検索サイトに自分のサイトを登録する。ただし！

　他人のWebサイトやブログなどに、勝手に宣伝を書き込んだりは絶対にしないこと！　逆効果で、悪評判が広がってしまうぞ。

● 作家としての信用を築け！

　アプリ作家になるためには、プログラミング言語の習得のほかにもやっておくべきことがある。それは、「自サイトの構築と、自分の信用の構築」だ。

　たとえ無料のアプリでも、「タダで使えるから」というだけで誰もがみんな使ってくれるわけじゃない。ソフトの出来不出来ということ以上に、「安心して使えるソフトか？」という点も重要になってくる。昨今、アプリに怪しいプ

ログラムを仕込んだものがオンラインストアで配布されるなどのトラブルも耳にするようになっている。名前もメールアドレスも不明、ホームページもない、評判も全く聞かない、そういう怪しいアプリを、君なら使う気になれるかい？

　それに、無料アプリといったって、「作って配ったらハイ、おしまい」ってわけにはいかない。やっぱり、それなりのサポートというのが必要になってくる。バージョンアップや修正版を配布したり、バグ情報をアップしたりね。
　そうしたことを考えると、「いかにして、作家としての信用を築くか」を考える必要があるだろう。まずは、自分のきちんとしたWebサイトを用意しよう。そして、そこで作ったプログラムに関する情報などをきちんと発信する。「プログラムを作ってばらまけば、あっという間に広まる」なんて考えちゃダメだ。そんなのは例外中の例外。どんな分野でも、成功するのは、長い地道な苦労をした人間だけだ、ってことを肝に銘じておこう。

Chapter 2
パソコンプログラミングの世界

パソコンで動くプログラムを作るっていうのは、プログラミングの基本中の基本だ。ビギナーの最初の一歩は、ここからと考えていいだろう。では、パソコンではどんな言語が使えるのか、一通り整理していこう。

2-1 アプリ開発のプログラミング言語

 プログラミング言語は山ほどある！

　さて、とりあえずプログラミングをするには「プログラミング言語」ってやつを使わないといけないってことはわかった。世の中にはさまざまなプログラムがある。どういうものを作るかによって、利用するプログラミング言語も違ってくる。だから、「こういうことのためには、どういう言語を覚えるべきか」ということをよく考えないといけない。

　といっても、このプログラミング言語ってやつ、とにかくたくさんあるのだ。「いいから選べ」といわれても困ってしまうだろう。そこで、どういう用途のためにどんな言語があるか、それはどんな特徴があるのか、順番に見ていくことにしよう。

　まず、何より頭に入れておかないといけないのは「一体、**どこ**で動くプログラムを作りたいのか？」ということだ。「えっ？　どこって……そりゃパソコンの中だろう？」とか漠然と思ってる君。プログラムってのは、もっともっといろんなところで使われていることを忘れちゃ駄目だ。「プログラムが動く環境(つまり、場所)」をきっちりと理解しておかないと、そもそもどういうプログラムが作れるのか、わからないじゃないか？
　今、「普通の人がプログラムを作って動かせる環境」というと、三つの場所に整理できるだろう。

- パソコン
- インターネット
- スマホ(タブレット)

　この「場所」ごとに、プログラムの作り方は違ってくる。同じプログラミン

グ言語を使っていても、パソコン用とスマホ用では作り方なども違っていたりするんだ。

そこで、「どこで動くプログラムを作るか」に分けてプログラミング言語を整理していくことにしようと思う。

まずは、基本中の基本である「パソコン」の開発からだ。

パソコンで動くプログラムを作るには？

パソコン用のプログラムというのは、だいたいそれぞれのパソコン用に**コンパイル**してある（覚えてるかい？　そのパソコンが直接実行できる命令に変換したもの、ってことだ）。だから、パソコンのOSとかが違うとプログラムが動かなかったりする。作るときも、「どういうOSで動くプログラムを作るか」とか考えないといけない。そのために使うプログラミング言語も「このOSではこれが使える、こっちのOSじゃ使えない」というように変わってきたりするんだ。

が、実をいえば、それがすべてじゃない。「コンパイルしないプログラム」も、意外とパソコンでは使われているんだ。そうしたプログラムは、確かにアプリのように配布したりするわけにはいかないけど、でもちゃんとプログラムを作って動かし、必要な処理を行えるんだ。

では、「パソコンで開発するのに使う言語」から簡単に整理してみよう。ざっとこんなものが考えられるだろう。

パソコン向けプログラミングで使われる言語
- C、C++
- Visual Basic .NET
- C#
- Java（Java SE）
- Swift
- Objective-C
- Python
- JavaScript（Electron）
- Visual Basic for Applications
- Google Apps Script

- Go
- Groovy
- Scala

　これで全部ってわけじゃないよ。ほかにもプログラミング言語は山のようにある。そんな中で、とりあえず「ビギナーでも使えるかな」というものを集めたつもりだ。中には、「えっ？」と思うようなものもあるかもしれないけど、これらはすべて「パソコンでプログラムを作る」のに利用されているものだ。といっても、全部が全部、いわゆる「アプリ」を作るものばかりじゃない。

　中には、スクリプトを書いてそのまま動く、いわゆるインタープリタの言語もある。こうしたものは、アプリは作れないけど、でもそれなりにちゃんとプログラムを作って動かせる。別に、「アプリ」だけがパソコンのプログラムじゃないんだから、こうしたものも含めて考えていきたいね。
　それじゃ、順番に言語の説明をしていこう。

プロ御用達言語「C」

C言語とは？

　アプリケーションの開発でもっとも多用されている言語、それは「C」（シー）だ。Cは、その改良版みたいな「C++」（シープラスプラス、一般にシープラプラっていってる）とあわせて「**C/C++**」というように書かれることが多い。要するに「二つセットで考えてね」ということだね。

　とりあえず、C言語っていうのがどういうものか、その経歴から簡単に紹介しよう。
　Cは、1972年に米国のAT&Tベル研究所の**ブライアン・カーニハン**と**デニス・リッチー**という2人の研究者によって開発されたものだ。これは、ミニコン（当時としては小さかった、巨大コンピュータ）のOSを作るために考えられたものなんだ。そのOSというのは、**UNIX**（ユニックス）。なんだって「C」なんて名前になったかというと、その前に「B」って言語が開発されていたので、「Bの次ならCだろう」ということで名づけられたらしい。意外と安直だね。

このCは、OSを作るために考えられたぐらいだから、ともかく効率が良くてコンパクトで、マシンを柔軟に制御できるようなものでないといけなかった。Cは、そういう要望にこたえるものだったわけ。この点は、よく頭に入れておきたい。「なんだってCはこんなにわかりにくいんだ？」という声をよく聞くけれど、もともと「わかりやすく書けること」なんて目標にして作られていなかったんだ。

要するに「Cそのものはとてもシンプルだが、使いこなすためにはいろいろと勉強しないといけないことがある」ということだろう。正直、ビギナー向けとしてデザインされた言語ではない、ってことは頭に入れておいたほうがいいと思う。

C言語の特徴
Cはとてもコンパクト

これがもっとも大きな特徴だろう。Cっていう言語は、その本体はものすごく小さい。なにしろ、文字や数字を表示したりする機能さえないぐらいなんだから。「えっ、嘘だ！　前にCの本を買って読んだけど、山のように関数とか出てきたぞ！」と思った人。それは、「C本体の機能」ではないんだ。

Cは、本体自体には本当にわずかの機能しか用意されていない。そして、必要な機能はすべて外部に**ライブラリ**として用意して、必要に応じてそのライブラリを呼び出して利用するようになっている。Cの本体はとっても小さいんだよ。

それに、OSなどに依存した部分が本体から切り離されているので、Cは実に「移植性」が高い。そのために、当初はUNIXだけしか使われていなかったものが、あっという間にパソコンなどにまで広まったのだ。

Cは、関数がすべて！

Cの特徴、それは「なんでもかんでも**関数**になっている」ということ。さまざまなライブラリ内の機能も関数として定義されているし、プログラマが作成するプログラムも、関数の形で定義していく。さまざまな機能を関数として作り、それらをお互いに呼び出しあったりしてプログラムが作られるのだ。

一つひとつの機能が関数というひとかたまりの形ですべて定義されるので、わかりやすいといえばわかりやすい。ただ、何をやるにも全部「関数を呼ぶ」って感じなので、面倒といえば面倒。

● Cの命令は低レベル？

　Cに用意されている命令の類は、**低レベル**のものだ。ただし、「低レベル」っていっても「機能が低い」という意味じゃない。「よりハードウェアに近い」ということ。コンピュータはCPUに命令を送って動いているけど、Cの命令は、この「CPUに送る命令」の形に割と近い感じになっているということなのだ。従って、コンピュータに関する知識がないとわかりにくいことが多い。

● ハードウェアを直接制御できる

　CはOSを作ろうと思って設計されたぐらいだから、コンピュータのハードウェアの制御が得意だ。従って、例えば周辺機器などにアクセスするようなプログラムを作ろうとすると、Cの独壇場となってくる。

　もちろん、そのためにはハードウェアに関する知識が不可欠だ。基本的に、Cを使うためには「ハードはわかんない」というのは通用しない。少なくともメモリの構造などに関する知識ぐらいはないと使えないのだ。

● 資料が豊富！

　C（と、その後のC++も含めて）は、おそらく現時点でもっとも多くのプログラマが使っている言語だろうと思う。今まで書かれてきたソースコード（覚えてる？　プログラムリストのことね）は膨大なものになるし、書籍や技術文書なども溺れるぐらいたくさんある。何か疑問点があった場合、とにかく探せばいくらでも情報を得ることができる。これは、Cならではの強みだ。

● Cのソースコード

　それじゃ、Cっていうのはどんな言語なんだろうか。実際にごく簡単なプログラムの例を挙げて、その特徴がどうなっているかを考えてみよう。ここでは「1から100までの数字を計算して結果を表示する」ってことをやってみる。

　といっても、「これを理解しろ」というわけじゃないよ。要するに、実際のソースコードを見れば、この言語がどういうものなのか実感できるだろう、ってこと。だから、後の説明は斜めに読み飛ばせばいいよ。

```
#include <stdio.h>

int main (void) {
```

```
    int n = 0;
    int i = 0;
    for (i = 1;i <= 100;i++)
    {
        n += i;
    }
    printf("total:%d", n);
    return 0;
}
```

　簡単なプログラムというと、「実行する計算や命令をずらっと並べてあるだけ」という感じに考えるだろうけど、Cの場合はちょっと違う。Cは、あらゆる機能がライブラリとして用意してあるので、使う機能をライブラリから引っ張ってこないといけない。

　それに、Cは「すべてが関数」だから、どんな簡単なプログラムも関数として書かないといけないんだ。この関数っていうのは、こういう形になっている。

> 返値　関数名　（引数）
> {
> 　　　……実行する処理……
> }

　「返値」(かえりち)だの「引数」(ひきすう)だのといったものは「そういうのがある」という程度に考えればいい。要するに、「関数の定義に必要なものを記述した後に { } 記号をつけて、その中に実行する処理を書く」という仕組みになっているんだ、ってこと。

　これは関数だけでなくて、ほかの構文なども同じ。ここでは「for ……」といった、繰り返し処理をするための構文を使っているんだけど、これもよく見ると**for (××) {……}**といった形になっているのがわかるだろう。C/C++では、こんな具合に構文ごとにすべて { } 記号で「ここからここまでがこの構文の中身だよ」ということを記述するようになっている。とてもプログラムの構造がわかりやすくなっているんだ。

Cのオススメ度「C」

では、ビギナーにC/C++はどのぐらいお勧めできるものなんだろうか。ABCの3段階で考えてみる（もちろん、Aが一番のオススメね）。筆者の独断と偏見で断言してしまうと、これは「C」ランクになるだろう（「CだからC」ってギャグじゃなくてね）。

Cは、とにかく「ハードウェアやOSをゴリゴリ制御して動かす」というような場合に使われる。はっきりいって、ビギナーがこのこ入っていくような世界じゃない、といっていい。Cは、まぁ「プロ専用」ぐらいに思っておいたほうがいいだろう。今は、もっとわかりやすくていろいろな用途に使えるプログラミング言語がたくさんある。わざわざCを選ぶ必要なんて、ない。

パワフルなC言語「C++」

Cをオブジェクト指向に強化！

C言語というものが登場した当初と現在では、プログラミング言語の世界で大きく変わっているものがある。それは**オブジェクト指向**という概念が導入されたことだ。

オブジェクト指向については先に触れたけれど、要するに「大掛かりなプログラムを作る際に、プログラムの**再利用**を簡単に行えるようにし、開発効率を大幅に向上させることのできる仕組み」だった。C言語には、このオブジェクト指向の仕組みが用意されていなかったのだ。

そこで、C言語にオブジェクト指向の機能を組み込んだものとして新たに考え出されたのが「C++」なのだ。これは、基本文法はCのものをそのまま踏襲しているので、新しい言語というより「Cのバージョンアップ版」という感じで考えたほうがいいだろう。

現在では、C単体のプログラミング言語というのはほとんどなくなっており、Cといえば「C/C++」というようにC++言語に対応しているのが基本と考えていい。

C++の特徴
オブジェクト指向に対応！

なにより、これが最大の特徴だね。オブジェクト指向に対応し、オブジェ

クトを作成してそれを利用したプログラミングができるようになった。ただし！　C++は、Cの機能もそのまま受け継いでいる。ってことは、オブジェクト指向を使わないプログラミングもできるということ。

　ここが、便利という人もいれば、わかりにくいという人もいる理由だろう。何しろ、「後付のオブジェクト指向」なので、いろいろとわかりにくい作りになっているのは確かなんだ。

● Cにはなかった機能がいろいろ追加されている

　単にオブジェクト指向の機能だけを追加したわけではなくて、それ以外にもいろいろと機能が強化されている。例えば、「**演算子のオーバーライド**」といって、**演算子**(計算の記号ね)の処理を自分なりに変えてしまったりすることもできる。また「**テンプレート**」という仕組みがあって、一つの処理をさまざまな種類の**値**に応じて機能するようにできたりする。Cよりは、はるかに面白い言語じゃないかな。

● Cのプログラムも書ける！

　これは意外に忘れがちだけど、例えば古いCのソースコードなどでもC++で動かせる。また、同じ処理でもCの方法とC++の方法の2通りの道があったりする。まぁ、CとC++の両方のやり方が混在するのはわかりにくいという人もいるだろうけど、ともかく「昔からあるCのプログラムが利用できる」というのは、それだけ多くの資産が活用できることになるわけ。

● C++のソースコード

　C++のプログラムはどんな感じになっているんだろうか。えっ、「Cと同じだろう」って？　まあ、だいたい同じ感じだけど、でも微妙に違う部分もある。Cと同じ「1から100まで合計する」処理の例を挙げておこう。

```
#include <iostream>
using namespace std;

int main()
{
    int n = 0;
    for (int i = 1;i <= 100;i++)
```

```
    {
        n += i;
    }
    cout << "total:" << n;
}
```

　このソースコードは、二つの部分に分かれている。最初に「#include」とか「using namespace」とかってある部分と、それ以降の部分だ。

　最初の「#include」「using namespace」とかいうのは、プログラム本体というより、プログラムを書く前の下準備みたいなものと考えればいいだろう。これらは、このプログラムで使うさまざまなライブラリなどを使えるようにするためのものだ。

　C++は、本体そのものはとても小さくて、ほとんどの機能はライブラリとして別に分けてある。だから、C++のプログラムでは、まず**この機能はどのライブラリに用意されているか**を調べて、それを利用できるようにするための下準備をしておかないといけないんだ。面倒に感じるかもしれないけど、こういう、ある種の下準備的なものは、多かれ少なかれどの言語でも必要になることが多い。

　その後の「int main」という部分からが、実際のプログラムだ。Cもそうだけど、C++のプログラムも「すべて関数の形で書く」のが基本。これが、その関数部分になるわけ。まぁ、見た目にはCとだいたい同じなんだけど、C++から用意されているライブラリやオブジェクトもたくさんあって、それらを使うとCとはだいぶ違った感じになる。ここでは、出力にcoutというものを使っているけど、これはC++のオブジェクト。Cでは使えない機能なんだ。

　このほか、いくつかC/C++の特徴を挙げておくとこうなる。

- 各文のおしまいにはセミコロン「;」がつく。C/C++では、文は改行ではなくてこの記号で終わりになる。だから「;」を付け忘れると動かないし、これさえきちんとつけてあれば、一つの文を途中で改行して書いたり、1行に複数の文を書いたりもできるのだ。
- int n = 0;というのは、整数を収めるための変数nを宣言し、それに0を代入する処理。C/C++では、こんな具合に使用する変数はあらかじめ宣言しておかないといけない。それに、種類の異なる変数に値を入れたりできない

など、いろいろややこしい決まりがある。
- 例えばforやintといった予約語は、FORやINTと書くと動かない。C/C++では、大文字と小文字は「別の文字」の扱いになるのだ。

　C++のソースコードっていうのは、慣れない内は見ただけで「ぎょっ?」としてしまうところもあるだろう。いかにも「プログラミングです」って感じがするものね。ほかにも、「+=」とか「<<」とか、普通の人間からすれば「なにこれ?」と思うような記号類がけっこう登場する。こうした「専門の人にしかわからない記号」がたくさん登場すると、どうしても慣れない人は「おっかない」感じがしてしまう。また、関数とか命令とかいったものの名前も、なんだかわからない暗号みたいなものがけっこう多い。

　C/C++は、こういう「わけのわからない記号の羅列」的な感じに見えてしまうことが多い。それで余計に「C/C++は難しい」という印象を与えてしまうところがあるのだろう。そういう点は、確かにビギナーにやさしい作りにはなってないね。

C++のオススメ度「C」

　では、ビギナーにC++はどのぐらいお勧めできるものなんだろうか。これまた個人的な独断と偏見でいってしまうと、「C」ランクだろう。
　なぜ、最低ランクになってしまうのか。それは、C++という言語を使いこなせるようになるために必要な知識をビギナーに要求するのは無理だから。C++は、ハードウェアの仕組み(特にメモリ)をしっかりと理解していないとわからない。

　また、C++は、ちゃんとしていないプログラムを書いたとき、問題を解決するのが難しいということもある。C++は、ソースコードをコンパイルして実行ファイルを作るとき、明らかに文法の間違いをしているというような場合のほかはたいていコンパイルが通ってしまう。つまり、プログラム的に「こういうことをしたらとんでもない問題を起こすよ」というような処理も、文法的に合っていればそのまますんなりプログラムが作れてしまうんだ。
　このため、「わーい、できたできた。オレって天才!」などと思ってできあがったプログラムを実行してみると、突然終了したり、画面がフリーズしたり、システムが破壊されたり(……いや、あくまで「そういう可能性もある」ってこ

とで)なんてトラブルに見舞われてしまったりする。そして、完成されたプログラムから問題点を割り出すというのは、想像以上に難しいのだ。

では「C++は言語としてサイテーなのか」というと、そんなことはまったくない。サイテーなら、こんなにも多くのプログラマに使われるはずはない。C++は、それを使いこなせるプロにとっては非常に強力な武器となる言語だ。車でいえば、オートマ車とマニュアル車の違いのようなもの。ビギナーにとってはオートマのほうが圧倒的に運転しやすいけれど、だからといって「マニュアル車が劣っている」わけじゃないだろう？　熟練したドライバーにとってはマニュアルのほうがはるかにいいという面もある。

C++は、そういう意味では「プロが使う、かなりのテクニックを要するマニュアル車」みたいなものだろう。本気で使いこなせるようになれば、オートマなんかでは想像できない高度な走りをしてくれる。ただし、若葉マークで乗るのは危険極まりない、そういう車。それがC++だ。

モダンに生まれ変わったBASIC 「Visual Basic .NET」

BASICとは？

「BASIC」(ベーシック)というのは、1964年にダートマス大学のジョン・ケメニー教授とトーマス・カーツ教授によって開発された言語。意外に古いものなのだ。

BASICという名前は、「Beginner's All-purpose Symbolic Instruction Code」の略から名づけられた。名前からわかるように、これはビギナーのための言語として開発されたものだった。従って、非常にシンプルでわかりやすい構造をしていた。

ただし、初期のBASICには非常に問題も多かった。昔のBASICは**「行番号」**と呼ばれる番号がすべての文の冒頭に割り振られていて、必要に応じて指定した番号の行にジャンプしながら動いていた。つまり、最初から最後までずら〜っと一続きにプログラムが書かれているのだ。「350行からは××の処理を書いておこう」「1024行からは△△の処理を書こう」とプログラム自身が決めて記述しておく。そして、必要に応じて指定した行番号にジャンプしながら

プログラムは動いていたわけ。

　パソコンが登場したときに、このBASICは標準で組み込まれるようになった。昔は、パソコンというのは自分でプログラムを打ち込んで使うのが基本だったから、BASICはパソコンに搭載するのにうってつけの言語としてどっと広まっていったのだ。

　その後もBASICはどんどん進化してきている。中でも、非常に力を入れてきたのが、マイクロソフトだ。Windowsの時代になって、マイクロソフトから「Visual Basic」という、簡単にGUIプログラムを作れるBASICソフトが発売されるようになり、「初心者向けのBASIC」という評判は確固たるものとなってくる。それ以降も、更に「Visual Basic .NET」という言語に生まれ変わり、Windowsの本格開発言語の一つとして確固とした地位を築いているんだよ。

　Visual Basic .NETは、その名前の通り、二つの大きな特徴を備えている。それは「ビジュアルである」ということと、「.NETである」ということ。
　Visual Basic .NETは専用のツールを使い、マウスで画面を設計したり処理を組み込んだりして、必要最小限のコーディング（プログラムを書くこと）で済むように設計されている。また、**.NET**という共通の**基盤**を使うことで、Windowsに限らずさまざまな環境で動くプログラムが作れるようになっているんだ。

Visual Basic .NETの特徴
とてもシンプル！
　BASICは、ビギナー向けに設計されたということもあって、とてもわかりやすい。基本的な文法もそれほど複雑でなく覚えきれないほどあったりもしないので、ごく短期間で使えるようになる。

　Visual Basic .NETも、その基本的な考えはそのまま踏襲している。ただ、当初のBASICにあった行番号がなくなっているなど、いろいろ変わった部分はある。

　昔と違って、Visual Basic .NETでは、**スパゲティコード**（こんがらがったプログラム）になってしまうようなプログラムは書けないようになっているので、作成したソースコードの構造や読みやすさなどでも、ほかの言語にそれほど引けを取らなくなってきている。その昔に問題となっていたのは「GOTO」と

いう命令で、これはジャンプしたら行きっぱなしでどこにたどり着くかわからないという命令だった。今ではこれはほとんど使われなくなってきていて、GOSUB/RETURNという「ジャンプして処理をしたら必ず戻る」という形のものを使うようになっている。

また、Visual Basic .NETは完全オブジェクト指向対応になっていて、今の主流であるオブジェクト指向プログラミングができるようになってる。まぁ、この辺は何がいいんだかよくわからないだろうけど、「BASICだからって時代遅れな言語じゃないんだ」ってことは知っておこう。

● オフィス開発にも応用できる

Visual Basicという言語は、Visual Basic .NETのほかにも実はある。「Visual Basic for Applications」というもので、これはMicrosoft Office（ExcelとかWordとかのオフィスソフト）のマクロで使われている。

ってことは、Visual Basic .NETがわかれば、Excelのマクロなども書けるようになる、ってことになる。もちろん、Excel特有のオブジェクトなどを勉強しないといけないけど、「基本の文法は同じ」だ。

● 細かいことは省略して書ける？

プログラミング言語では、変数などを使うときには、その変数がどういう種類の値を収めて利用するものかということを指定しないといけない（変数の「宣言」という）。そして、用意された変数には、指定した種類の値しか入れられなくなっていることが多い。

これが、Visual Basic .NETでは、変数の宣言などしないでいきなり変数を使えたり、種類に関係なく値を収めることができたりする。この「変数の宣言」とか「変数の種類」といった部分は、ビギナーのうちは一番引っかかる部分なので、それが「考えなくていい」というのはかなり助かる。

が！　個人的な意見としていわせてもらうなら、「だから、ビギナーには危険」と考えたほうがいい。この部分は、実は「迂回して通ってはいけない部分」なのだ。プログラミングを覚える上で「これは別に今すぐ覚えなくてもいい」というようなものはけっこうある。そうしたものを省略できればそれに越したことはない。が、この変数に関する部分は、実は省略してはならない重要な部分なのだ。これをすっ飛ばしてしまったがために、後々までプログラミングに苦労することのほうが多い。

なので、この部分は長所としてではなく「欠点」として考えておきたい。

BASICのソースコード

BASICは、当初のものと現在市販されている製品のものとでかなり大きく変わっている。従って、Visual Basic .NETも、いわゆる「BASIC言語として一般にイメージされているもの」からはだいぶ変わってるんだ。

まず、「従来のBASIC」がどんなものか、ちょっと見ておこう。やっぱり1～100を合計するサンプルだ。

```
100 total = 0
110 FOR i = 1 TO 100
120     total = total + i
130 NEXT
140 PRINT "total:" ; total
150 END
```

「いつの時代のBASICだ？」と思うような、かなり古めかしい感じのリストを敢えて掲載しておいた。その昔のBASICは、実行すると最初にある文から順番に実行していって、ENDで終わり、という感じのものになっていたのだ。

基本的には、実行する命令を1行ずつ書いていく感じになる。C/C++のように、なにやら暗号じみた記号などもなく、命令や構文も簡単な英単語で、見ればなんとな～く意味がわかりそうな感じがするだろう。また、最初に必要なライブラリを読み込んだり、といった処理が必要なものもあまりない。基本的に「用意されている命令を組み合わせて実行するだけ」なのだ。

これが、現在のVisual Basic .NETになると、「**構造化**」といって、C/C++などと同じように一つひとつの機能を**サブルーチン**として定義していくようになっている。こういうサブルーチンの形で書き直すと、こんな感じになるだろう。

```
Sub Main()
    Dim total As Integer = 0
    For i As Integer = 1 To 100
        total = total + i
```

```
        Next
        Console.write("total:" & total)
End Sub
```

　ここでは「Main」という名前のサブルーチンとして書いてある。Visual Basic .NETでは、こんな具合に一つひとつの処理はサブルーチンという小さなかたまりとして定義されていて、それがたくさん並んでいるような状態になっている。

　Visual Basic .NETのソースコードは、C/C++などに比べると、文法なども比較的とっつきやすく、ビギナーにやさしい感じになっているのがわかるだろう。

● Visual Basic .NETのオススメ度「B」

　やはり、ビギナーのための言語として出発していることなどから、Visual Basic .NETは「もっともビギナーよりの位置にある言語」の一つであることは間違いない。

　Visual Basic .NETは、「.NET」という環境を使った開発言語として、広く浸透している。今、Windowsでプログラミングをしようというとき、もっともデファクトスタンダード（事実上の標準）に近いだろう。

　ただ、すごく本格的なオブジェクト指向言語になっているので、BASICの最大の良さである「簡単でわかりやすい」という部分は、かなり薄れてしまっている。けっこうしっかり勉強しないと使うのは難しいんだ。

　それに、「.NET」環境では、この後で登場するC#（シーシャープ）っていう素晴らしい言語がある。どうせ勉強するなら、そっちのほうを勉強したほうが絶対にいい。だから、あえてオススメ度は「B」にしておいた。言語としては悪くないんだけど、同じ環境ならもっといいものがあるよ、っていうこと。

オールマイティな言語「Java」（Java SE）

● Javaは仮想マシンで動く！

　Java（ジャバ）っていうのは、1995年、当時のサン・マイクロシステムズ（後にオラクルが買収）によって開発された言語だ。この言語は、ちょっとほかとは違う、特別な地位にある言語だ。なぜって、本格的な開発言語でありながら、ごく普通のアプリケーションを作ったりできないからだ。といって、マ

クロ言語やスクリプト言語のように「簡単だけど限られた機能しかできないもの」というわけでもない。

　Javaは「ハードウェアに依存しない言語」だ。普通、プログラミング言語っていうのはインタープリタかコンパイラのどっちかで、コンパイラで作ったプログラムはCPUが実行できる命令の形になっている。だからCPUが違えば当然だけど実行できない。ところが、Javaでコンパイルしたプログラムは、CPUやOSが違っていてもそのまま動いてしまうのだ。
　これは、Javaという言語が実際のコンピュータではなく「**仮想マシン**」と呼ばれる架空のコンピュータを前提として設計されているから。Javaでは、プログラムはすべてこの仮想マシンで動くように作られ、コンパイルされる。そしてプログラムを実行する際には、まずパソコン内で仮想マシンを実行し、その中で動かすのだ。
　従って、Javaのプログラムを実行するには、パソコンの中に仮想マシンが入ってないといけない。逆に言えば、「仮想マシンさえ入っていれば、どんなコンピュータでも動く」のだ。いや、コンピュータである必要さえない。ケータイだろうが家電製品だろうが何だろうが、かまわないんだ。

　この不思議な特徴から、Javaはパソコン以外のさまざまなところでも広く使われるようになっている。まず、サーバー関係。Javaはインターネットとの親和性が高く、標準でさまざまなネットワークを利用した機能が用意されている。このため、Webサイトなどで多用されている。それから、スマートフォンやタブレット。iPhoneと人気を二分するAndroidのアプリはJavaで開発するんだ。

　ただし、こうしたサーバー用Javaやスマホ用Javaは、パソコン用のJava（Java SE）とはだいぶ違う。だから「パソコン用Javaがわかれば全部わかる」というわけじゃない。けれどJavaを知っていればAndroidやサーバーのプログラミングも比較的スムーズに学べるんじゃないだろうか。
　パソコン用のJava SEは「**Standard Edition**」の略で、すべてのJavaの基本となるもの。サーバー用のJava（Java EE）も、これをベースにしてあるし、AndroidのJavaだって基本文法やコアなライブラリはJava SEとだいたい同じだ。

Javaの特徴
オブジェクト指向の入門言語？

Javaは、最初からオブジェクト指向を考えてデザインされている。従って、「オブジェクト指向でないプログラム」は一切書けない。また、最初からオブジェクト指向として作られているため、非常にすっきりとした言語仕様になっている。

Javaの開発者たちがすばらしかったのは、Javaに「新しい機能を何も搭載しなかった」こと、そして「なくてもいい機能をすべて省いたこと」だろう。Javaで実現された機能は、実はほとんどがその当時にほかの言語で実現されていたものばかりだった。その中から、わかりにくいものをすべて排除し、もっともシンプルでわかりやすい形にまとめたもの、それがJavaなのだ。

まぁ、その後Javaも改良され、今ではけっこう機能も増えてきているんだけど、プログラミングの基本部分はそれほど変わらない。有名な言語の中でも「もっともわかりやすいオブジェクト指向言語」といっていいだろう。Javaのオブジェクト指向がしっかり理解できれば、そのほかの言語のオブジェクト指向もだいたいわかるようになる。それぐらい、「オブジェクト指向の基本中の基本」となる言語なんだ。

ハードは使えない？

Javaは、直接ハードウェアを操作したりできない。このため、「普通のプログラミング言語に比べるとやれることが少ない」と思っている人は多い。またJava仮想マシンという、いってみればエミュレータ（ハードウェアを「模倣」するソフトウェア）みたいなものの上で動かすので、「Javaのプログラムは遅い」という印象も根強くある。

だけど、これはどちらも思ったほど大きな欠点ではない。Javaは、標準で非常に幅広いライブラリを搭載しているし、いざとなればC/C++などで作ったライブラリをJavaの中から呼び出すようなこともできる。また実行速度も、現在では普通のプログラムと比べてほとんど遜色ないレベルにまで高速化されている。だから、あまりこれらを「弱点」として心配する必要はないだろう。

種類が多すぎて困る？

Javaは、あらゆる機器で使われるようになってきている。が、そうなると「すべての機器で完全に同じJava環境を用意する」というのが難しくなってくる。

例えば、スマホはパソコンに比べてメモリやストレージ（保存領域）が少ないし、画面サイズも小さい。またサーバーのプログラムなどは、画面表示のための機能なんてそもそも不要だ。

そこで、Javaには複数の「**エディション**」が用意されることになった。パソコン用のJava、サーバー用のJava、そして組み込み機器用のJava。更には、AndroidなどはJavaの正規のエディションとはまるで違うものを独自に作ってしまった。どれもJavaなんだけど、どれも微妙に違うものなのだ。

従って、Javaをやりたいとなったとき、「一体、どのJavaを覚えればいいの？」ということになってくる。この「Javaのあまりの幅広さ」がビギナーにはわかりにくいものになっている感はあるだろう。

● **開発環境も資料も豊富！**

Javaは、基本となる開発ソフトは無料で配布されている。そのほか、Javaの統合開発環境も無料のものから有料のものまでたくさん流通している。書籍の類も豊富だし、オンラインでもJavaに関する情報は山のように見つかる。現在、環境面においてはもっとも整備されている言語の一つだろう。

● **アプリケーション開発も実はできる？**

Javaというのは仮想マシンで動く特殊な言語なので、いわゆるWindowsのEXEファイルのように「ダブルクリックで実行できるアプリケーション」は作れない……と思い込んでいる人は多い。

が、現在のJavaでは、（一般的なEXEではないけれど）ダブルクリックして実行するアプリケーションを作ることも可能だ。とはいえ、Java仮想マシンがないと動かないのは確かなので、フリーで配布されている「**JRE**」（Java Runtime Environment）というJavaの実行環境をインストールしないといけない。このJREさえインストールしてあれば、作ったアプリはWindowsでもMacでもLinuxでも動く。考えようによっては、普通のWindows用EXEファイルよりはるかに利用範囲は広いといってもいいだろう。

● **最大の問題は、オラクル**

あらゆる点でオススメ度の高い、まさに万能言語といった感のあるJavaだが、実は一つだけ、でっかい問題を抱えている。それは、開発元であるオラクルだ。

オラクルは、2018年のJava 11から「Javaのサポートをすべて有料にする」と決めた。つまり、利用するためにはお金を払わないといけないってこと。もちろん、一般ユーザーは大金は払えないから、こうしたユーザー向けには「Open JDK」といって無料で使えるバージョンも用意してある。でもOpen JDKは半年ごとに新しいバージョンに更新しないといけない(つまり、半年しかサポートされない)。「まぁ、ちょっとぐらいなら払ってもいいけど……」なんて思う人もいるだろうけど、これが一つのCPU当たり十数万円だったりするので、個人ではとても払えないだろう。

お金を払わないと、例えば大きな問題が発見されて緊急アップデートが必要になったような場合でも対応できなくなる。これはちょっと怖い。

まぁ、ただプログラミングの勉強に使うというだけなら、OpenJDKという無料版をインストールしてこまめにバージョンアップすればいいんだけど、Javaは「だんだん無料で使えなくなってきている」という感じはある。その不安が、最大のマイナス要因といっていいだろう。

Javaのソースコード

Javaのソースコードは、雰囲気としてはC/C++やC#といった言語に似ている。{}記号を使って構文などを記述する方式だ。もともとJavaはC/C++などのプログラムがあまり違和感なく書けることを考えて設計されているので、似ているのは当たり前だろう(C#に似ているのは、逆にC#のほうがJavaに似せて作られたため)。

ただし、完全にオブジェクト指向になっているため、ごく単純なプログラムであってもすべて「**クラス**」と呼ばれるオブジェクトの設計図の形で記述しないといけない。その辺りが面倒といえば面倒だけど、クラスの感覚さえつかめればそれほど難しいことはない。

```java
public class Sample {

    public static void main(String[] args) {
        int total = 0;
        for (int i = 1;i <= 100;i++) {
            total += i;
        }
```

```
            System.out.println("total:" + total);
    }
}
```

　見た感じ、本当にC++やC#などと似ている。ここではSampleというクラスを定義して、その中で、アプリケーション実行時に呼び出されるmainというサブルーチン(Javaでは「**メソッド**」といってる)を定義している。

　基本的な書き方はC/C++などと非常に近いが、完全オブジェクト指向なので「標準の命令」のようなものは一切ない。結果を出力するような場合でも、「System.out」というようなオブジェクトを操作して行わせている。Javaでは、どんなことであれ必ずオブジェクトを使って操作をする。よく使われる値などでさえすべてオブジェクトを使うのだ。例えば、円周率の値なんかも「Mathという数値計算オブジェクトのPI変数」みたいな形で呼び出してやらないといけない。

　この辺りの「なんでもかんでも全部オブジェクト！」という割り切り方は、いっそさわやかな感じがする。「全部オブジェクトなんて面倒」と思うかもしれないけど、「必ずそうする」と統一されていれば意外と理解しやすいものなんだ。

● Javaのオススメ度「B」

　まぁ、正直、ビギナーがいきなりJavaからプログラミングを始めるとなると、ちょっと難しすぎると感じる人も多いかもしれない。が、「オブジェクト指向言語を勉強しよう」と思うのであれば、Javaほど適した言語はない。これは確かだ。

　確かにBASICなどよりちょっと難しげなところはあるが、ほかのオブジェクト指向言語に比べてより難しいというわけでもない。またわかりにくいところはあっても、書籍やオンラインの情報など資料は山のようにあるし、無料でいくつもの本格的な開発環境が出回っている。

　ただし、「この先もずっとタダで使えるのか？」という点が大いに不安な言語をビギナーに勧めるのは、正直気が引ける。やってみたい人は、「とりあえずOpenJDKでJavaをはじめて、ある程度わかったらほかの言語も勉強しておこう」といった感じかな。

.NET環境のメイン開発言語「C#」

C#はJavaへのマイクロソフトの回答!

　C#（シーシャープ）という言語は、マイクロソフトが開発した新しいプログラミング言語だ。なにしろ、登場したのが2000年、正式なリリースは21世紀になってからなのだ。

　このC#という言語は、「.NET開発を行うため」に新しく作られたものだ。**.NET**（ドットネット）というのはマイクロソフトが推進する新しい環境で、ネットワークなどを介してさまざまなサービスが複合的に機能するようなコンピュータ環境を目指して考え出されたアイデアだ。この.NETに対応するプログラムでは、プラットフォームやネットワークなどを意識することなく、あらゆるプログラムが連携し動くようになる。この.NETプログラムを作るために一から設計して作られたのがC#なのだ。

　C#は、名前からわかるようにCの文法をベースにして設計されている。ただし、ネットワークに強いプログラミング言語として既に圧倒的な支持を得ているJavaに大きな影響を受けているため、感覚的には「CとJavaのいいとこ取り」みたいな感じになっている。

　C++なんかのオブジェクト指向はCに拡張をしたためかなり複雑怪奇な形をしているが、C#は最初からオブジェクト指向言語として設計されているから、その辺りは実にすっきりしている。このため、JavaやC/C++などから乗り換えやすいような言語になった。

　C#は.NETのために設計された言語ではあるのだけど、この.NETはさまざまな言語に対応できるような仕組みを備えていたため、ほかの言語でも利用することができる。Visual Basic .NETや、.NET対応したほかの言語を使っても、C#と全く同じことができるんだ。

　ただ、プログラミング言語として、C#は非常にすっきりしていてわかりやすい。これから新たに始めようという人には良い選択肢だと思う。

C#の特徴
実はマルチプラットフォームな言語?

　C#は、.NET用の言語といったけれど、この「.NET用」というのがなかなか不

思議なものなんだ。.NETでは、プログラムは「**中間コード**」といって、特殊な形のプログラムコードに変換される。これは、CPUが直接実行できる、普通のEXEファイルなどとはちょっと中身が違うものだ。そしてプログラムを実行する段階で、この中間コードからCPUのプログラムに変換されて動く。

つまり、作成した中間コードのプログラムは、OSやCPUなどに関係なく、.NET環境さえあれば、どんなプラットフォームでも同じプログラムが動くのだ。これはなかなかすごい。C#で作ったソフトを、MacにコピーしてもLinuxにコピーしても動いてしまうのだ！

現在、.NET環境はMacやLinuxにもリリースされている。つまり、C#でアプリを書けば、WindowsでもMacでもLinuxでも動くようにできるんだ。更には、スマートフォンでも.NETは動く（ただしパソコン用と完全に同じものってわけじゃない）ので、スマホ開発にもC#が使えるようになってきた。ひょっとするとC#は、現在、もっとも幅広い分野で利用できる言語の一つかもしれないよ。

● **完全なオブジェクト指向言語！**

C#は、最初からオブジェクト指向言語として設計されただけあって、オブジェクト指向に関しては完璧な対応になってる。というより、オブジェクト指向でないプログラムなど書けないようになっているのだ。

● **対抗馬Javaよりも高機能？**

C#は、Javaを強く意識して作られている。が、後から登場しただけあって、Javaにはない機能もいろいろと追加されている。C++にあった「演算子のオーバーライド」（演算記号の働きを変更できるというやつ）や、「プロパティ」という機能などがある。要するに、言語仕様的に見て、より高機能になっているといってもいい。また、イベント関係の仕組みなどもずいぶんと変わっている。

ただ、それだけ覚えないといけないことが増え、ちょっと難しくなった感じもする。ビギナーにとってはどっちがメリットが大きいか考えるところだね。

● **日本語の資料は豊富？**

後発な分、JavaなどにC#の資料はやや少ない。特に日本語のものになるとだいぶ限られてくるだろう。それでも、ここ数年でC#が日本でも着

実に浸透してきたせいか、日本語の解説書や入門書もずいぶんと増えてきた。また、ネットで検索してもけっこうなサイトが日本語で出てくる。メジャーな言語の中では少なめかもしれないが、今や必要十分なものはある、と考えていいだろう。

● C#のソースコード

C#のソースコードは、C/C++やJavaなどと非常に似ている。C/C++では { } 記号を使って構文などで実行する処理を記述していたけれど、こうした書き方はC#でも同じだ。また演算記号や制御構文といったものもC/C++にあったものと非常に似ている。

```
using System;

public class Sample
{
    public static void Main(String[] args)
    {
        int total = 0;
        for(int i = 0;i <= 100;i++)
        {
            total += i;
        }
        Console.Write("total:" + total);
    }
}
```

最初に「using」とあるのは、この「System」という機能を利用するための宣言文のようなもの。C#では多数の機能が階層的にライブラリ化されていて、必要な機能を使うときに、それが入っているところを宣言しておくのが一般的だ。

そして、「public class」と書いてあって、その中に実行する処理が用意してあるんだけど、この「public class」は「クラス」を定義するためのものだ。この**クラス**っていうのはオブジェクト指向のポイントとなる概念で、いわば「さまざまなプログラムの設計図」みたいなものと考えていい。このクラスという設計図を元にさまざまな部品を作り、動かしていくのがオブジェクト指向の基

本的な考え方だ。

　C#は最初からオブジェクト指向に完全対応して設計されているため、すべてのプログラムは必ずこの「クラス」として定義しないといけない。

　また、C#には、「言語に最初から組み込まれている命令」の類というのはない。ここでは結果を表示するのに「Console.Write」という命令のようなものを実行しているのだけど、これは「ConsoleというクラスのWriteという機能」を呼び出している、ということなんだ。C#では、すべてはクラスと呼ばれる形で定義されている。ここが今まで登場したCやBASICといった古い言語と大きく違うところだろう。

C#のオススメ度「A」

　C#は、オブジェクト指向言語としては比較的整理されてわかりやすい形になっている。まぁ、ビギナーが始めるとなるとそれなりに難しげな部分もないわけではないが、Visual Basic .NETなどと比べ極端に難しいわけでもない。

　それに今ではMacやスマホでも使えるようになっているので、「とりあえずC#を覚えておけば、どこかで役に立つ」といってもいい。

アップルの基本言語……だった？「Objective-C」

Objective-Cとは？

　「オブジェクティブ・シー」と読む。これは一般になじみのない言語だろう。お店に行っても、こんな言語の開発ソフトなど売っていない。が、ある世界では、ほぼ標準言語ともいえるほどに多用されている。ある世界とは、「Mac」と「iOS」だ。

　Macでは、アプリケーション開発の標準言語として、このObjective-Cが用意されている。だから、もし君がMacユーザーなら、当然、このObjective-Cもターゲットに入っていることだろう。Macでは、システムに用意されているアプリケーション開発のための機能（**フレームワーク**っていう）そのものがObjective-Cを前提に作られており、アプリもObjective-Cで作るのが基本なんだ。

この仕組みは、実はMacというシステムのサブセットのような形で作られたiPhone用のOS（**iOS**）にもそのまま引き継がれてる。そう、iPhoneやiPadのアプリは、そのほとんどがObjective-Cで作られているんだ。
　今や、iPhoneといえば、日本のスマホのほぼ半分近くのシェアを占めている。iPhoneのアプリを作りたい！　という人も大勢いるはずだ。Objective-Cは、そうした人のためのプログラミング言語だ。
　逆に、**Windowsユーザーにはまったく縁もゆかりもない言語**。読まずに飛ばして欲しい。

● Objective-Cの特徴
● C + Smalltalk = Objective-C？
　Objective-Cという言語は、C言語に、オブジェクト指向言語として有名な**Smalltalk**（スモールトーク）という言語の機能を付け足した、みたいな形になっている。Cをオブジェクト指向対応したものとしては一般にC++が使われているけれど、Objective-CはC++とはまったく違う。オブジェクト指向関係がC++などとはまったく違っていて、そればかりかC言語の文法や仕様などともかなり違和感のある形をしている。実際、ソースコードなどを見ると、C言語のソースコードの中に、まったく別の言語のソースコードが紛れ込んでいるみたいな感じがしてしまう。
　非常に不思議な感じがするのだけど、逆に「オブジェクト指向の部分とそれ以外の部分が一目でわかる」というメリット（？）はある。

● MacとiPhoneの環境が自由に使える！
　Objective-Cは、「MacとiPhoneのための言語」といってもいい。MacやiPhoneに用意されているさまざまな機能はすべてObjective-Cで利用することを前提に設計されている。Objective-Cは、iPhoneの機能をもっとも的確に引き出すことのできる言語なんだ。

● C言語の知識がそのまま使える
　Objective-Cは、オブジェクト指向以外の部分では、ANSI（アンシー、アメリカ規格協会）と呼ばれる標準化団体が策定したC言語の仕様をそのまま使えるようになっている。このため、既にC言語をある程度使っている人ならば、それらの知識をそのまま使ってプログラムを書くことができる。後は、オブジェクト指向の部分だけを追加して覚えていけばいい。

Cからの移行組には、Objective-Cはわかりやすい言語だろう。

● Windowsユーザーは全滅？

最大の欠点、それは「Macがないと使えない」ということだろう。まぁ、Objective-Cは実質的に「Mac/iPhone専用」という感じだから、これはしょうがない。

問題は、「MacやiPhoneの開発はMacでないとできない」ってこと。Windows用にiPhoneアプリを作る環境などは用意していないんだ。アップルは「純正品以外はダメ！」という方針だから、Objective-Cを使ってiPhoneアプリを作りたければ、Macを買うしかない。

● Objective-Cのソースコード

Objective-Cのソースコード例というのが、実は難しい。単純にオブジェクト指向を使わないで書けばC言語と同じものになってしまう。といって、オブジェクト指向を使おうとすると、けっこうややこしいものになってしまうのだ。ま、「こんな感じになる」という、あくまで例と割り切って無理やり作ってみよう。

```
#import <stdiio.h>

int main(void)
{
    id obj;
    obj =[[Sample alloc] init];
    int total = [obj getTotal];
    printf("total: %i",total);
}

@interface Sample: NSObject{}
    -(int)getTotal;
@end
@implementation Sample

-(int)getTotal
```

```
{
    int total = 0;
    for(int i = 1;i <= 100;i++)
    {
        total += i;
    }
    return total;
}
@end
```

　なんだかずらっとあるけど、実はこれ、実際に開発をする場合には三つのソースコードファイルとして作成されることになる。
　最初の「int main(void)」という関数部分、「@interface」という部分、「@implementation」という部分の三つだ。ここでは「こんな感じ」ということでまとめて書いておいた。

　ソースコードの中で、**[ ]**でくくられた部分があるけれど、これが「オブジェクトを操作している部分」だ。Objective-Cでは、こんなふうにしてオブジェクトに対してさまざまな**メッセージ**（信号）を送ってオブジェクトを操作するような仕組みになっている。
　また、@interface以降の部分は「**クラス**」という、オブジェクトの設計図を定義するための部分になる。Objective-Cでは、クラスは「インターフェイス」と「インプリメント」という二つの部分をそれぞれ定義しないといけない。

　まぁ、これまでの言語のソースコードに比べると、なんだか難しげな感じに見えることは確かだろう。既にC言語などの経験があれば別だが、初めてプログラミングをしようという人にとっては、少々手ごわそうだね。

● Objective-Cのオススメ度「C」

　とりあえず、macOSのユーザー以外は「C」ってことはわかるよね？　なにしろ、ほとんど使えないんだから。またmacOSのユーザーにしても、ビギナーでこれから始めるのは正直、つらいものがあると思う。かなりわかりにくい言語なのは確かだからね。
　「でも、MacやiPhoneのアプリを作りたかったら、これしかないんだろ

う？」という人。実は、違うんだな。それが、「C」評価の最大の理由。今じゃ、Objective-Cを使わなくてもMacやiPhoneのアプリは作れるんだ。だから、わざわざこの難解な言語を選ぶことはないよ。

アップルの新しい開発言語「Swift」

Objective-CからSwiftへ！

さっき、「Objective-CはiPhone開発で最初に検討すべきだけど、かなりわかりにくいからオススメできない」といったけど、「じゃあ、iPhoneアプリを開発するのに何がオススメなんだよ？」と思ったかもしれない。それが、これだ。**Swift**(スウィフト)という言語。

Swiftは、正式リリースされたのが2014年の秋という、非常に新しい言語。作ったのは、もちろんアップル。アップルが、自社のMacやiPhone向けアプリを作るために新たに作ったプログラミング言語なのだ。

アップル自身も、「Objective-Cは使いにくい」ってことはわかっていたんだろう。誰でも、もっと気軽に楽しくプログラミングできるには、そのための言語を新しく作るしかない、ってことに気がついた。そうした経緯から誕生しただけあって、Swiftはプログラミングするのが実に楽しい。ちょこちょこっと書いてその場で動かすための機能(**プレイグラウンド**っていう)があって、それで遊んでいる内になんとなく言語の基本的な文法を覚えてしまう。またそれまで(Objective-Cで)使われてきたMacやiPhoneの機能はそのままSwiftでも全く同じように使えるので、既にアプリ作りの勉強をしていた人は新たに覚え直す必要がない。簡単にObjective-CからSwiftに移行できるようになっているんだ。

Swiftの特徴
言語設計が新しい！

Objective-CとSwiftの一番の違い、それは「言語の基本的な設計が今風だ」ってことだろう。Objective-Cは、とにかく古めかしい。まぁ、誕生したのがずっと前だからしょうがないんだけど、最近の言語で流行りの、強力で便利な機能などがまるで抜けていたりする。それに、とにかく書きにくい。文法がわかりにくいというか、ほかの多くの言語とまるで違う設計なのでものすごく

とっつきにくい。

　一方、Swiftは新しいだけあって、昨今の言語で「これはすごいぞ」っていう機能をうまいこと取り入れている。文法自体も整理されていてわかりやすい。一度Swiftのコードを書いてしまうと、「Objective-Cなんて、かったるくってやってられるかっ」という気分になる。

● プレイグラウンドが楽しい！

　さっき、ちらっといったけど、Swiftには「プレイグラウンド」っていう機能が標準搭載されている。これは、Swiftのコードを書くとその場で実行してしまう便利なツール。その場でちょこちょこっと書くともう実行結果がわかる。それを見ながら間違いを直したり書き加えたり、いろいろ遊んでいく内にSwiftの基本はマスターできてしまうんだ。

　ちなみに、このプレイグラウンドは、iPad用のアプリも出ている。iPadで遊びながら勉強できるというわけ。これはいいぞ！

● 従来環境と共存できる

　これまでMacやiPhoneの開発は、Objective-Cが基本だった。これらのハードウェアを利用するための機能も、すべてObjective-Cで使う前提で用意されてきた。

　Swiftは、これらのもの（Objective-Cで作ったプログラムや、Objective-C用に用意されているMac/iPhoneのさまざまな機能）をすべてそのまま引き継いで利用できるようになっている。だから、例えば前に作ったObjective-Cのプログラムにswiftで新しい機能を追加したり、Objective-Cで作ったプログラムをSwiftの中から利用したりすることも簡単にできる。今まで蓄積してきたノウハウや資産を捨てずにそのまま利用できるわけだ。

● やっぱり、Windowsはダメ！

　やっぱり、これが最大の問題点だね……。Objective-Cと同様、Swiftもアップルが提供する開発環境で利用しないといけない。で、開発環境はMac用しかない。すなわち、Swiftも、Windowsじゃ使えないんだ。

● Swiftのソースコード

　Swiftは、Objective-Cなどと同様に**オブジェクト指向**という考え方に基づい

て設計されている。実際、iPhoneの開発などでは、オブジェクトとなるものを定義して利用するような、けっこうかっちりと構造を考えて設計するような書き方になる。

が、ただ「ちょこっと計算したい」というだけなら、プレイグラウンドをつかってものすごく簡単に書いて動かすことができてしまう。先ほどObjective-Cで作ったプログラムと同じものをSwiftで書いてみるとこうなる。

```
var total = 0
for i in 1...100 {
    total += i
}
println("total:\(total)")
```

なんだか、笑えるほど簡単に済んでしまうことがわかるだろう。本格的なプログラム作成にはそれなりのコードを書かないといけないけど、単純に「これこれを計算して」という程度のものなら本当に簡単に書ける。これがSwiftの大きな特徴だ。

ちなみに、Objective-Cと同じように、オブジェクトというものを作って利用するような形でプログラムを書くとこんな感じになるだろう。

```
class Sample {
    func getTotal() -> Int {
        var total = 0
        for i in 1...100 {
            total += i
        }
        return total
    }
}

var obj = Sample()
var res = obj.getTotal()
println("total:\(res)")
```

さっきよりちょっと長くなったけど、それでもObjective-Cのコードに比べれば圧倒的にシンプルだ。どうせ覚えるなら、こっちのほうが簡単そうでいいだろう？

● Swiftのオススメ度「B」

気分的には「A」をつけたいところだけど、まぁ「ビギナーにもオススメ」と断言するにはちょっと……というところがいくつかはある。まず、MacのみでWindowsでは使えないという点。それからMacとiPhoneのアプリ開発専用で、ほかには使えない（例えば、サーバーのプログラム開発とかで利用するのはけっこう大変）。

そして、これはSwiftの欠点ではないんだけど、MacやiPhoneを利用するための機能そのものが、ビギナーにはかなりわかりにくいってこと。言語としての部分はSwiftは本当にわかりやすい。でも、そこからMacなどの機能を利用するためには、Macに内蔵されているCocoaっていうフレームワークを利用しないといけない。この部分は、SwiftだろうがObjective-Cだろうが変わらず難しい。

だから、ビギナーが簡単に……という意味では「B」ランクかな。

今が旬の新興言語！「Go」

● Googleが送る、新たなネイティブアプリ開発言語

Go（ゴー）は、Googleが開発した新しい言語だ。なにしろ世に出たのが2009年、ようやく10年になろうという若い言語なのだ。

このGoは、コンパイラ言語。最近の新しい言語というのはたいていがインタープリタのライトウェイト言語なのだけど、このGoは例外的に「コンパイルしてネイティブアプリを作る」ためのものだ。

Goが誕生したのは、「C/C++に対する不満」が大きかったのだろうと思う。コンピュータなどのネイティブなアプリを作るには、未だにC/C++が多用されている。が、このC/C++、難しい上にメモリの管理が大変だし、コンパイルにやたら時間がかかるという代物だ。

もっと高速にコンパイルでき、メモリの管理がしやすい、安全なプログラムを作れる言語が必要だ。そんな声に応える形で登場したのが「Go」なのだ。

Goは、C/C++で「これ、なんとかなんない？」と思っていたような問題点を解決してくれる言語だ。C/C++で疲弊しきったプログラマたちが殺到したのは当然だろう。

　Goはまだまだメジャーといえるほど広まってはいないけれど、着実に浸透している。本職プログラマが「次に覚えたい言語は？」というアンケートでは、常にトップクラスに名前が挙がる言語なのだ。

🥚 Goの特徴

💧 静的型付け言語！

　Goは、「**静的型付け**」といって、変数などに最初からきっちりと**型**(入れられる値の種類)を指定してプログラムを作る方式をとっている。このほうが安全だからね。だけど、**動的型付け**(後から種類を設定できる)言語のような感覚でプログラムを書けるようになっているんだ。この辺りの作りがうまい。

💧 文法がシンプル！

　言語仕様そのものは意外なほどにシンプルでわかりやすい。プログラムが複雑になりがちな原因となる機能などを取り除くことで、わかりやすいソースコードとなるように設計されているんだ。

💧 性能は圧倒的！

　なにしろコンパイラなので、そのへんのインタープリタ言語では歯がたたないほどに速い。またC/C++などに比べるとコンパイルにかかる時間も非常に短い。「コンパイルに時間がかからず、性能は圧倒的」なら、これを使うでしょ。

💧 実は、非オブジェクト指向言語！

　Goは洗練された新しい言語だから、さぞかし新しいオブジェクト指向の仕組みを持っているんだろう、なんて思った人。**Goは、オブジェクト指向じゃないんだ**。クラスは作れない。オブジェクト指向の必須機能「継承」なんてない。あるのは、Cの時代からあった「**構造体**」というものだけだ。

　「今や、プログラミング言語はオブジェクト指向でないとダメダメ」と思うのだけど、Goは、あえて複雑なオブジェクト指向の考え方を取り除くことで、ものすごくシンプルでわかりやすく、そして高速な言語となった。この「**あえ**

て」の選択は、意外なくらいに成功しているんだ。

●Goのサンプルコード

それじゃ、Goという言語がどんな感じになっているのか、100まで合計するプログラムを見てみよう。

```go
package main

import "fmt"

func main() {
    var total int = 0
    for i := 0; i < 100; i++ {
        total += i
    }
    fmt.Printf("Total: %d", total)
}
```

Goは、関数の形でプログラムをまとめて書くのが一般的。プログラムの起動時に実行される処理は「main」という関数として用意する。「func main()……」というのが、その部分だ。見た感じ、「どこかで見たことあるなぁ」と思うんじゃないだろうか。Javaなどの言語に似た感じに作ってあるんだよね。だから、既に何かの言語を使ったことがあれば、割とスムーズに覚えられるんじゃないだろうか。

●Goのオススメ度「C」

Goという言語は、コンパイラで、ネイティブコードを生成するための言語で、これは本職のプログラマをターゲットにしたものといっていい。シンプルでわかりやすい文法だけど、ビギナーにとってわかりやすいかどうかはまた別の話だ。また、オブジェクト指向に関する機能がごっそり削られている点も、ビギナー向けとは言い難い気がするな。

2-2 インタープリタで動かす言語

パソコンで使える言語はまだまだある！

　パソコンで使われるプログラミング言語は、まだまだたくさんある。ここまで説明したものは、基本的に「アプリを作れる言語」だった。ソースコードを書いてコンパイルしてアプリを作る、そういうものだね。

　だけど、「アプリを作る」ことだけがプログラミング言語の役割じゃない。もっと単純に、「面倒な作業や複雑な計算を処理してくれる」というプログラミング言語は、まだまだたくさんあるんだ。そうした「アプリを作成するコンパイラ言語以外のもの」について、ここで取り上げよう。

　まずは**Python**からだ。

人気沸騰中のスクリプト言語「Python」

● Pythonとは？

　「これ、なんて読むの？」と思った人。実は「**パイソン**」と読むのであります。欧米で特に人気が高いのだけど、最近は日本でもかなり使われるようになってきた。

　Pythonは以前、「教育用言語」という印象で捉えられていることが多かった。が、最近では**人工知能(の、機械学習)のPython**というように印象が変わってきていると思う。機械学習関係は、Pythonが基本言語のようになってる。機械学習用のライブラリなどはだいたいPythonで動くんだ。

　また、Pythonは理数系(統計解析など)でも非常に強い。これは以前からそうだったんだけど、最近では**Jupyter**(ジュピターまたはジュパイター)っていうツールが登場して、ごく普通の環境でPythonのプログラムをぱぱっと書いて動かし、レポートにまとめたりするのが簡単に行えるようになった。こう

したこともあって、特に理系ユーザーの間では、Pythonは絶大なる信用を得ているんだ。

　日本では、純日本製のスクリプト言語**Ruby**（ルビー）というのがあって、これが非常によく使われていた。PythonとRubyは、けっこう被るシーンが多いんだな。それでPythonは今一つ人気薄だったんだけど、最近は「Rubyは別にして、Pythonもいいじゃん」ということが浸透してきたんじゃないだろうか。
　Pythonは、**スクリプト言語**。テキストファイルにスクリプトを書いて、その場でインタープリタで動かす、というもの。だから、まぁ EXEファイルのような本格アプリの作成には向いてない。だけど、「さまざまな処理を自動化する」という、プログラム本来の役割はきっちり果たすことができる。

● Pythonの特徴
● インデントを使った独特の文法
　Pythonの一番の特徴は、その文法にある。Pythonでは、構文の構造を**インデント**で表すようになってるんだ。インデントってのは、文の開始位置のこと。ほら、プログラムのソースコードなんか見ると、タブ記号や半角スペースで右に移動して書いていたりするだろう？　あれのことさ。Pythonは、このインデントを使って構文の範囲が指定されるようになってる。おかげで、Pythonのソースコードはすべてきれいに整形され見やすく理解しやすい。

● オブジェクト指向は注意！
　Pythonも、もちろんオブジェクト指向言語だ。ただし、初期のバージョンの実装と、その後に改良された実装が混在しているため、注意しないといけない。クラシッククラスとニュークラスで機能が違ったりするんだ。
　まぁ、現在のバージョン3以降の新しいPythonでは、あまりそのへんは気にしなくてもいいだろう。

● バージョンにも注意！
　Pythonは現在、Python 3というバージョンになっているんだけど、このバージョン3とそれ以前とでは言語仕様がかなりドラスティックに変わっている。このため、それ以前の2番台とは互換性がなくなっている部分があったりするんだ。
　インターネットの情報などは、まだまだバージョン2を使ったものが多い。

なので、勉強するときには、「この情報はどのバージョンか」をしっかり考えるようにしよう。

情報は豊富、ただし英語が多い

Pythonは、日本で急速に広まったのは割と最近なので、情報自体は多いんだけど大半が英語だったりする。でもまぁ、これは時間が解決するだろう。Pythonの日本語の情報は猛烈な勢いで増えているので、そんなに心配することはないと思う。

Pythonのサンプルコード

Pythonは、構文の範囲をインデントで指定するようになっているので、ソースコードの構造が非常にわかりやすくなっているのが特徴だ。

```
total = 0
for i in range(1,100):
    total += i
print "total:" + str(total)
```

ここで、「total += i」の文が右にインデントしているけど、これで「for i in range(1,100):」という繰り返し構文の範囲がこの1文であることを表現してる。まぁ、これだけじゃよくわからないだろうけど、こういう「どの位置にインデントして書くか」で構文の構造を表現するようになってるんだ。

Pythonのオススメ度「B」

確かに、Pythonっていうプログラミング言語そのものは、ビギナーにとてもやさしいものだ。だけど、「アプリが作れない」というのは、けっこうネックになると思う。日常的にプログラムを書いているような人ならば、「スクリプトをサラサラ書いてすぐに動かせる」というPythonは便利なツールだろう。だけど、「日常的にプログラムを書いたりするわけじゃない」という人には、活躍の場が少ない感じがするだろう。

このほかにも、Pythonと同じように手軽に使えるスクリプト言語はいろいろある。Rubyとか**PHP**とかいったものだな。こうしたものは、パソコンでのプログラム作成にも使えるけど、メインの用途は何といってもWeb&サーバー

開発。なので、そっちで取り上げる予定だ。

実はWeb以外でも使える！「JavaScript」(Electron)

● Electronでアプリ開発！

パソコンでプログラムを作りたい！　という人に、「JavaScriptが使える」といっても、誰も信用しないだろう。

「はいはい、HTMLで書いてWebブラウザで表示しろ、っていうことでしょ」と思う人も多少はいるだろう。が、「JavaScript」と「パソコンの開発」がきちんとつながって考えられる人はなかなかいないんじゃないだろうか。

実は、JavaScript っていうのは「Webブラウザの中だけで動く言語」**ではないんだ**。普通にスクリプトを書いてその場で動かして使えるものなんだよ。

これは、**Node.js**（ノードジェイエス）というプログラムが大きな力になっている。Node.jsは、JavaScriptのエンジンプログラムだ。**エンジン**っていうのは、つまり「スクリプトを実行するプログラム」ってこと。これをインストールしてあると、JavaScriptのスクリプトをその場で実行することができるようになる。

このNode.jsの技術をベースにして、「JavaScriptでPCのアプリを開発できるようにした」のが、**Electron**（エレクトロン）だ。

Electronは、JavaScriptに、ハードウェアアクセスのためのさまざまな機能を付け加えたもの。基本文法はJavaScriptそのものだからすぐに覚えられる。JavaScriptは、ちょっと特殊だけどオブジェクト指向に対応し、とても柔軟な書き方ができる。意外と使える言語なんだよ。

● JavaScript(Electron)の特徴
● 文法はとてもシンプル！

JavaScriptは、Webの分野で広く使われている。だから、ちょっとぐらい使ったことのある人は多いはずだ。そうした人が、そのままJavaScriptの知識を使ってアプリ作成ができる。これはものすごいアドバンテージだよ。

JavaScriptは、文法も非常にシンプルだし、柔軟性も高い。さすが「Webで誰でもちょこちょこっと書ける」ように作られた言語だけある。

実は本格的なオブジェクト指向

JavaScriptも、もちろんオブジェクト指向に対応している。だけど、これは世間一般のオブジェクト指向とはちょっと違っている。

JavaScriptでは、**プロトタイプ**方式と呼ばれる、非常にユニークなオブジェクト指向を採用している。これと同じ方式を使う言語は、ほかにないんじゃないかな。それくらい珍しいやり方だ。

だから、ほかのオブジェクト指向の知識が通用しないし、JavaScriptのオブジェクト指向はほかの言語でも通用しない。この辺は注意が必要だ。だけど、JavaScriptのオブジェクト指向は、使えるようになってくると非常に面白いことがわかってくる。プログラミングを学ぶなら、ぜひ知っておきたいな。本当に面白いから。

ハードアクセスは独自機能で

JavaScriptは、Webページを操作するのに作られた言語だ。だから、例えばハードディスクの中のファイルを読み込んでゴリゴリ処理する、なんて使い方は想定してない。

それじゃ、そうした機能はないのか？　というと、Electronでは独自機能を使って使えるようにしている。まぁ、普通のJavaScriptではないので、いろいろ新たに覚えないといけないけど、「できないわけじゃない」ということは知っておきたい。

JavaScriptのサンプルコード

では、JavaScriptのスクリプトを見てみよう。JavaScriptはWebページで、HTMLの中に組み込まれているのが一般的だけど、ここは「アプリ開発にも使えるJavaScript」として紹介をしているので、JavaScript単体のコードを掲載しておこう。

```
function calc(){
    let total = 0;
    for(let i = 0;i <= 100;i++){
        total += i;
    }
    let el = document.createElement("p");
    el.textContent = "total:" + total;
```

```
        document.body.appendChild(el);
}

calc();
```

　これは、calcという関数を定義して、それを呼び出して計算を行わせている。JavaScriptでは、**function**というキーワードを使って関数を定義する。この関数の中で、1～100の合計を計算して、メッセージを画面に追加する、という作業を行っている。後半のdocument.createElementとかdocument.body.appendChildとかいったものは、JavaScriptのオブジェクトを操作している。JavaScriptでは、画面に表示されるものはすべてオブジェクトとして扱えるようになっている。これらのオブジェクトをどう利用するか？　がけっこう重要になる。

JavaScript(Electron)のオススメ度「B」

　JavaScriptは、ビギナーにもっともオススメな言語だ。これは間違いない。ただし、ここでは「パソコン開発用言語としてのJavaScript」ということで、Electronベースでのオススメ度を考えてみた。

　Electronというツールは確かにそれなりに使えるけど、パソコンでのアプリ作成に使うツールとしては、まだまだマイナーな存在だ。画面でちょこちょこ計算などをするだけならそう難しくはないけど、例えばファイルを読み込んで処理したりといったことになると、Electron独自の機能をマスターしていかないといけない。そしてこれはまだまだ情報が少ない。ビギナーにはちょっとつらいだろう。そのへんを考えると、まだ「A」は上げられないな。

オフィスでプログラミング！「Visual Basic for Applications」(VBA)

オフィスソフトはプログラミングツールだ！

　「パソコンでプログラミング」というとき、意外に見落とされがちなのが「オフィスソフト」だ。えっ、「オフィスソフトはプログラミングツールじゃないだろう」って？　いやいや、そうでもない。例えば、Microsoft OfficeのExcelなどは、本格的な業務アプリの開発などに使われていたりするんだ。

Excelでは、ユーザーフォームといって、独自のウインドウやダイアログなどを作成して利用することができる。だから、Excelのファイルではあるんだけど、独立したアプリのように動くものも作ることができる。Excelなら、データを保存したり整理したりするのも簡単に行える。意外と開発ツールとしては優れたものだったりするんだよ。

　このMicrosoft Officeに組み込まれているマクロ用のプログラミング言語が **Visual Basic for Applications**（VBA）だ。これは、名前から想像がつくように、Visual Basic .NETの仲間。言語仕様も同じBASICなので似ているから、どちらか一方を知っていれば、もう一方はそれほど苦労することなく覚えられるだろう。

Visual Basic for Applicationsの特徴
オフィスのアプリ全般で使える！
　VBAが使えるのはExcelだけではない。WordやPowerPoint、そしてデータベースソフトのAccessなどでも利用できる。これらを統合してプログラミングしていけば、かなり本格的なプログラムも作ることができるのだ。

実は、.NETじゃない！
　VBAは、Visual Basic .NETの仲間だ、といった。けど、実をいえばこれは正確ではない。VBAは、.NETに対応する前の「Visual Basic 6」と言語の互換性がある。つまり、「Visual Basic .NETの前のVisual Basic」なんだ。

　Visual Basicは、.NETになったところで劇的に変わった。特にオブジェクト指向の部分は、.NET以前では付け足し程度だったものが、.NET対応になって本格的なものに強化された。VBAは、そうした恩恵を受ける前のものなんだ。

　だから、既にある機能を使ってプログラムを作るだけならとても強力なんだけど、正直いって「言語としての将来性」は、あまり高いとはいえない。

開発環境は標準のものだけ
　Excelなどでは、VBAのマクロを編集する専用ツールが組み込まれている。開発は、これを利用して行う。それ以外のツールなどは一切ない、と考えたほうがいい。まぁ、オフィスソフトのマクロなので、あんまり開発環境などは期待しないほうがいいだろう。

Visual Basic for Applicationsのサンプルコード

では、VBAで書いたスクリプトがどんなものなのか、1〜100までを合計する例を見てみよう。

```
Sub Calc()
    Dim total As Integer = 0
    Dim i As Ingeger 0
    For i = 1 To 100
        total = total + i
    Next i
    MsgBox "total:" & total
End Sub
```

だいたいはVisual Basic .NETと同じだ。ただし、微妙な違いはある。例えば、合計の値はMsgBoxという関数を使って画面に表示している。Visual Basic .NETのように「常にオブジェクト」を用意するわけではなくて、「関数を呼び出せばOK」という、オブジェクト指向以前のやり方も残っている。

Visual Basic for Applicationsのオススメ度「B」

VBAは、自宅にExcelがあって、ちょっとプログラミングを試してみたい、という人には格好の言語だろう。少なくとも、プログラミングのごく基本的な考え方などを身につけるなら十分な機能を持っている。

ただ、VBAは現在の.NETに対応する形にアップデートする目処が立っていない。それが、評価を引き下げざるを得ない要因だ。VBAは、あまりに多方面の業務で使われているが故に、互換性のないアップデートが不可能になっている。Visual Basic .NETが登場してもう18年もたっている（2019年現在）というのに、いまだに対応できていないんだから、今後も対応できるとはとても思えない。

また、最近はVBAによるマクロを悪用したプログラムなどが増えている関係で、VBAによるマクロはデフォルトでOFFになっている。つまり、利用者が自分でVBAを使えるように設定しないと動かないのだ。自分で作るだけならまだしも、作ったプログラムを配布しよう、なんて考えるとこれはかなりきつい。

というわけで、諸手を挙げて推薦！　とはちょっといかない。「マイナス要因も考え合わせた上で、使ってみたいならどうぞ」という感じかな。

G-Suiteでプログラミング！「Google Apps Script」

GoogleのWebアプリもプログラミングできる！

　ビジネスソフトは、マイクロソフトだけしかないわけではない。実をいえばもう一つ、ものすごくパワフルなプログラミング環境を持ったビジネスソフトがある。それは「G-Suite」（ジースィート）だ。

　G-Suiteというのは、Googleが提供するオフィススィート。Gmail、Googleドキュメント、Googleスプレッドシート、Googleスライド……といったGoogleのビジネスプログラムをまとめたもの、と考えていいだろう。まぁ「パソコン用のプログラミング」っていってもいいか？　という問題はあるんだけど、G-Suiteは普通にパソコンで利用されているオフィススィートなので、ここに入れておいた。

　これらは、Webブラウザでアクセスして動かすことができる。そして、実をいえば強力なマクロ機能も組み込まれている。そして、これらのGoogleの提供するサービスを統合してプログラムを作成することだってできるんだ。
　無料で使えること、そしてGoogleのサービスをプログラミングできること。この2点だけを考えても、かなり使えるツールだってことは想像がつくだろう。
　このG-Suiteに用意されているプログラミング環境が、**Google Apps Script**と呼ばれるものだ。Googleのビジネス用サービスはすべてWebで提供されている。従って、Google Apps ScriptもWeb上でプログラミングする。専用のツールが用意されていて、そこでプログラムを書いて動かせるんだ。

Google Apps Scriptの特徴
タダでどこでも使える！
　マイクロソフトのExcelなどはすべて有料なのに対し、G-Suiteのサービスはすべて無料で使える。もちろん、無料でもちゃんとプログラミングまですべての機能が使える。これは大きいぞ。
　また、すべてWebでアクセスして使えるので、どこからでも、どのパソコ

ンからでも、Googleアカウントでログインしてファイルを開けばプログラミングできる。ソフトのインストールなども一切不要。なんてお手軽！

● Google Apps Script = JavaScript？

Google Apps Scriptは、全く新しいプログラミング言語ではない。実をいえば、これはJavaScriptなのだ。JavaScriptにGoogleのサービス用のオブジェクトをいろいろと追加して操作できるようにしたもの、それがGoogle Apps Scriptだ。

だから、JavaScriptがわかれば、すぐにでもGoogle Apps Scriptは使えるようになる。

● Webブラウザの機能は使えない！

「JavaScriptと同じ」というので、「じゃあ普通のWebページのスクリプトがそのまま使えるんだな」と思った人。残念でした、それは無理です。

Google Apps Scriptは、Webブラウザではなくて、Googleのサーバーの中で動くんだ。だから、WebページのJavaScriptの機能は使えない。Googleが用意する機能を新たに覚えないといけない。この辺が、「JavaScriptではなくて、Google Apps Scriptという別の言語」と感じる部分だろう。

● 速度は今一つ

Google Apps Scriptの欠点を挙げるとすれば、これだろう。スクリプトの実行にけっこう時間がかかるのだ。正直、「もうちょっとテキパキ動いてくれない？」と思うことは多々ある。特に、複数のGoogleサービスを組み合わせるような処理になると、実行するのに何十秒もかかることだってある。

Google Apps Scriptのサンプルコード

Google Apps Scriptは、基本はJavaScriptなんだけど、細かい点で違いがある。1〜100を合計する例を挙げておこう。

```
function calc() {
    var total = 0;
    for(var i = 1;i <= 100;i++){
        total += i;
    }
    Logger.log('Total:' + total);
```

```
}
```

　ここではcalcって関数の形になっているね。Google Apps Scriptでは、スクリプトは関数として書くのが基本。関数を定義しておき、メニューから指定の関数を実行して動かすんだ。

　また、Webブラウザのようにalert関数などで結果を表示することはできない。簡単な表示は、Loggerオブジェクトというのを使ってログ・ダイアログに表示するのが一般的。こんな具合に、細かいところでJavaScriptとは違っているのだ。

● Google Apps Scriptのオススメ度「A」

　JavaScriptベースなので覚えるのが簡単、無料でWebブラウザさえあれば動く、Googleのサービスを利用できるなど、ビギナーには嬉しい利点がたくさんある。ベースはJavaScriptなので、覚えておけばいろいろと応用が効く。いいことずくめのGoogle Apps Scriptなのだ。

　ただ、まぁ「最初に普通のJavaScriptをやっておいたほうがいいんじゃない？」という意見も、ある。確かにね。「JavaScriptの基本がわかっているなら超オススメ」と修正しておこうかな。

ライトウェイトな新しいJavaの形「Groovy」

● Groovyは「Javaのインタープリタ版」？

　プログラミング言語の中で、安定して高い人気を誇るのがJavaだ。Javaは、**仮想マシン**というソフトの中で実行される。この仮想マシン、なかなか便利なものなのだ。ハードに関係なく、同じ環境を整えられるんだからね。こんなに便利な環境、Javaだけしか使えないなんてもったいなくない？

　そこで、「Javaの仮想マシンの中で動くプログラミング言語」というのがいろいろと誕生するようになったというわけ。その先駆けとも言えるのが、**Groovy**（グルービー）だ。これは、「Javaをもっと簡単に書けるようにした言語」だ。基本的な文法や仕組みなどはJavaとだいたい同じなんだけど、面倒くさい部分をカットしたり修正したりして、もっと簡単に書けるようになってる。

GroovyはJava仮想マシンの中で動くから、当たり前だけどJavaのランタイムが必要だ。ただし、実際の利用は、別に「Java仮想マシンを起動して……」なんて考える必要はない。用意されているGroovyのコマンドを実行するだけで普通に使えるから心配はいらないよ。

Groovyの特徴
基本は「Java」そっくり！
　Groovyは、JCP（Java Community Process）というJavaについて話し合う団体で標準化が進められている言語で、いってみれば「Javaの一部」みたいなもの、かもしれない。文法もJavaに非常に近くて、「Javaをもうちょっとシンプルにして使いやすくしたもの」だ。

　例えば、文の最後にセミコロンをつけるのはやめた。変数は、値のタイプ（型）をつけてもいいけどつけなくてもいい。配列（値の集まり）は、演算子で要素を追加したり削除したり、操作できる。クラスに含まれない関数も書ける。ていうか、いきなり文を書ける（クラスにも関数にも含まれない）。こんな具合に、Javaの面倒くさい部分を細々と変えてあるんだ。

Groovy Consoleですぐに使える！
　Groovyには「Groovy Console」っていうプログラムがついている。これはGroovyの簡易エディタのようなものだ。編集エリアにGroovyのスクリプトを書けば、その場で実行できる。Groovyは、いちいちクラスとか書かずに、実行したい処理だけを直接書けば動くので、スクリプト言語の軽快さでJavaを書ける感じになるんだ。

Javaのプログラムが使える！
　Groovyは、Java仮想マシン内で動く。ってことは、つまり「Groovyのスクリプトは、そのままJavaのプログラムにコンパイルされて動いている」ってことになる。そう、GroovyのプログラムとJavaのプログラムは、実は同じものなんだ。だから、Groovyのスクリプトの中からJavaのクラスなどをそのまま呼び出して使うことができる。「Javaのプログラムがすべて使える」という利点は、かなり大きいぞ！

Groovyのサンプルコード
　それじゃ、Groovyのプログラムっていうのがどういうものか、見てみようか。

例によって100まで合計する処理を考えてみよう。

```
int total = 0
for(int i in 1..100){
    total += i
}
println "Total: $total"
```

こんな感じになるだろう。最後にカンマがついていないけど、書き方はどこかで見たことある感じだね。Javaに似ているが、Javaのようにクラスとか書く必要がなくてとてもシンプルに書ける。

実は、このスクリプトは、自動的に以下のようなスクリプトに置き換わって動いているんだ。

```
class Sample {
    public Sample() {
        int total = 0
        for(int i in 1..100){
            total += i
        }
        println "Total: $total"
    }

    static void main(String[] args) {
        new Sample()
    }
}
```

これを見ると、「あれ？ これってJavaだ」って感じるんじゃないだろうか。こんな具合に書けば、なるほどJavaそっくりなのがよくわかるね。だけど、実際はこう書く必要はない。これの前に挙げた、シンプルな書き方で問題なく動くのだ。この辺が、Groovyの素晴らしいところなんだ。

🔵 Groovyのオススメ度「B」

　もし、君が「Javaを覚えたい！　でも難しそう」って思ってるなら、まずGroovyで勉強してみる、っていうのは一つの選択肢だ。Javaよりは確実にわかりやすいし、使いやすい。Groovy Consoleでちょこちょこ動かしているうちに、基本的な書き方ぐらいはすぐ覚えられるだろう。

　ただし、Groovyの一番のネックとなるのが「これ、覚えたところで、役に立たないんでないの？」という点だろう。確かに、今、Groovyで開発しているってところはあんまり多くない。Groovyの登場当時に比べると、話題も減った感じがする。「なんだ、もうGroovyは流行ってないのか」って思うかもしれない。
　だが、実は逆だ。既にGroovyは、当たり前のように使われている。当たり前過ぎて、以前ほど話題にならなくなっただけなんだ。どこで使われているのか？　それは、例えば「開発環境」の中でだ。IntelliJ IDEA（インテリジェイ・イデア）やAndroid Studio（アンドロイドスタジオ。ま、どっちも同じものだけど）などの開発ツールでは、ビルド（ソースコードをコンパイルし、更にライブラリを付け加える工程）などの処理をすべてGroovyで行っているんだ。

　Groovyは、**Gradle**（グレイドル）っていうJavaの**ビルドツール**（プログラムで使うパッケージなどを管理し、プログラムをビルドしたりテストしたりする作業を自動化するツール）の記述言語として使われている。このGradleは、**Maven**（メイブン）っていうビルドツールと並んで、「Javaの二大ビルドツール」になっているんだ。
　Javaを本格的にやり始めたら、おそらく必ずMavenかGradleのお世話になるだろう。「今回の開発はGradleで」となったら、Groovyでビルド処理を書かないといけない。実は、既にJavaの開発ではなくてはならない言語になっているんだよ。
　だから、今すぐ覚える必要はないんだけど、もし「Javaをやっていきたい」と考えたなら、どこかのタイミングでGroovyは使うことになると思ったほうがいいよ。どうせ「いつかやらないといけない」なら、今からやってもいい。だって、Javaよりこっちのほうが簡単だし。

Java仮想マシンで動く オブジェクト指向関数型言語？「Scala」

手続き型か関数型か、それが問題だ

プログラミング言語には、大きく二つの流れがある。

一つは、**手続き型言語**だ。これは、実行する処理を順番に書いていくやり方で、まぁ、本書で紹介しているプログラミング言語は大半がこれだ。

これとは別に、**関数型言語**という流れもあるんだ。これはその名の通り、処理を「関数」として定義していく。手続き型が「あれをやって、これをやって、……」というように、やることを順番に記述していくのに対し、関数型は「この場合はこれを呼び出し、あの場合はあっちを呼び出し……」といように、関数から関数を呼び出していくことで処理が実行されていくようになってる。

この二つの流れは、どっちがいいとかいうものじゃない。「カトリックとプロテスタント論争」みたいに半ば宗教論争になっちゃうから、これ以上深くは突っ込まない。が、プログラミングの主流は長らく手続き型だった。こっちのほうがとっつきやすいからね。それが、最近になって関数型が見直されるようになってきている。関数型は、プログラムを書くときはわかりにくくて難しいかもしれないが、書かれたプログラムは処理がスッキリ整理され、全体の流れがよく見える。「**関数型、いいじゃん**」と思う人が増えているんだな。

そんな流れの中で、注目されている言語が**Scala**（スカラ）だ。これも、Groovyと同じく、Java仮想マシンで動く言語だ。Scalaは、基本的にはオブジェクト指向の普通の言語（？）なんだけど、関数型っぽく書くための仕組みがいろいろと用意されているんだ。そのおかげで、オブジェクト指向でありながら関数型言語っぽいプログラムが書けるという不思議なものになった。

まぁ正直、「ビギナーに関数型言語というのはどうなのか」という気がしないわけでもない。けれど、「話題の関数型言語ってどんなのか知りたい」という人にはオススメじゃないかな。

Scalaの特徴
基本はオブジェクト指向

Scalaは、基本的にオブジェクト指向言語だ。これは間違いない。だから、

Javaなどを使ったことがあれば、かなり学習は楽だと思う。ただし、オブジェクトの記述はだいぶ違っているから、慣れは必要だ。

実はコンパイラ

Scalaは、スクリプトを書いてすぐ実行できるようになっていて、感覚的には完全にインタープリタだ。だけど、実は内部でちゃんとコンパイルして動いている。だから、動作速度は非常に高速だ。

関数は「値」

関数というのは、何かの処理をまとめて呼び出せるようにしたものだ。つまり、処理の塊なんだな。だけどScalaでは、関数自体が値として扱えるようになってる。値だから、別の関数の引数に渡したりできるんだ。この「関数は値」というのが飲み込めないと、Scalaは扱いにくいだろう。

SBTとの連携が強固

Scalaは、**SBT**（Simple Build Tool）っていうビルドツールで使われている。これは、さっきGroovyのところで出てきたGradleと同じようなものだ。ScalaとSBTの二つはとても密接な関係があって、例えばScalaのインストールもSBTで行ったり、Scalaのプロジェクト作成やビルド、実行なども全部SBTでできるようになっていたりする。

更には、ScalaでWeb開発をする**Play Framework**っていうフレームワークもあって、これまたSBTでプロジェクトを作り、ビルドするようになってる。Scalaの利用は、このSBTとPlay Frameworkとのセットで考えられているところがあるんだ。「Scalaを使い、Play FrameworkでWebアプリを開発する」というなら、これらのセットを使うしかない、ということ。

Javaのプログラムが使える

ScalaもJava仮想マシン用の言語なので、Groovyと同様、Javaのプログラムを内部で利用することができる。Scalaに慣れないうちは、「よくわからないところはJavaで書いておいて、Scalaから呼び出して使う」なんて書き方もできるわけ。

Scalaのサンプルコード

Scalaの特徴は関数にあるといっていいんだけど、でも基本はオブジェクト

指向だ。簡単なオブジェクトとしてプログラムを書いてみよう。

```
object Main extends App {
    var total = 0
    for {i <-1 to 100}{
        total += i
    }
    printf("Total: %s\n", total)
}
```

なんだか、わかったようなわからないような感じがするね。ここでは、objectというものを作ってる。これには、「Appトレイト」というもの（今はわからなくて大丈夫！）を使って、アプリケーションとして実行できるようにしてある。forの書き方がちょっと不思議だったりするけど、まぁ、この辺はきちんと文法を勉強すればわかりそうだね。

GroovyがJavaとほとんど変わらないものだったのに対して、ScalaはJavaとはだいぶ違う、オリジナリティ豊かな言語であるように感じるんじゃないかな。

●Scalaのオススメ度「C」

Scalaは、とても興味深い言語だけど、ビギナーに勧められるかというと、ちょっとためらいがある。オブジェクト指向の部分もいろいろ新しい考え方が詰め込まれているし、関数型の考え方は、慣れるのに時間がかかるだろう。

関数型言語というもの、Scalaという言語、そういうものがあるっていう基本的な知識ぐらいはもっておくべきだろう。だけど、実際に使うかどうかは別だ。今すぐやる必要はない。ある程度プログラミングがわかったところで検討すべきもの、と考えておこう。

パソコンプログラミングのイチオシ言語はこれだ！

さて。たくさんの言語を紹介してきたが、「結局、どれがいいの？」と思うかもしれない。「たくさんありすぎて決められない、どれか一つに決めて！」という意見だね。

プログラミング言語っていうのはそれぞれに利点・欠点、向き不向きがあって、「すべての人に勧められる完璧な言語」ってのは、ない。が、まぁ、無理やり推薦言語を決めてみようか。とりあえず、「アプリ開発」と「それ以外」で、一つずつ推薦言語を決めてみた。

「パソコンでアプリを作りたい！」ならC#

C#は、とりあえずWindowsでもMacでも動くし、開発のためのツール類も無料で揃えられる。そして作れるプログラムも、Windows用、Mac用、Linux用、更にはAndroidやiPhoneのアプリ、そして（環境は限定されるけど）サーバープログラムなどまで、多岐にわたる。とりあえず、「これのプログラムを作りたい」とビギナーが思うものなら、たいてい作れるのだ。ただし、そのためには、.NETというランタイム環境がインストールされていないといけない。それがネックになる部分かもしれない。

また、プログラミング言語としてもC#は非常に優れている。完璧なオブジェクト指向、JavaやCなどの文法とも通ずる基礎文法、整理された.NETのフレームワーク。C#が使えるようになれば、その後にほかの言語を始めるにしても必ずその知識が活きてくるだろう。

「自分でプログラムを書いていろいろ処理させたい」ならPython

たぶん、今、一番「旬」な言語が、Pythonだろうと思う。機械学習といった難しげな世界で幅を利かせているだけでなく、ちょっとしたところでちょこちょことプログラムを書いて動かす、というような「思い立ったらプログラミング」という使い方にとても向いた言語なんだ。

これで、本格的なアプリを作って公開する、というのはちょっと難しい。あんまり、「作ったプログラムを公開して……」という用途で使うものじゃないだろう。が、自分で必要なときに必要な処理をサクっと書いて動かす。そういう使い方には非常に向いた言語なんだ。また、プログラミング言語としても非常にわかりやすい設計になっていて、ビギナーでも十分に使えるだろう。

Pythonは、実はインストールとかしなくってもすぐに使うことができる。**第6章**の「教育向けプログラミングの世界」で、Googleが提供する「Colaboratory」っていうWebアプリについて紹介してる。これを使えば、Webブラウザでアクセスするだけで今すぐPythonを使えるぞ！

Chapter 3

Webと
サーバー開発の世界

Webの世界は本当に奥深い。Webページの作成だってHTMLやJavaScriptを駆使しないといけないし、サーバー側の開発ともなるとあらゆる言語が使われてる。そうしたWeb開発の世界について、どんなプログラミング言語がビギナーに向いているか考えていこう。

3-1 Webとサーバー開発の言語

インターネットで動くプログラムを作る！

　実は、今、「プログラミングをしたい」という人は、パソコンよりこっちのほうが圧倒的に多いんじゃないかな。インターネットで動くプログラム。まぁ、わかりやすくいえば、「**Webサイトのプログラム**」ってことだね。

　Webサイトのプログラムというと、一昔前なら「掲示板」ぐらいしかシロウトには手が出なかった。けれど今はWebでできることも広がって、作るプログラムも格段に進化してる。Googleとかマイクロソフトなんかでさえ、パソコン用のプログラムからWebで動く「Webアプリケーション」にシフトしてるくらいだ。

　Webは、とにかく頻繁に更新する。しょっちゅうプログラムを修正したりするから、コンパイラ言語じゃ使いにくい。圧倒的にインタープリタ言語が多いんだ。しかも本職のプログラマ以外の人も使えるように、割とカンタンで使いやすい言語が多いんだ。

インターネット向けプログラミングで使われるもの
- HTML
- CSS
- JavaScript
- TypeScript
- PHP
- Perl
- Ruby
- Python
- JavaScript（Node.js）
- Google Apps Script
- Java（Java EE）

- C#(ASP .NET)

　ずいぶんとたくさんあるだろう？　しかも、これで全部じゃない。中にはパソコンのところで見た言語も含まれているけど、パソコンとサーバー開発はまた違うものなので改めて紹介をしようと思う。また、JavaScriptなんかはなぜか二つあるけど、これは「クライアント側」と「サーバー側」でそれぞれ取り上げるためだ。
　それじゃ、順に説明していこうか。

Webページの基本「HTML」

Webページ用のコンテンツを書くための言語

　Webサイト（いわゆるホームページだね）をやっている人なら、**HTML**（HyperText Markup Language）については説明無用だろう。Webサイトにコンテンツを作成する際の基本となるものだね。「これって言語？」と思うかもしれない。が、これも言語だ。
　といっても「プログラミング言語」ではない。これは「**ページ記述言語**」と一般に言われるもの。文字通り、これはページのコンテンツの**構造**などを記述するための言語だ。

　最近では、このHTMLをベースにして、さまざまな技術が使われるようになってきている。例えば、Webページをデザインするなら**HTML ＋ CSS**だし、何らかの処理を行わせるためには**JavaScript**を使う。そんな具合に、HTMLとほかの技術を組み合わせてWebページを作るのが今は基本だ。
　ただし、それでもコンテンツの土台は、HTMLで書かないといけない。「HTMLなしで、ほかのものだけでWebページを作る」というわけにはいかないんだ。それだけHTMLは、Web作成において重要な役割を担っているんだよ。

HTMLの特徴
エディタで書いてブラウザで見るだけ！
　HTMLは、とにかくなんでもいいからテキストファイルを作れるソフトで書いて、そのままWebブラウザで開けば表示を確認できる。実に安直だ。もちろん、複雑なものになると「普通のエディタで書く」というのはかなり大変に

なってくるので、HTMLに対応したエディタや専用ツールなどを使ったほうがいいだろう。

ブラウザによって表示が異なる？

HTMLっていうのは、Webブラウザによって微妙に表示が違うことは頭に入れておきたい。表示をうまく統一するために**スタイルシート**っていうのがあるんだけど、それでも実は完璧に同じにするには相当な技術が必要だろう。最初のうちは、「だいたい同じように見えればOK」ぐらいに考えておこう。

資料はかなり豊富！

HTMLに関しては、本当にビギナー向けのものから書籍の類もたくさん出ているし、オンラインには資料やサンプルが無尽蔵にある。なにしろWebサイトを作ってる土台の技術だからね。環境面で不自由を感じることはあまりないだろう。

HTMLのオススメ度「A」

とりあえず、Web関係のことをやりたいのなら、HTMLは必須といっていいだろう。HTMLは、いわゆるプログラミング言語ほど難しくはないし、すぐに覚えられる。最近は、HTMLはデザインツールなどでソースコードを書くことなく、マウス操作などで簡単に作成できるようになってきた。だけど少なくとも「Webの開発者」を目指すなら、ちゃんとソースコードを見て理解できるようになりたい。

Webページのデザインはこれで！「CSS」(Cascading Style Sheet)

CSSとは？

「Webページは、HTMLで**デザイン**する」と思っている人、けっこう多いだろう。以前は、たしかにそんな感じだった。HTMLのタグでWebページの基本的なデザインを作っていくのが当たり前だった。

が、そもそもHTMLというのは、「ページをデザインするためのもの」じゃないんだ。これは、あくまで「データの**構造を記述**するためのもの」だ。まぁ、

最初のうちは、<b>とか<i>のようにテキストをボールドにしたりイタリックにしたりするタグなどもあって、半分ページのデザインを行うような機能も持っていたんだけど、こうしたものは次第に使われなくなってきている。

多くの人は、「テキストの文字を大きく表示する」ために<h1>タグを指定するけど、そもそも<h1>は「最上位のヘッダーテキスト」を示すものであって、「大きな文字」を表示するためのものじゃない。昔は、その違いをあまり意識しないでWebページを作っていた。

が、**そういうのはもうやめよう**、というのが今のWebデザインの考え方だ。HTMLは、あくまで「コンテンツを構造的に記述するため」に使う。そしてデザインは、すべて「CSS」を使うのが基本と考えていい。

CSSは、「Cascading Style Sheet」の略。これは、HTMLのタグに「どのように**表示**するか」を指定するための記述言語だ。「言語」といっても、これは「書き方の基本的な文法を決めてある」という程度のもので、いわゆるプログラミング言語のようなものではない。基本的な書き方さえわかれば、誰でもすぐに使えるようになる。

CSSの特徴
基本は「タグ」と「クラス」
CSSは、**タグ**や**クラス**に**スタイル**（タグに割り付ける装飾）を設定しておく。タグに指定すると、そのタグの表示をすべて変更できる。またクラスにスタイルを設定しておき、HTMLのタグにあるclassという属性にそのクラス名を指定すれば、そのタグだけ指定クラスのスタイルが設定できるようになる。

この二つの書き方さえ分かれば、CSSは使えるようになる。まぁ、このほかにもIDで指定したりすることもできるけど、基本はこの二つだろう。

CSSセレクタは重要！
タグやクラスを使って特定のHTML要素を指定していくやり方は、**CSSセレクタ**って呼ばれている。この要素の指定方法は、非常に合理的だというんで、CSS以外のところでも使われるようになっている。CSSを覚えて、CSSセレクタがわかるようになれば、JavaScript関係のライブラリやフレームワークなどでもけっこうその知識が活きてくるだろう。

HTMLに直接書いてもOK

　CSSのスタイル情報は、HTMLのタグに直接書いてしまうこともできる。また別ファイルに記述し、それを読み込んで利用することもできる。別ファイルに切り離しておくと、複数のWebページで常に同じスタイルを使ってデザインをできるようになる。統一感あるWebサイト作りには必須の機能だろう。

CSSのオススメ度「A」

　CSSは、Webページを作ろうと思ったら、HTMLと共に「覚えなきゃいけない技術」と考えて欲しい。といっても、用意されている項目をすべて暗記しろ、なんてことはいわない。

　基本的なCSSセレクタの書き方。よく使われる主なスタイル。そのぐらいがわかれば、それで十分だろう。それ以外のものは、使う必要があったら調べる、ぐらいのスタンスで構わない。HTMLもCSSも、「使う」と決めたら、Webページを書くたびに利用することになるから、すぐに覚えられるはずだよ。

Webブラウザの基本言語「JavaScript」

JavaScriptとは？

　現在、もっとも注目されているプログラミング言語、それは、**JavaScript（ジャバスクリプト）** だろう。JavaScriptっていうのは、その昔、Netscape（ネットスケープ）っていうWebブラウザで動く**スクリプト言語**（割と簡単に使える言語、ってこと）として開発された。当時は「LiveScript」っていったんだけど、もとからWebブラウザと一心同体な言語として誕生したんだね。その後、ほかのブラウザでもサポートをするようになって、今じゃほぼすべてのWebブラウザで動く唯一のプログラミング言語として広く使われるようになってる。

　今、プログラムの多くが「パソコンからネットへ」と移行しつつある。ワープロとか表計算とかいったものも、みんなWebブラウザで動くようにしてしまえ！　という考えだな。これは一時のトレンドとかでなくて、これからのプログラムの在り方が大きく変化しているってことだろう。

　そのとき、Webで動く唯一の言語として、JavaScriptはものすごく重要な役割を果すことになる。いや、現時点でも既に果たしつつある。この先の「パソコンからネットへ」という流れを考えたら、JavaScriptこそ、一番重要で役立

つ技術といっていいんじゃないかな。

JavaScriptの特徴
HTMLの中で動く！
　JavaScriptは、Webブラウザの中で動く。Webページを作るのに使う「HTML」の中にプログラムを書いて、それをブラウザが読み込んで動くような仕組みになってる。つまり、プログラムはあくまで「HTMLのタグの一つ」って扱いなんだな。二つの言語が混じっててわかりにくいって人もいるだろうけど、「HTMLプラスアルファの感覚で書ける」というのは、やっぱりビギナーにとってはメリットだろう。

　もちろん、「それじゃわかりにくい！」という場合もある。こうしたときは、HTMLとは別ファイルにJavaScriptを書いて読み込み、利用することだってできる。

全部タダ！
　なにしろ、HTMLはただのテキストファイル。Windowsの「メモ帳」（ノートパッド）で書いたって動かせる。JavaScriptも当然、ただのテキストが編集できれば使える。実行も、WebブラウザでHTMLファイルを開くだけ。実に簡単だ。

実はかなり本格的なオブジェクト指向言語！
　JavaScriptというと、本格的な言語ってより「簡易言語」みたいに思ってる人が多いようだ。だけど、JavaScriptは意外なほどにしっかりとしたオブジェクト指向言語になってる。ただ、そのほかの一般的なオブジェクト指向とはかなり違う、ユニークな設計になってるので、オブジェクト指向の入門としては微妙なんだけど……。

実は本格的なプログラムも作れる！
　JavaScriptは、Webブラウザの中で動く。つまり、Webサイトにアクセスしているパソコンの側で動くものだ。Webというのは、こうした「ブラウザの中での処理」だけでなくて、パソコンでアクセスするサーバーの側で実行されるプログラムというのも必要になる。

　以前は、こうしたサーバー側のプログラムはそのための専用の言語で開発していたのだけど、今ではJavaScriptで開発することもできるようになった。

Node.js（ノードジェイエス）っていう、JavaScriptでサーバープログラムを開発するソフトがあって、けっこう使われるようになりつつあるんだ。だから、これを使えば、「サーバーからWebページまで、全部JavaScript」な開発ができるんだよ。

　そのほか、パソコン用言語のところで**Electron**について触れたけど、これだってJavaScriptだ。また**Google Apps Script**でG-Suiteのマクロを書けるって話もしたけど、これもJavaScriptをベースに作られてる。このほか、スマホの言語のところに進めば、JavaScriptをベースにしたものがゴロゴロ転がってる。JavaScriptは、今やWebブラウザから飛び出して、ごく一般的な開発に使える汎用言語になっている、といっていいだろう。

● HTML + JavaScriptのソースコード

　ここでは、HTML + JavaScriptとして簡単な処理を実行するWebページのコードを考えてみることにしよう。JavaScriptはHTMLとセットだから、実際に使われている形としてはこれが一番近いからね。

```
<html>
<head>
    <script>
    function CalcBtn_OnClick() {
        var total = 0;
        for (i = 1;i <= 100;i++) {
            total += i;
        }
        alert("total:" + total);
    }
    </script>
</head>
<body>
    <input type=button name=CalcBtn value=calc
        onclick="CalcBtn_OnClick()"></td>
</body>
</html>
```

基本的な処理は、前にJavaScriptの例として挙げたのとほぼ同じなので比べてみるとよいだろう。HTMLは、「<」と「>」でくくった「タグ」を記述することでページを作成する。JavaScriptも、HTMLの一つのタグとして記述される。<script>～</script>の間に、実行する処理を記述するようになっているんだ。

HTMLとJavaScriptに慣れないと、上のリストはなんとも不可思議な形をして見えるだろうが、ある程度慣れてくればすんなりとHTMLにJavaScriptを埋め込んだりできるようになってくる。

とりあえず、HTMLで表示部分を作ってJavaScriptで処理すればいいわけだから、簡単なプログラムぐらいならすぐに作れるようになるだろう。

JavaScriptのオススメ度「A」

Webサイトを作るなら、今やJavaScriptは「まず最初に覚えるべきプログラミング言語」となっている、と断言できる。以前なら、「覚えたって、どうせWebページでちょこちょこ動かすだけだしなぁ……」なんて思われたかもしれないが、今ではサーバープログラムもパソコンやスマホのアプリも作れるようになった。JavaScriptを覚えておけば、とりあえず大抵のものは作れる時代になってるんだ。

だから、単に「Webページを作るだけ」と考えず、「これを覚えれば、いずれはいろんな物が作れるようになるんだ」と思って取り組んでほしいな。

JavaScriptをもっとパワフルに！「TypeScript」

TypeScriptって何？

Weページの中で使えるプログラミング言語は、JavaScript。これ以外のものは使えない。なぜって、そもそもWebブラウザにはJavaScriptしか入ってないんだからね。それ以外のものは使えないに決まってる。

だけど、JavaScriptは完璧な言語じゃない。ある程度複雑なプログラムを書くようになってくると、「もうちょっと強力なプログラミング言語が欲しいな」なんて思うようになる。でも、JavaScriptしかWebブラウザには入ってない。じゃあ、どうするか。

「それなら、別の言語で書いて、それをJavaScriptにコンパイルすればいい」

と考えた人間がいた。「えっ、JavaScriptにコンパイル？　コンパイルってアプリとか作るときにやる、あれでしょ？」と思った人。コンパイルっていうのは、要するに「ある言語で書かれたものを別の言語体系のものに変換する作業」のことだ。つまり、JavaScriptよりもっと強力な言語を使ってスクリプトを書いて、それをJavaScriptのスクリプトにコンパイルして使えばいい、というわけ。

こうした「JavaScriptにコンパイルして使う、別の言語」は、一般に「AltJS」（アルトジェイエス）って呼ばれる。この中で、もっとも広く使われているのが**TypeScript**（タイプスクリプト）という言語なんだ。

これはマイクロソフトが開発した言語で、もちろんフリーで配布されており、誰でもタダで使うことができる。

TypeScriptの特徴
コンパイルして使う

TypeScriptは、そのままだとWebブラウザでは動かない。だから、スクリプトを書いたらそれをJavaScriptにコンパイルして使う必要がある。これがけっこう面倒くさいと感じるかもしれない。

ただし、TypeScriptは、単体で使うだけではない。この章の後の方で触れるけれど、「フレームワーク」というものを使って開発するような場合には、スクリプトを書いてから「ビルド」という作業をして実際にアップロードするWebサイトを作る、というコンパイラ言語と同じようなやり方でWeb開発を行うことも増えてきている。そういう場合、ビルド時にTypeScriptのコンパイルも自動で行うようにできるので、そう面倒には感じないだろう。

「クラス」が使える！

TypeScriptの一番のポイントは**クラス**だろう。クラスというのは、JavaScript以外のオブジェクト指向言語で使われている機能。JavaScriptだけがなぜか対応していなかった。TypeScriptを使えば、クラスを利用できるようになるんだ。

ただし、実をいえばJavaScriptも、「**ES6**」っていう新しい規格ではクラスをサポートしてる。ただ、まだ新しい規格に完全対応していないブラウザも多いんだけどね。

「静的型付け」ができる

プログラムを作るとき、地味だが非常に重要なのが「**値と変数**」だ。

JavaScriptは、変数にはどんな値も入れておける。だけど、そうすると「整数と思ってたら実はテキストの値が入ってた」なんて具合に、「何が入ってるかわからない」ためのトラブルを引き起こしてしまいがちだ。

　TypeScriptは、それぞれの変数に「この変数は数字」「こっちの変数はテキスト」というように、入れられる値の種類（「型」という）を設定できる。この仕組みを「静的型付け」という。もし、違う種類の値が入っていたりすると、コンパイル時に「ここ、違うよ！」とチェックしてはねられる。どんな種類の値が入るかがきちんと決められるので、バグもだいぶ減らせるんだ。

●TypeScriptのサンプルコード

　TypeScriptは、基本的に「JavaScriptの強化版」だ。だから、スクリプトもJavaScriptに非常に近い。例によって1～100を合計するサンプルを挙げておこう。

```
function Calc(n: number){
    let total: number = 0;
    for (let i = 1;i <= n;i++) {
        total += i;
    }
    return total;
}

alert(Calc(100));
```

　ここでは、Calcという関数を定義して、そこで合計を計算するようにしてある。見ればわかるように、Calc(n: number)なんて具合に、( )の変数nの部分（**引数**っていう）にnumberという値の種類を示すもの（型）がつけられてる。これで、「nは数字を入れるための変数だよ」ということを指定してあるわけだね。

　そのほかの部分、例えば関数の定義とかforという繰り返し構文とかはJavaScriptと変わらない。JavaScriptがわかれば、ちょっと勉強しただけで使えるようになるだろう。

●TypeScriptのオススメ度「C」

　TypeScriptは、非常に良くできた言語だと思う。もし、君が既にJavaScriptを

使っているなら、オススメ度は文句なく「A」だろう。だけど、「JavaScriptも何もわからない」という状態なら、まずはJavaScriptを覚えるべきだ。TypeScriptを学ぶのはその後からでも全然遅くない。

　どんなにいいものでも、物事には順番があるってこと。TypeScriptを使ってみたかったら、まずはJavaScriptを頑張ろう！

かつてはサーバー開発の標準だった「Perl」

Perlとは？

　Perl（パール）は、CGI（Common Gateway Interface）って機能を使って、サーバーでさまざまな処理をさせるのに古くから使われている言語だ。CGIって、言葉ぐらいは聞いたことあるだろう？　ない？　うーん、昔は掲示板などを作るのによく利用される機能だったんだ。CGIはサーバーにあるプログラムを起動して処理を実行するための仕組みなんだけど、その昔、こうしたプログラムの多くはPerlで書かれていたんだよ。

　ただ、初期のWebではPerlはとっても重要だったけど、今はそれほどでもない。昔は、PerlぐらいしかWebで使えるスクリプト言語がなかったんだ。けど、今はほかにもいろいろあるから、次第に重要度は下がってきている。

　依然として非常に多くのサイトで使われているから、この先も当分は利用され続けるだろう。ただ、わざわざビギナーがこれを選んで新たに勉強しよう、っていうのはちょっと違うだろうな。

Perlの特徴
テキスト処理は無敵！

　なんだってCGIでPerlが多用されるのか。その最大の理由は「テキスト処理の強力さ」にある。「正規表現」と呼ばれるテキスト処理の仕組みがあるのだけど、これにPerlはいち早く対応し、複雑なテキスト処理を高速かつ簡単に行うことができる。今でこそ多くの言語で正規表現に対応しているけど、まだ「テキスト処理＝Perl」というイメージは強い。

文法は独特なものが多い

　基本的な文法部分はC/C++などに似たところもあるのだけど、Perl特有の部

分も結構多い。変数名は必ず「$」や「@」で始まる名前になってるとか、べき乗の演算子が「**」になってるとか。またテキストの値の中に変数名が混じっているとその変数を展開して中身を返してくれるなど、独特の機能も多数あるんだ。

資料は豊富だが環境としては貧弱？

Perl関係の書籍やオンライン情報は、思った以上にたくさんある。また中核となる正規表現については、それ単体で書籍が出ていたりするので学習しやすい。ただし、Perl専用の開発環境みたいなものなどはあまり見ないし、大半の人はテキストエディタで書いて作ったりしている。プログラミングの環境はそれほど立派とはいえないだろう。

Perlのサンプルコード

Perlは、昔ながらの「ソースコードに書いてある最初の命令から順番に実行して、最後の文まで来たらおしまい」という形で動くプログラムだ。サブルーチン化したりする機能はあるんだけど、簡単なプログラムならそれらも使わないかな。

```perl
#!/usr/bin/perl

$total = 0;
for($i = 1;$i <= 100;$i++) {
    $total += $i;
}
print "total:$total.\n";
```

これが簡単なサンプル。一番最初に「#」で始まる文があるけど、これは実はコメント。Perlが置かれている場所を記述してあるのだ。

プログラムとしてはCと似ているだろう。が、変数の始まりに$がついていたりしてなかなか一筋縄ではいかない感じがする。ただ、その辺の違いさえわかれば、基本的な流れは今までのC/C++やJavaなどとそう違わないことがわかるだろう。癖のある言語仕様なのでとっつきは悪いが、逆に慣れれば「こんな単純な処理でこんな複雑なテキスト処理ができちゃうのか」と驚くくらいなんだよ。

Chapter 3 Webとサーバー開発の世界

● Perlのオススメ度「C」
これは、古くからある業務などのWeb開発以外、ほとんど使うことのないものだろう。プログラミングのトータルのオススメ度としてはCランクになってしまうと思う。Web開発のプログラミング言語は、個人的なプログラミングレベルで利用するなら、Perl以外にも選択肢はたくさんある。あえて「Perlをマスターしてないとダメ」という理由は、今やほとんどないだろう。

サーバー開発の超ビギナー向け入門言語「PHP」

● PHPとは？
最近になって急速に普及し始めているスクリプト言語が**PHP**（ピーエイチピー）だ。割と最近に使われるようになった言語と思うかもしれないけど、初めて世に出たのが1995年だから、実はそこそこ歴史のあるものだ。

PHPは、WebサーバーにPHP機能を組み込んで動くようになってるんだけど、非常に手軽に扱えるようになっている。HTMLの中にちょこちょこっとPHPのプログラムを書くだけで動くようになっているんだ。この手軽さこそ、PHP最大の利点だろう。それまで主流だったPerlという言語よりはるかにわかりやすく簡単だったことから、急速に広がっていったんだ。

まぁ、利用するWebサーバーがPHPに対応していないと使えないという欠点はあるんだけど、今ではPHPに対応したサーバーも増え、大抵のレンタルサーバーでは対応するようになっている。Webサーバーの対応という点でいえば、ほかの言語よりはるかに対応度は高いだろう。

PHPは現在、サーバーサイドの開発においては「世界でもっとも多くの人が使っているプログラミング言語」といってもいい。少なくともWebの開発を目指すなら、PHPは外せない言語だ。

● PHPの特徴
● HTMLに埋め込んでらくらく開発！
PHPの最大の特徴は、これだ。HTMLの中にPHP専用のタグを埋め込んで、そのままプログラムを書けるのだ。専用のファイルも必要ない。

ホームページをちょこっとかじった人なら「JavaScriptみたいだな」と思うかもしれない。その通り！　ただし、JavaScriptはブラウザの中で動くのに対し、PHPは「サーバーの中で動く」という点が大きく異なる。つまり、サーバープログラムの中でPHPの部分だけが実行されて、その結果がブラウザに送られるような仕組みになってるんだね。

● データベースと仲がいい

　　PHPには、SQLite（エスキューエルライト、シークエライトなど読み方はいろいろ）というデータベースプログラムで作ったデータベースファイルを標準で読み書きすることができる。また、本格データベースであるMySQL（マイエスキューエル）やPostgreSQL（ポストグレスキューエル）といったものを利用するための命令(関数)も一通り揃っていて、すぐにデータベース利用の開発ができる。

　　ほかのスクリプト言語は、標準でこうした機能を持たず、後から機能を拡張したりライブラリを追加したりするなどして対応することも多い。そういった意味では、PHPはデータベースを非常に使いやすい。

● わかりやすい文法、オブジェクト指向にも対応

　　PHPの文法は非常にシンプルだ。変数名に「$」をつけるなどちょっと独特な部分もあるけれど、CやJavaといった広く使われている言語の文法をうまく取り入れており、多少言語をかじった人にはかなりとっつきやすい形になっている。

　　また、PHPはバージョン5からオブジェクト指向の考え方を取り入れ、オブジェクト指向なプログラミングを行えるようになっている。ただし、互換性の問題もあって、「オブジェクト指向でない書き方もできる」ようになっている。これは、利点と見るか、欠点と見るか難しいところだが、「オブジェクト指向なんて難しすぎる」という人でもそれなりに使える、と考えればビギナーには大きな利点だろう。

● 資料も環境も最近は充実！

　　PHPはこの数年で急速に普及しており、その間に猛烈な勢いで書籍や雑誌などが出てきている。Webでも、検索すれば山のようにサイトが出てくるだろう。また開発環境の類も最近はPHPに対応するところがずいぶんと増えてきていて、こうした点で困ることはまずないだろう。

PHPのサンプルコード

　PHPは、HTMLのソースコード内にタグを使って埋め込んで動かすことが多い。そうでない書き方もできるんだけど、ここでは一般的な「HTML ＋ PHP」の形のサンプルを挙げておこう。

```
<html>
    <head></head>
    <body>
    <?php
    $total = 0;
    for($i = 1;$i <= 100;$i++) {
        $total += $i;
    }
    echo "total:" . $total . "<br>\n";
    ?>
    </body>
</html>
```

　HTMLを知っている人なら、一般的なHTMLのタグの中に**<?php 〜 ?>**というタグが埋め込まれていることがわかるだろう。「え？　これがタグ？」と思うかもしれないね。そう、タグ。ものすご〜く長い、一つのタグなんだ。

　この<?php 〜 ?>タグの中に、PHPのプログラムが書かれているというわけ。PHPはサーバーの開発で使うことが多いから、こんな具合に表示するHTMLの中にあちこちにタグを使ってプログラムを埋め込んで利用するのが一般的なんだ。プログラムを使ってHTMLを制御するには、まさに最適な形をしているってわけ。

PHPのオススメ度「B」

　PHPは、Web系のプログラミング言語の中で、今、もっとも広く使われている言語の一つだろうと思う。シンプルでわかりやすくて強力！　という、まさにサーバー開発で求められていた夢のような言語がPHPだ、といってもいいすぎじゃない。

　PHPの登場により、本職のプログラマでなかった人、例えばホームページのコーディングをする人やデザイナーなどがちょこちょこっと自分でプログ

ラムを書くようなケースが増えてきた。本職のプログラマでなくてもちょっと勉強すれば使える。そういう気軽さがPHPにはある。こうした使い方は、ほかの言語じゃ真似できないだろう。

ただし、そういう「気軽に使える」という利点が強調されすぎて、きちんとプログラムを設計して書くことをなおざりにしているプログラマもかなり多い気がする。これは、まぁPHPが悪いわけじゃないんだけど、質の悪いプログラムが多量に作られ出回るようになると、その言語自体の価値まで下がってしまう。そういう気配が、PHPにはある。

また、「手軽に作れる」PHPの文法は、「厳格に作る」ことからだいぶ離れてしまっている。ちょっとしたプログラムを作るならいいんだけど、本格的な開発を行おうとすると、この「言語としてのいい加減さ」がつまらないバグを大量に生み出すことになりかねない。そういう「簡単であることのマイナス面」もPHPには見られる。

その辺りを考えると、ただ「簡単だから」というだけの理由でオススメ度「A」をつけるのはどうなんだろう、と思う。確かに簡単に使える。だけど、プログラミング言語を覚えたいなら、もっと「きっちりプログラムを書ける」言語のほうがいいかも……なんて思ってしまうのも、また確かなのだ。

純国産のスクリプト言語！「Ruby」

Rubyとは？

「ルビー」と読む。これは、純国産のスクリプト言語。まつもとゆきひろ氏が開発した言語だ。最初からオブジェクト指向を考えて設計されているので、オブジェクト指向の勉強用としても最適なものだ。もともとLinuxで動くように作られていたけど、今はWindowsやMacでも普通に利用できるようになってる。

Rubyは、最初からオブジェクト指向の概念を根本に据えて設計されているだけあって、その辺りの扱いが非常にしっかりとしている。PHPやPerlなどは、「それまでの言語にオブジェクト指向の概念を付け足した」って感じだけど、Rubyは使われる値などがすべてオブジェクトになっており、付け刃でなく本

気でオブジェクト指向を実現していることがよくわかる。

そしてRubyは、**Ruby on Rails**（ルビーオンレイルズ）っていうソフトが登場して、がらりと状況が変わった。Ruby on Railsは、高度なWebアプリケーションを非常に短期間でぱぱっと作り出してしまう、ものすごくパワフルで強力なソフトだったんだ。

このソフトのおかげでRubyの名は一躍世界中に広まった。そして、このすぐれたソフトが作成できたのも、Rubyの非常に柔軟かつ強力な言語仕様のおかげだ、ということが次第にわかってきた。

その後、さまざまな言語で、このRuby on Railsと同じようなソフトが作成されるようになったけど、元祖であるRubyの評価は既に揺るぎないものになっている。まぁ、PHPなどに比べると、まだまだレンタルサーバーで使えるところも限られたりするんだけど、特にWebの開発においては、覚えておくと「おっ、やるなこいつ！」と思われる言語といっていいだろう。

Rubyの特徴
シンプルな文法！
スクリプト言語は、たいてい言語仕様がとてもシンプルだが、Rubyもとてもシンプルにできている。例えば変数関係などは、種類を指定したり、変数を使う宣言なんかもない。非常にすっきりした文法だ。

完璧なオブジェクト指向！
なにしろ、Rubyではすべてのものがオブジェクトだ。数字からテキストから真偽値から、全部がオブジェクト。スクリプト言語でここまで徹底しているものはなかなか珍しいだろう。オブジェクト指向を学ぶにはもってこいだ。

日本語の情報量はさすが！
なにしろ、日本生まれのプログラミング言語だから、たいていの情報は日本語で手に入る。これは大きいことだぞ。最新バージョンの入手などにしても日本語の対応などにしても、「英語では使えるけど日本語ではしばらく我慢」ということがない。

Rubyのサンプルコード
Rubyは、オブジェクト指向を重視しているから、それなりな書き方もできる。

が、基本は「書いた文を順に実行していく」といった昔ながらの考え方で十分使うことができるようになっている。

```
total = 0
for i in 1..100
    total += i
end
print("total:",total)
```

これがRubyのサンプル。forという繰り返しの構文を使って、変数に値を追加していく。そして構文を抜けたところで値を書き出している。一見したところでは、割とシンプルでわかりやすそうだろう？

Rubyのオススメ度「B」

Rubyという言語自体は、とてもよくできていると思う。ただ、「ビギナーに推薦できるか」となると、少し不安材料がある。それは「利用可能なシーンがそれほど多くない」ってこと。RubyはWebで多用されるようになっているけど、それも個人で利用するようなレンタルサーバーじゃ未対応のところがほとんどで、使えないことが多いんだ。

また、最近では似たような位置づけにある「Python」という言語の人気が急速に高まってきている。どっちか一方を選ぶとなると、Pythonを選ぶ人が多くなっているんじゃないだろうか。その辺もあって、オススメ度は少し落とさざるを得ないんだ。

機械学習からサーバー開発まで何でも！「Python」

サーバー開発でも「Python」！

Python（パイソン）。これは、既に登場したね。**第2章**で、パソコン月のプログラミング言語として紹介しておいた。わかりやすい文法、機械学習や統計解析など理系の分野で広く使われる充実したライブラリなど、スクリプト言語にしては素晴らしく強力な環境が整った言語だ。

Pythonは、もちろんサーバーサイドの開発でも使える。ただし、今までは

あまり（日本では）広く使われていなかった気がする。現状でも、Webサーバーで Python 対応というところはそれほど多くないだろう。

　それじゃ、普通のユーザーがサーバー開発にPythonを使うのは難しいのか？
　実をいえば、そういうわけでもない。最近は、レンタルサーバー以外にもWebサイトを作るサービスがたくさんある。それは、**クラウドサービス**というやつだ。プログラムそのものをクラウドの環境で実行して動かすようなタイプのもので、AmazonのAWSやGoogleのGCEといったサービスが有名だ。
　Pythonには、「Webサーバーそのものを作る」機能が用意されている。つまり、WebサーバーそのものをPythonで開発して、それをクラウド環境で実行することで、完全オリジナルなWebサイトが作れるというわけ。「なんか、すっげー難しそう」と思うかもしれないけど、まぁたしかにそれなりに難しいけど、しっかり勉強すればできないことはないよ。
　また、レンタルサーバーなどでPythonに対応していれば、従来通りのサーバー側プログラム（CGIっていうもの）も作れるので、ちょっと古めかしいけどそれでプログラムを作成することもできる。まぁ対応サイトはそれほど多くはないだろうけど、そういう昔ながらの方法もちゃんとできるから心配いらないよ、ってこと。

Pythonの特徴
CGIとして使える
　今いったように、CGIという昔からある仕組みを使えば、WebサーバーにPythonのプログラムを設置して動かすことができる。これは、割と簡単にできる。テキストファイルにスクリプトを書いて、サーバーの決まった場所にアップロードするだけだからね。

フレームワークを使うのが基本？
　もう一つの「Webサーバープログラムごと作る」というやり方は、もちろん最初から全て自分で作るわけじゃない。「フレームワーク」っていって、基本的な仕組みを組み込んだソフトを利用して作るんだ。Pythonでは、**Django**（ジャンゴ）っていうフレームワークが人気だ。そのほかにもいろいろフレームワークはあるから、思ったより簡単に作れるんじゃないかな。

🐣 Pythonのオススメ度「B」

　Pythonという言語そのものは、ビギナー向けとして素晴らしく良くできている。だけど、「サーバーサイドの開発」用としては、ちょっと考える部分がある。それは、クラウドサービスやフレームワークなどを使うことになる、という点。「そんなに難しくはない」といったけど、まぁレンタルサーバーでPHPを使うのに比べるとやっぱり難しい。また、フレームワークを使うということは、「Pythonの標準的な機能のほかにフレームワークの機能も勉強しないといけない」わけで、ちゃんと使えるようになるための敷居はけっこう高いかもしれない。

🐣 サーバー開発もできるWebのおなじみ言語「JavaScript」(Node.js)

🐣 サーバー開発だってJavaScript！

　「また、お前か」と思ったかもしれないけど、JavaScriptであります。今回は、「サーバーサイド開発言語としてのJavaScript」の紹介だ。

　JavaScriptはWebブラウザの中だけしか使えないわけじゃない、というのは何度も説明したね。パソコンの中でも、サーバーの中でも動かすことができる。それを実現したのが、**Node.js**（ノードジェイエス）っていうソフトだ。これは、JavaScriptエンジンと呼ばれるもの。つまり、JavaScriptのスクリプトをその場で実行するプログラムなんだ。これさえあれば、どこでもJavaScriptを動かすことができる。

　Node.jsには、サーバー開発のための機能が最初から組み込まれていて、簡単なスクリプトを書くだけで独自のサーバープログラムを作ることができる。また、「Node.js用のフレームワーク」というのも多数あって、それらを使えばかなり簡単に高度なサーバープログラムを作れるんだ。いちばん有名なのは**Express**（エクスプレス）というフレームワークだけど、この「Node.js + Express」という組み合わせは、JavaScriptによるサーバー開発では最強コンビといっていいだろう。

JavaScript(Node.js)の特徴

サーバーそのものを作る！

Node.jsによるプログラミングの醍醐味は、なんといっても「Webサーバー自体をプログラミングして作る」という点だろう。ほかの言語でもそういう機能を持っているものはあるけど、Node.jsはほぼ「サーバーを作るためのソフト」といってもいいくらいにそのための環境が整っている。ほかの言語は、「とりあえず、そのためのフレームワークを用意しないと大変」だけど、Node.jsは、これ単体でぱぱっとサーバーが作れてしまうんだ。

サーバー＆クライアントを同じ言語で開発！

Node.jsを利用する最大の利点は、やはり「JavaScriptだけわかればいい」という点だろう。サーバーもクライアントも全部JavaScriptで作るわけだから、ほかの言語を覚える必要がない。これはビギナーには大きいよ。

充実したパッケージ

Node.jsには、「npm」というプログラムが一緒に入ってる。これは**パッケージ管理ツール**というもので、パッケージ（ライブラリみたいに後から追加できるプログラム）をインストールしたりアップデートしたりといったことが簡単に行えるソフトなんだ。

これのおかげで、Node.jsでは「あのソフト使いたいな」と思ったら、npmのコマンドを一発実行すればいい。自動的にソフトをダウンロードし、組み込んで使えるようにしてくれる。いちいち、そのソフトのWebサイトにアクセスしてダウンロードしてインストールして……なんて一切しなくていいんだ。

JavaScript(Node.js)のサンプルコード

それじゃ、サーバーサイド開発のJavaScriptのソースコードを見てみよう。Node.jsで、サーバーを実行して1〜100までの合計を出力させてみるよ。

```
var http = require('http');

var server = http.createServer();
server.on('request', doRequest);
server.listen(process.env.PORT, process.env.IP);
```

```
function doRequest(req, res) {
    res.writeHead(200, {'Content-Type':
        'text/plain'});
    var total = 0;
    for(var i = 1;i <= 100;i++){
        total += i;
    }
    res.write('Total:' + total);
    res.end();
}
```

　これで完成。これで、「サーバーを起動して、アクセスしたら1～100の合計を計算してクライアントに送信し表示する」といった処理が全部入っているんだ。

　JavaScriptだけど、なんだか見たことのないものばかりだぞ、なんて思った人もいるかもしれない。これはその通りで、Node.jsに用意されているオブジェクトを使ってプログラムを作成してあるんだ。httpとかserverとかいったものは全部Node.jsに用意されているもの。JavaScriptといっても、使える機能はまるで違うことがわかるだろう。

● JavaScript(Node.js)のオススメ度「B」

　JavaScriptという言語自体がビギナーにとってはオススメ度「A」なのは間違いない。これは、「サーバーサイド開発におけるJavaScriptのオススメ度」だ。

　確かにJavaScriptはとても使いやすいんだけど、Node.jsという全く新しい環境の使い方を覚えないといけないというのは、ビギナーにとってはかなり高い障壁になっていると思う。なにしろ、WebブラウザのJavaScriptとはまるっきり違うんだからね。

　だから、まずはWebブラウザの（Webページの中で使う）JavaScriptをしっかり覚えて、それからNode.jsに進む、というのが順当だろう。「まずは普通のJavaScriptをやってから」という条件付きなら、Aランクと考えてもいいかもしれないな。

Googleの簡単サーバー開発ツール「Google Apps Script」

● Web開発もGoogle Apps Script！

　これまた、再度の登場となった。Google Apps Scriptだ。これは、Googleが提供するビジネススィート（G-Suite）をプログラミングするマクロ的な言語、といったね。だけど、実をいえば、これは正確な表現じゃない。

　Google Apps Scriptには、Googleのサービス以外にもさまざまな機能が用意されている。それは、かなり本格的なWeb開発で用いられるようなものまで含んでいる。例えば、外部サイトのデータをダウンロードしたり、クラウドにあるデータベースにアクセスしたり、といったものだね。
　そして、Google Apps Scriptには、「スクリプトをWebアプリケーションとして公開する」機能が備わっている。つまり、スクリプトを書いて公開すると、そのままWebアプリとして使えるようになるんだ。

　Google Apps Scriptは、Googleのアカウントがあれば誰でも使える。つまり、誰でもタダでWebアプリを作れることになる。しかも、Google Apps Scriptは、JavaScriptベースだから、JavaScriptさえわかれば誰でもプログラムを作れるのだ。インストールだのセットアップだのも一切必要なし。レンタルサーバーを借りたり、クラウドサービスでプログラムを実行したりなんて面倒もなし。ただGoogle Apps Scriptのファイルを作って開いてスクリプトを書いて公開するだけ。実に簡単だろう？

● Google Apps Scriptの特徴
● セットアップなし！　ブラウザさえあればどこでも使える！

　Google Apps Scriptは、Webで専用エディタが提供されている。Webブラウザでファイルを開けば、もうプログラミングできる。自宅でも学校でも職場でもスタバでも漫画喫茶でも、ブラウザさえ手元にあればいつでもどこでもプログラミングできるのだ。

● 公開がとにかく簡単！

　スクリプトエディタに用意されている「ウェブアプリケーションとして公

開」というメニューを選ぶだけで、もうWebアプリが作れて動いてしまう。ここまで簡単にプログラムを公開できる環境は多分、ほかにはない。またプログラムは版（バージョン）をつけて管理できるので、「動かないから前のプログラムに戻す」なんてことも簡単にできる。

● HTMLファイルが利用できる

　Google Apps Scriptは、スクリプトで何もかもやるわけではない。HTMLファイルを用意しておき、それを読み込んで表示させたりできるのだ。しかも、HTMLの中に変数などを埋め込んでおいて、それらをスクリプトから操作したりできる。

　また、実際に表示しているWebページと、サーバー側にあるGoogle Apps Scriptのスクリプトの間でデータをやり取りしたり処理を呼び出し合ったりすることもできるんだ。クライアントとサーバーの間でこれだけ自然に両者を融合したプログラミングができるというのは、ほかにないんじゃないだろうか。

● Google Apps Scriptのサンプルコード

　では、Google Apps Scriptのサンプルを挙げておこう。単純に計算をするだけならパソコンのところでやったが、今回は「Webアプリとして、1 〜 100の合計を表示する」というものだ。

```
function doGet() {
  var total = 0;
  for(var i = 1;i <= 100;i++){
    total += i;
  }
  var result = 'Total:' + total;
  return ContentService.createTextOutput
    (result);
}
```

　これをWebアプリとして公開し、ブラウザでアクセスすると、「Total:5050」とテキストが表示される。たったこれだけで、ちゃんとWebアプリとして動くんだからたいしたもんだろう？

Google Apps Scriptのオススメ度「A」

　個人的に、これだけ簡単にWebアプリを作って公開できる環境はほかにないと断言できる。基本文法はJavaScriptそのまんまだし、Google Apps Scriptのいくつかのオブジェクトの使い方を覚えれば、それだけでもうWebアプリは作れてしまう。実は、スプレッドシート（表計算）やドキュメントのマクロを書くより、Webアプリを作るほうがずっと簡単なのだ。

　これだけ簡単で、ブラウザさえあればすぐにプログラミングでき、その場でWebアプリとして公開できる。もう、「なんでやらないの？」と詰問したくなるレベルだ。とにかく一度、触ってみるべし！

エンタープライズのスタンダード！「Java EE」

Java EEとは？

　Javaについては前に触れたけれど、このJavaってやつは一筋縄ではいかない。一般のパソコンなどで使われているのは「Java Standard Edition」（Java SE）と呼ばれるJavaだ。これに対して、サーバーサイドの開発に用いられるのが「Java Enterprise Edition」（**Java EE**）というJava。これはJava SEのJavaにサーバー開発のためのさまざまな機能を追加したものと考えればいい。サーバー側で使うJavaだから、一般に「**サーバーサイドJava**」といわれる。

　サーバーでJavaを使うには、Javaのサーバープログラムがいる。これは、Webサーバーとは別のものだ。そして作るプログラムも普通のJavaとはちょっと違う。一般的には「JavaServer Pages」（**JSP**）と呼ばれるスクリプト言語的なものや、**サーブレット**という特別な形のプログラムとして作成をするんだ。最低限、Javaサーバープログラムを用意さえすれば、とりあえずサーバーサイドJavaを使うことはできる。

　ただし、サーバーサイドJavaのプログラムの多くは、単に「ソースコードを書いてコンパイルしておしまい」というものじゃない。サーバーのファイル構成や、必要になる各種のファイル類の準備とか、けっこうJavaのプログラミング以外の知識が要求される。ある程度Javaの素養があってサーバー開発に進みたい人向け、と考えよう。

Java EEの特徴
Javaサーバーはタダで手に入る？
　サーバーサイドJavaを勉強するためには、Java本体のほかにJavaサーバーのプログラムを入手しないといけない。オープンソースの「Tomcat」などが無償で配布されているので、これを利用するのがいいだろう。

JavaだけどJavaじゃない？
　サーバーサイドのJavaプログラミングで使われる技術には、既に触れたように、大きく分けて「JSP」と「サーブレット」がある。このほかにもあるけど、まぁ初めて使う人にはこれらが基本といっていいだろう。

　この内、JSPというやつは、JavaであってJavaでない。JSPは、「HTMLの中にJavaのソースコードを埋め込んで記述したもの」なのだ。しかも、これはコンパイルなども不要。単にテキストエディタでコードを書いてサーバーに入れておけば、それだけで動いてしまうのだ。

　このように、Javaといっても普通のJavaとはちょっと違った感じのものになっている。特にJSPなどは逆に「普通のJavaよりとっつきやすい」という感もある。

資料は当然豊富！
　書籍の類は山のように出ているし、オンラインでの情報もかなり豊富。そうした点では、心配は要らない。ただし、その大半は「既にJavaをマスターしている人向け」のものであって、ビギナー向けの入門的な情報は意外と少ない。

Java EEのオススメ度「C」
　Javaそのものはビギナーにも十分オススメできる言語だとは思うのだが、ビギナーが最初からいきなりサーバーサイドJavaを始めるというのは、正直いってきつい。例えば、JSPという仕組みを使えば、テキストファイルを書いてサーバーに放り込むだけで動いてくれるので十分ビギナーにも使いこなせると思うのだけど、結局これも「Javaがわかってないと使えない」ことに変わりはない。

　それに、この章の後の方で触れるけど、今では「フレームワーク」といって、使いやすい仕組みをもったソフトウェアがいろいろ出ている。それらを使えば、Java EEを知らなくてもJavaでサーバーサイド開発ができる。

というわけで、「エンタープライズの業界に就職してプログラマになりたい」と考えている人以外は、まぁJava EEは考えなくていいよ。

マイクロソフト渾身のサーバー環境「C#」(ASP .NET)

.NETとは？

サーバー開発の世界では、サーバーサイドJavaのほかにも多用されている技術がいろいろとある。その一つが**.NET**（ドットネット）だ。.NETというのはマイクロソフトが開発した技術なのだけど、これは一般的なアプリケーションだけでなく、サーバーサイドの開発でも用いられている。Windowsでは、サーバーサイドの環境としてActive Server Pages（ASP）っていうのがあるんだけど、これも現在は.NET対応になっている。.NETを使ったサーバーサイド開発というのは、基本的にこのASP .NETを使うことと考えていい。

ASP .NETっていうのは、サーバーサイドJavaのJSPとサーブレットの.NET版といった感じのものだ。ページのデザインなどは視覚的にマウスを使って行い、そこから呼び出されるサーバー側のプログラムを別に用意する。そしてページのボタンなどを操作すると、サーバーがそれに関連したプログラムを実行して処理するようになっている。

じゃあ、ASP .NETっていうのはどんな言語なんだ？　と思うかもしれないが、実はASP .NETという言語はないんだ。これはあくまで「.NETを使ったサーバーサイドの仕組み」だ。.NETっていうのは、それに対応したプログラミング言語であればどんなものでも使える。

一般に、ASP .NETの開発ではVisual Basic .NETやC#が使われる。まぁ、特別な理由がない限りは、「ASP. NETは、C#で開発する」って考えていい。それくらい、「.NET = C#」と考えて全然問題ないくらいに両者は結びつきが深いからね。

というわけで、「C# = ASP .NET開発」について簡単にまとめよう。

C#(ASP .NET)の特徴
サーバーサイドの開発にしては意外に簡単！

　サーバーサイド開発っていうのは普通のアプリケーションなどに比べてかなり難しいものだけど、ASP .NETによる開発は意外に簡単。Webページのビジュアルな設計をツールで行い、それにプログラムを割り付けるという、一般的なアプリケーション開発とほとんど同じ感覚で行えるのだ（ただし専用の開発環境を使ってだけど）。

C#でなくてもOK！

　これも大きな利点だろう。.NETは、対応言語であればどれを使っても基本的にまったく同じやり方でプログラムが作れる。単に「どの言語の文法を使うか」だけの違いしかないのだ。ここでは「C#」を挙げておくけど、Visual Basic .NETだって問題なく使えるんだ。

資料は豊富、ただしほとんどはマイクロソフト製

　.NETといえばマイクロソフトが鳴り物入りで出した環境なんだから書籍もオンラインの資料も豊富に揃っている。マイクロソフトの開発者向けのサイトにいけばたいていの情報は手に入るし、書籍も分厚いマイクロソフト監修の専門書がたくさんある。

　ただし、これらはいずれも「ビギナー向け」のものじゃない。一般ユーザーによる草の根の情報というのは、意外に少ない。

ASP .NETのオススメ度「C」

　うーん、サーバーサイドの開発関係では、ASP .NETはかなりわかりやすいと思うのは確かなんだ。だけど、.NETというのは、大規模な業務開発が多いだろう。正直いって「個人で勉強してちょこちょことWebサイトを……」というのに向いた環境とは思えないんだな。

　まぁ、今ではASP .NETが使えるクラウド環境なども出てきているけど、まだビギナーにはちょっと敷居が高い。ほかにもっと簡単で使いやすいものがたくさんあるんだから、わざわざASP .NETから始める必要はないよ。

Webとサーバー開発のオススメ言語は「JavaScript」!

Webとサーバーの開発は、今では様々なプログラミング言語が使えるようになっている。それらの中から一つだけを選べ！　というのは、なかなか難しい。だけど、あえて選ぶなら、これしかない。

JavaScript

まず、なにより「クライアントサイド（Webブラウザ側）のプログラミングは、ほかに選択肢がない」というのがある。TypeScriptなどもあるけど、基本はやっぱりJavaScriptだ。

また、サーバー側の開発でも、Node.jsはかなりメジャーな選択肢となりつつある。まぁ、PHPなどの手軽さに比べればまだまだ難しいだろうけど、それでも「サーバー開発ならNode.js」というのはそう悪い選択肢ではない。一貫したオブジェクト指向の設計になっているから、覚えてしまえばPHPなどよりすっきりわかりやすい面もある。

それに、忘れちゃいけないGoogle Apps Script。これだって、中身は実はJavaScriptだ。そして、こいつはブラウザさえあればいつでもプログラミングしてWebアプリを作れる。このめちゃくちゃ敷居の低い環境も、JavaScriptさえわかれば使うことができる。

そして、サーバー側もクライアント側も、JavaScript一本覚えれば作れる。ここまで揃ったら、もうほかの言語なんていらないでしょ？　といいたくなるほどの超オススメ言語なのだ。

サーバー側限定なら「PHP」……かなぁ？

クライアント側を脇において、サーバーサイド開発限定ということで、もう一つ、オススメを挙げておくことにしよう。

いろいろ考えたんだけど、わずかな差で「PHP」を選ぶことにしよう。PHPは、とにかく簡単だ。これならプログラミング初心者でもすぐにちょっとしたプログラムを作れるようになる。

ただ、PHPという言語は、実はそんなにビギナーに推薦できるものではないのかも……という思いがちょこっとだけある。これからプログラミングを学ぶなら、統一されたオブジェクト指向のもとにきっちり設計された言語でしっかりとオブジェクト指向的な考え方を学んだほうが絶対にいい。そういった意味では、Java、C#、Rubyといった言語のほうがいいかもしれない、と思ったりする。

　なので、「ある程度使えるようになったら、将来的にもっと別の言語にも挑戦して欲しい」という条件付きで、PHPを推薦しておきたい。

3-2 フレームワークの世界

時代は「フレームワーク」なのだ！

プログラミングの世界は変化が激しい。特にWebの開発の世界では、毎年のように新技術が登場する。こうした分野に興味のある人は、IT関係のニュースでいろんな名前を見聞きしていることだろう。

Ruby on Rails、Laravel、Django、React、Angular、Express、Spring, ……。

こうした名前をどこかで見たことがある人、いるかな？　これらは一体、何だろうか。「プログラミング言語」では、実はない。これらは、**フレームワーク**というソフトなのだ。

フレームワークは「仕組み」を提供する

フレームワークというのは、さまざまな機能を使って高度なプログラムを手早く構築するために使うものだ。

「それって、ライブラリとかのこと？」と思った人。いいや、ライブラリとは違う。ライブラリっていうのは、いろんな機能を提供してくれるものだけど、それらの機能をどう使うかはプログラマ次第だ。プログラマが使わなければ、何の役にも立たない。

だけど、フレームワークっていうのは、「仕組み」ごと機能を提供する。例えばWebサーバーのフレームワークなら、利用者がアクセスしてきたら、そのアドレスごとにどういう処理を呼び出し、どのファイルを読み込んで表示を作成し送り返すか、といった作業をすべて標準で持っているのだ。プログラマは、「ここにアクセスしたときの処理はここに書いて」とか、「このアドレスの表示はこのファイルに用意して」といったようにフレームワークの指示に従ってプログラムやファイルを用意していくだけ。それだけで、本格的なWebアプリケーションが作れるようになっているのだ。

3-2 フレームワークの世界

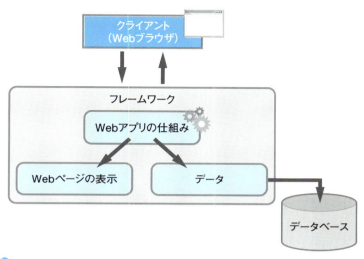

図3.1 フレームワークは、機能と「仕組み」を提供する。必要に応じて、画面の表示やデータ、プログラムの処理などを呼び出してWebアプリを動かしていく。

「フレームワーク」も重要な技術！

今や、Webの開発は、このフレームワークなしには語れなくなっている。Web開発を行う際には、「どの言語を使うか」だけなく、「どのフレームワークを選ぶか」も重要になっているんだ。それどころか、「このフレームワークを使うから言語はこれにする」というように、まず使うフレームワークがあって、それを使うための言語を選ぶ、なんてことだってあるぐらいだ。

もちろん、「フレームワークが使えないとWeb開発なんてできない」ってわけじゃない。また、「ビギナーでも最初からフレームワークを使え」なんて無茶もいわない。実際にフレームワークが必要となってくるのは、君たちが実際にWebのサーバー開発を行うようになって相当に経験を積んでからのことだろう。

ただ、これだけ重要な技術なんだから、「どんなものがあって、どれが人気なのか」といった予備知識ぐらいは持っててもいい。詳しい使い方なんか知る必要はない。「これってどういう言語を使ってて、どう評価されてるんだろうか」といった、本当に基礎的なことだけ知っていれば十分だ。そうすれば、この先、実際にプログラミングを行うようになってフレームワークを使うようになってもまごつかずに済むだろう。

主なフレームワークだけでもたくさんある！

それじゃー体、どんなフレームワークがあるのだろうか。あらゆる言語のフレームワークをすべて挙げようとしたら、それこそ数百じゃ足りないだろう。フレームワークは本当にたくさん流通している。その中で、「これは覚えておいて損はないだろう」というものをいくつかピックアップしておこう。

サーバー開発のフレームワーク
- Ruby on Rails（Ruby）
- CakePHP（PHP）
- Laravel（PHP）
- Symfony（PHP）
- Spring Boot（Java）
- Django（Python）
- Express（Node.js）

フロントエンド開発のフレームワーク
- Vue.js
- React
- Angular

フレームワークっていうのは、サーバーでだけ使われているわけじゃない。フロントエンドのフレームワークっていうのもあるんだ。だから、それぞれで代表的なものをピックアップしておいた。

とりあえず、これぐらいのものが頭に入っていれば、将来使うようになったときもまごつくことはないはずだよ。それじゃ、主なフレームワークについて説明していこう。

MVCフレームワークの代名詞「Ruby on Rails」（Ruby）

Ruby on Railsって何？

現在、サーバーサイドフレームワークで主流となっているのは**MVCフレームワーク**というものだ。これは、プログラムを**Model**（モデル、データ処理）、

View（ビュー、画面表示）、**Controller**（コントローラー、全体の制御）の三つの要素に分けて組み立てていく考え方。

　このMVC方式のフレームワークの代名詞ともいえるのが、Rubyのフレームワーク**Ruby on Rails**だ。現在使われているあらゆる言語のアプリケーションフレームワークは、すべてこのRuby on Railsのコピーだ、といっても過言ではない。それぐらい、このソフトが与えた影響は大きかったんだ。

　フレームワークの構造や出来の良さだけじゃない。Ruby on Railsは、簡単なコマンドで必要なファイルを自動生成する機能を最初から備えていた。とりあえずコマンドをいくつか打てば、もうそれだけでWebアプリの骨格ができあがってしまうのだ。後は、生成されたファイルの中身を書き換えて実際の画面表示を作っていくだけ。Ruby on Rails登場当時は、「それまでのやり方より10倍速く開発できる」といわれたほどだ。

　今ではたくさんのMVCフレームワークが登場しているけれど、元祖であるRuby on Railsの存在感はやっぱり違う。フレームワークを学ぶなら、一度は触ってみたいソフトだろう。

Ruby on Railsの特徴
とにかくすぐに作れる！
　Ruby on Railsは、コマンドでアプリケーションの基本部分を簡単に作れる。これは、実際にやってみると感動モノだ。

設定より規約
　この種のフレームワークでは、これまで細々とした設定を記述していかないといけなかった。が、Ruby on Railsは違う。これは「**設定より規約**」を全面的に打ち出している。どういうことかというと、「これこれはこういう決まりに従って作る」というルールを用意しておき、その通りに作れば何の設定もしないで動く、ということなんだ。

　大抵の場合、規約は「名前」のことだと考えていい。「〇〇はこういう形で名前をつける」というルールが決まっていて、それに従って作っていけば自動的にプログラムを認識する。これは実際に試してみるとかなり楽ちんだぞ。

Ruby on Railsのオススメ度「B」

フレームワークとしての重要性からいえば、Ruby on Railsは特Aランクだろう。だけど、ビギナーがはじめてプログラミングを覚えて利用する、となると、Ruby言語で動くフレームワークは選択しにくいところがある。

それに、Ruby on Railsの素晴らしさは、既に多くのフレームワークに受け継がれている(コピられてる、ともいう)。なので、今はRuby on Railsにこだわらなくともいい。もっと使いたい言語で使いたいフレームワークを選べばいいのだ。

日本で絶大な人気を誇……ってた「CakePHP」(PHP)

CakePHPって何？

3年前。「日本で一番人気の高いフレームワークは？」と尋ねたなら、誰もが**CakePHP**(ケイクピーエイチピー)と答えただろう。それほどまでに日本で高い人気を誇っていたのが、CakePHPというフレームワークだ。

これは、名前からわかるようにPHPのフレームワークだ。Ruby on Railsと同じくMVCアーキテクチャーを採用しており、簡単なコマンドで必要なファイルを自動生成する機能も受け継いでいて、とにかく簡単にアプリが作れる。手軽さ、フレームワークの内容のわかりやすさもあって、急速に広まったんだ。

一時期、日本においては「フレームワークといえばCakePHP」というぐらいに広まっていた。が、その後、そのほかのフレームワークの人気などが少しずつ上がってくるにつれ、CakePHPの人気は相対的に落ち着いてきて、以前ほどの人気ではなくなっている。が、それでも相当に多くのユーザーに支持されているのは確かだろう。

CakePHPの特徴
とにかく簡単！

CakePHPは、フレームワークにしては覚えないといけない概念や機能がそんなに複雑ではない。MVCの基本的な部分がわかれば、とりあえずアプリを作れる。データベースを使わないならVCだけわかればいい。最近はフレームワークも高機能化・複雑化していて、使えるようになるためにいろいろ難しげなことを学ばないといけない。そうしたことを考えると、CakePHPのわか

りやすさはビギナーにとってかなり大きな利点だろう。

規約がすべて！

また、CakePHPは、Ruby on Railsの「設定より規約」の考えを踏襲しており、あらゆるものが決められた規約に従って作成されるようになっている。その規約さえ最初に頭に入れてしまえば、後は自動的にファイルなどを作っていける。

逆に、あまりに規約に縛られすぎていて窮屈な感じがするかもしれない。この辺は、どっちがいいということでなくて、「どういうスタイルが自分にとって使いやすいか」を考えて選ぶのが正解だろう。

日本語の情報が豊富！

CakePHPのWebサイトは、日本語のドキュメントが充実している。また日本で非常に流行したこともあって、書籍やWebサイトなどの情報も日本語のものがたくさん手に入る。実際に使ったことのあるユーザーも多い。こうした「メジャーなフレームワークならではの強み」は大きいよ。

安定性については不安も

CakePHPは簡単で手軽な反面、いろいろ問題も抱えている。インターネットでいろいろ調べたりすると、CakePHPの「プログラムの品質」に関する不安の声が見つかるだろう。もちろん、登場から大勢の人が利用しているわけで、実際に大きな欠陥があれば修正されているはずだから、みんなが使う上で心配することはない。ただ、大規模な開発などになると、「CakePHPは信頼性が……」なんて声は耳にすることがあるよ。

また、CakePHPはメジャーバージョンアップの際に、互換性のない大掛かりな機能強化をしてきている。そうした点でも、「長期に渡り安心して使えるのか？」という不安を感じる人はいるようだ。

CakePHPのオススメ度「B」

しばらく前ならば、「PHPのフレームワークはCakePHPで決まり！」と断言できただろう。が、今は以前ほど勢いがなくなってきているのは確かだ。正直、現在のPHPのフレームワーク界は、いくつものメジャーなものが混在している感じで、「これで決まり！」とはなかなか断言できない感じがある。

ビギナーで、「PHPを使ったフレームワーク」について勉強してみたい、と

いうならCakePHPは手頃な教材だ。ただ、実際にそれでWeb開発を行うことを前提に勉強するとなると、「CakePHPで本当に良いか？」を考える必要が出てくる。そうなると、諸手を挙げて賛成とはいかないのは確かだ。PHPには、より堅牢で安心して使えるフレームワークがあるんだから。

PHPで人気急上昇中！「Laravel」(PHP)

Laravelって何？

　数年前まで絶大な人気を誇っていたCakePHPが、最近少し元気がなくなってきている、その最大の理由はこれだろう。**Laravel**（ララベル）という新興（ったって、できて数年たってるけど）のフレームワークが急速に伸びてきているからだ。

　このLaravelは、CakePHPに比べると非常に柔軟で、開発者が自分の作りたい形でプログラムを組み立てていける感じが強い。フレームワークというと、がっちりプログラムの枠組みが決まってて、いわれた通りに作らないといけない感じがするけど、Laravelはかなりプログラマの思うように作っていける。「柔軟で堅牢」。Laravelの特徴を一言で表すなら、これだ。やや不安を感じるCakePHPに比べ、Laravelのシステムは非常に堅牢で安心感がある。「安心して使える」というのは、何にも増して大きなメリットじゃないかな。

Laravelの特徴
とにかく自由！

　Laravelは、「設定より規約」が主流となっているMVCフレームワークの中では、思いの外に柔軟性が高い。プログラムのディレクトリ構造からすべて自分の思った通りに作ることができる。これだけ自由にプログラムを組み立てていけるMVCフレームワークはあまりないかもしれない。

とにかく高機能！

　Laravelは、非常に多くの機能を持っているが、それだけでなく、さまざまな形で拡張できるようになっている。単純に「何かの処理を作る」というだけでなく、作ったものをプログラム全体で使えるようにして必要に応じて簡単にほかの処理に組み込んだりできる仕組みが整っているんだ。複雑で規模が

3-2 フレームワークの世界

大きくなるにつれて、これは重要になってくるんだよ。

● とにかく堅牢！
　Laravelは、ベースにSymfony（シンフォニー。この後に出てくるよ）を採用しており、非常に堅牢なシステムになっている。安心して使えるというのは、本格的なシステムを運用する場合、もっとも重要なことだろう。

● 日本語情報も急速に増えている
　Laravelが日本で広まり始めたのは最近なので、まだまだCakePHPなどに比べると情報は少ない。が、かなりな勢いでユーザーも増えており、各種の情報も増えているから、そんなに心配することはないだろう。

● Laravelのオススメ度「B」
　実際の開発に採用するフレームワークとして、LaravelはPHP系では一番だと思う。ただ、ビギナーにとってはCakePHPなどよりとっつきにくいところがあるのは確かだろう。その辺もあって、どちらを推薦すべきか悩むところだ。
　本気でPHPを勉強して仕事にしたい！　ぐらいの本気度なら、Laravelのオススメ度は文句なくAランクだ。

信頼と安定の最古参フレームワーク「Symfony」（PHP）

● Symfony って何？
　またもPHPのフレームワークだ。PHPは、メジャーなフレームワークがいくつもあって、なかなか絞りきれないところがある。
　この**Symfony**（シンフォニー）は、PHPのフレームワークの中でも最古参といっていい。そして、PHPフレームワークの中でもっとも「大規模開発」に採用されているものなんだ。Symfonyのプログラムは非常に堅牢で安定しており、その中心部分は、すでに述べたようにLaravelや、新しいCakePHPなどでも利用されているくらいだ。

　なぜか日本では、Symfonyの人気はほかのフレームワークほど高くないんだけど、海外では昔から広く利用されている。だから英語ならば膨大な情報

が得られる。日本語に限ると、ちょっと少ないんだけどね。

2017年にバージョン4がリリースになって、Symfonyを見直す動きが出てきているように思う。人気は、日本ではぱっとしないんだけど、非常に優れたフレームワークなのは確かだから、勉強する価値はあるよ。

Symfonyの特徴
柔軟度が非常に高い！

Symfonyは、あらゆることをプログラマが自分で決めて書けるようになっている。「設定より規約」の世界で、あらゆることを自分で決めて作れるというのはなかなかないだろう。またSymfonyでは「**DI（Dependency Injection、依存性注入）コンテナ**」と呼ばれる技術を使って、各種設定を自動化する機能が強化されてる。まぁ、この辺は、今はよくわからないだろうけど、「柔軟で、さまざまな自動化がされている」と理解しておこう。

堅牢なシステム

Symfonyは、「**マイクロカーネル**」といって、様々な機能を分割し、必要に応じて動かすような仕組みになっている。このため、不要なものを取り除けばかなり小さくできる。またそれぞれが独立しているため、トラブルにも強いんだ。

Laravelのところでも触れたように、Symfonyのコア部分は、今ではLaravelなどほかのフレームワークでも採用されているくらいで、その安定性と堅牢さには定評がある。

日本語情報は今一つ

Symfonyの最大の欠点は、「日本語の情報が少ない」という点だろう。世界的に見れば、非常に広く利用されているものなんだけど、なぜか日本では人気が高くない。だから書籍やネットの情報などもあまり豊富ではないんだ。ビギナーにとっては、この点が一番ネックになるかもしれないな。

Symfonyのオススメ度「B」

これまたBだ。PHPのフレームワークは、どれも利点もあれば欠点もあるという感じで、すべてBランク。

SymfonyがBである最大の理由は、「日本語情報の少なさ」だ。つまり、機能や使い勝手という点ではまったく文句はない、ってこと。モノ自体は一流な

のだ。英語がどれぐらい使えるか、によってオススメ度が違ってくる感じかな。

今やJavaの標準フレームワーク「Spring Boot」(Java)

● Spring Bootって何？

Javaのフレームワークとしてもっとも有名なのは、**Spring Framework**（スプリングフレームワーク）だ。そこがWeb開発用に作成したのが**Spring Boot**（スプリングブート）というフレームワークだ。

Spring Bootは、JavaのためのMVCフレームワークだ。Javaでは長い間、Ruby on RailsタイプのMVCフレームワークがなかったのだけど、このSpring Bootによって、ようやく空白が埋められたといっていいだろう。

Spring Bootでは、同じSpring Frameworkのさまざまなフレームワークを取り込んで使っている。例えばデータベース関係などはほぼすべてSpring Frameworkにあるデータベース用フレームワーク（Spring Dataというもの）でアクセスを行うようになっている。こんな具合に、Spring Frameworkという資産をうまく活用してSpring Bootは作られているんだ。

Javaの世界では、今のところSpring Boot以外に有望なMVCフレームワークは見当たらない。「RubyといえばRuby on Rails」というのと同様に、「JavaといえばSpring Boot」となりつつある感じがする。それぐらい、Javaではスタンダードなフレームワークだ。

● Spring Bootの特徴
● Javaなのに手軽で簡単！

Javaによる開発というと、とにかく面倒で大変というイメージがあるだろう。Javaでは、Web関係は「サーブレット」という技術を使うのが基本で、それを利用するために専用のJavaサーバーを立てて動かさないといけなかった。そのセットアップだけでも面倒だ。

ところがSpring Bootは、専用のサーバープログラムを内蔵していて、プロジェクトを作成してすぐに起動し動かすことができる。

● **Groovyでプロトタイプ作成**

　Spring Bootは、Groovy（グルービー）というJavaを簡単にした言語を使って、ぱぱっとプロトタイプ（お試し版のアプリ）を作れる。ただファイルを一つ作るだけで、ちゃんと動くアプリになるんだ。簡単にサンプルを作って、「これでいい」となったら本格的に開発する、なんてやり方が可能なんだ。

● **リポジトリは強力！**

　Spring Bootで、特に驚くのがデータベース関係だろう。「リポジトリ」といって、決まった形でメソッド（関数みたいなもの）の名前を書くだけで、動くようになる。え、意味がわからないって？

　例えば、「findByName」なんて名前のメソッドをリポジトリに書いておくと、「データベースのnameの値が引数と同じものを検索する」って処理が自動的に作られる。一行も自分でコードを書く必要はないんだ。「findByAgeLessThan」なんて名前にすると、引数で指定した年齢未満のデータだけを検索する、なんてこともできる。もちろん、書くのはメソッドの名前だけで一行もコードなんて書かない。まるで魔法のようだよ。

● **日本語情報もぼちぼち**

　正直いって、PHPのフレームワークなどに比べると、日本語の情報は少ないだろう。それでも、Javaのフレームワークの中では突出して情報量は多い。まだまだこれから普及していく感じがあるから、今後は少しずつ情報も増えていくはずだよ。

● **Spring Bootのオススメ度「B」**

　少なくとも「JavaでMVCフレームワーク」ということなら、Spring Boot以外に選択肢はない。そう断言してもいいくらいにSpring BootはJavaの世界で普及している。

　問題は、「そもそもビギナーが、JavaでWeb開発をするだろうか」という点だろう。Javaは非常に有望な言語だから、「まずJavaを勉強したい。どうせやるならWeb開発を覚えたい」という人も多いはず。そうした人には選ぶメリットがある。ただし、そうだとしても「まずは普通にJava SEなどで基礎を勉強してからSpring Bootに入ったら？」と思う。いきなりビギナーが始めるには、やっぱりちょっと敷居が高いかもしれないな。

Pythonで最もメジャーなフレームワーク「Django」(Python)

Djangoって何？

Django ってスペル、これ読める？ 「ジャンゴ」っていうんだ。既に述べたようにPythonは、Webアプリケーション開発に用いられるようになってきたのは割と最近（日本ではね）なんだけど、それに一番貢献しているのが、このDjangoだろう。

Djangoは、いわゆるMVCフレームワークなんだけど、コマンドを使って簡単にプログラムを作っていける。便利なユーティリティ的機能もいろいろ用意されていて、非常に使いやすい。Pythonの人気が高まってきていることもあって、「なんだ、Djangoってこんなに使いやすいのか」と急速に広まりつつある感がある。

まだ現時点ではRubyやPHPなどのフレームワークほど普及はしていないけれど、今後、かなり広まっていくことが予想されるので、Pythonをやりたいなら今から頑張って勉強しておくのもアリだろう。

Djangoの特徴
シンプルな構成

基本的な構成が非常にシンプルなのも特徴だ。フレームワークだと、なんだかわけのわからないファイルがブワーっと作られるんだけど、Djangoは数えるくらいのファイルしか作られない。一つひとつのファイルの役割もわかりやすい。

管理ツールが優秀！

Djangoには、標準でデータベースなどを管理するための専用ツールが組み込まれている。これは作成しているアプリ内に組み込まれていて、使っているデータベースなどをそのまま編集したりできるのだ。また標準でユーザー認証などの機能も組み込まれているのだけど、このユーザー管理もツールで行える。この辺りのツールの使いやすさは秀逸だ。

日本語情報はこれからに期待

　Python自体が、ここ数年で急速に浸透してきている（日本ではね）感じなので、Djangoもまだまだ日本語情報は少ない。だけど、とにかくPython周りは今、非常に勢いがある。数年もすれば、日本語情報も充実してくるんじゃないかな。

Djangoのオススメ度「C」

　これは、「現状では」の評価。Djangoそのものは非常に使いやすいし、わかりやすいと思うんだけど、いかんせん今の日本では情報が少なすぎる。だから、今、ビギナーにオススメはできない。

　けど、あと数年したら、おそらく評価はAランクに変わるだろう。Python関係は日本で急激に評価が変わりつつある。今はその真っ只中にいるわけだ。だからビギナーで「やってみたい！」という人には、「今しばらく待て」といっておきたい。

Node.jsの標準フレームワーク「Express」(Node.js)

Expressって何？

　サーバーサイドの開発で近年、急速に浸透しつつあるのが「Node.js」だ。これ、JavaScriptのランタイムエンジンだ、って前に説明したね？　Node.jsは標準でサーバープログラムを作れるようになっている。これを使ってWebアプリケーション開発をしよう、という人はものすごく多い。

　だけど、標準の機能は、やはり標準だけあってちょっと弱い。たくさんのページで複雑なことを行わせようとすると、けっこうわかりにくくなってしまう。そこで、Node.js用のフレームワークの登場となる。

　Express（エクスプレス）は、Node.jsのフレームワークの中でも飛び抜けた存在だ。これはもう、「Node.jsの標準機能」といっちゃっていいんじゃないかな？　と思えるくらいに広く普及している。Node.jsでWeb開発をするなら、とりあえずExpressから、と考えていいだろう。

Expressの特徴
Node.js標準と非常に近い！
　Expressの最大の特徴は、その「薄さ」だ。これ、Node.jsの標準的なサーバープログラムの上に、うっすらと便利機能の層を乗っけただけ、というものなんだ。だから、Node.jsの標準機能の知識がかなりそのまま使える。だけど、標準機能よりは面倒な部分が減ってぐっと作りやすくなっている。その絶妙なバランス感覚が、多くの人にすっと受け入れられる要因なんだろう。何もかも全く新しくなっちゃうと、人間、移行するのに躊躇してしまうからね。

足りない機能はどんどん追加！
　Expressは非常にシンプルなフレームワークだ。これはMVCでいうと「C」の部分だけ、みたいな作りなんだ。Vの部分も、Mの部分も、Expressにはない。じゃあどうするのか？　というと、ほかの便利なパッケージを追加して使うようになっているんだな。
　つまり、「アプリの基本部分はExpressでわかりやすくしておくから、後は好きなものを使って便利に開発して」ってこと。この辺りの割り切り方も、誰もが使うようになる要因の一つかもしれないな。

情報量は意外と豊富
　Expressは、Node.jsというマイナーな環境の更にマイナーなフレームワーク……なんて思った人。いやいや、Node.jsもExpressも思いのほかに情報量は多いんだよ。日本語の情報も決して少なくはない。
　おそらく、みんなが想像している以上にNode.jsは普及している。そして、Node.jsを使う人は、ほとんどがExpressも使った経験があるはずだ。だから情報量に関しては、そんなに心配することはないだろう。

Expressのオススメ度「A」
　Node.jsは、意外にビギナーにも進められる環境だったりする。もちろん、普通のJavaScriptとは違うから、いろいろ新たに覚えないといけないことはある。だけど、それはそんなに多くない。
　そして、Node.jsの標準的な使い方がわかれば、もうすぐにExpressは使えるようになる。この「標準をちょこっと便利にした」感覚が絶妙なんだ。これならビギナーでもすぐ使えるだろう、と思わせるところがある。
　JavaScriptの基本がわかったら、すぐにNode.js→Expressと進んでも、意外と

悩むことなく覚えられるかもしれない。

フロントエンドの注目株！「Vue.js」

フロントエンドでもフレームワーク！

　ここまでのフレームワークは、全部「サーバー側で動くもの」だった。が、フレームワークっていうのはサーバー側にしかないわけじゃない。フロントエンド（要するに、Webブラウザに表示される側ね）でもフレームワークっていうのは使われているんだ。

　「Webブラウザって、JavaScriptしか使わないだろう？　そんなのにフレームワークなんて必要なの？」と思った人。もちろん、ただページを表示するだけのようなWebサイトなら、そんなものはいらない。だけど、今やWebサイトは、ものすごく高度な表現まで行えるように進化してる。例えば、GmailやGoogleマップを自分で作れるだろうか？　あれって、ページの移動とかいったものはほとんどないよね？　その場で操作すると**リアルタイム**に表示が変わっていく。こうした動きは全部JavaScriptで行っているんだよ。

　こういう複雑な処理をJavaScriptで作るには、全部手書きなんてしてられない。ダイナミックに表示を操作したり、重要なデータを管理してくれたりするフレームワークが必要になってくるんだ。

Vue.jsって何？

　このフロントエンドでのフレームワークで、現在もっとも注目されているのは、**Vue.js**（ヴュージェイエス）だろう。
　これは、この後に登場するGoogleの**Angular**（アンギュラー）っていうフレームワークの開発に携わっていた人が作ったものだ。Angularの「これはいい」って部分だけを取り出して、「これはいらない」って部分を取り除いて、もっとコンパクトにしたフレームワークが欲しいと思って自分で作ってしまったんだな。

　多分、フレームワークの著名度としては、この後に出てくる「React」とか「Angular」といったもののほうが上かもしれない。それぞれFacebookやGoogle

といった大企業が開発したものだからね。それに対してVue.jsは、ほとんど個人レベルで基本部分を作っている。

　にもかかわらず、最近ではVue.jsは、ReactやAngularと同じくらい、下手をするとこれらを超えるほどにフロントエンドのプログラマに支持されるようになっているんだ。これってすごいことじゃない？

Vue.jsの特徴
仮想DOMで動かす！

　JavaScriptでは、HTMLのタグをオブジェクトとして取り出して操作するようになってる。この辺は、最後の**第7章**で実際にJavaScriptを使ってみるときに少し説明することになるけど、この「JavaScriptで操作するために用意されたHTMLのタグのオブジェクト」のことを「**DOM**」（ドム）っていうんだ。Document Object Modelの略なんだけどね。

　このDOMは、HTMLのタグを直接操作できて便利なんだけど、けっこう遅い。操作するたびにHTMLのドキュメントが更新され、書き換わっていくからね。そこでVue.jsでは、「仮想DOM」っていう、ソフトウェア的に作られたDOMシステムを用意して、これを操作するようにしてある。この仮想DOMによる操作は、実際のDOM操作よりもはるかに高速なんだ。

JSXとテンプレート機能

　Vue.jsでは、表示関係はHTMLを直接書くんではなくて、「JSX」と「テンプレート」という機能を使うようになってる。JSXっていうのは、この後に出てくるReactで使われているもので、仮想DOMによる画面表示を書くための仕組みだ。そしてテンプレートは、HTMLの中にいろいろな機能を埋め込んで表示を作る仕組みだ。

　この二つの仕組みのどちらも使えるようにすることで、けっこう柔軟に表示を作っていくことができるようになっている。

コンポーネントで組み立てる

　Vue.jsでは、さまざまな表示を「コンポーネント」という部品としてまとめることができる。これを組み合わせて全体を作っていくんだ。このコンポーネントは、非常に簡単に作って利用できるようになってる。コンポーネントをいかに使いこなすかがVue.js活用の秘訣といってもいいかな。

実は日本語も充実！

Vue.jsのサイトは標準で日本語に対応している。Vue.jsのドキュメントなども全部日本語で読めるんだ。これは強力だよ。また最近では日本での書籍などもけっこう出てくるようになってきている。日本語による情報には事欠かないんじゃないかな。

Vue.jsの評価「A」

フロントエンドのフレームワークの中では、Vue.jsは今のところベスト・チョイスじゃないだろうか。シンプルでわかりやすい設計、使いやすさ、いずれも「ビギナーでも十分に利用できる」レベルにまとめられていると思う。もちろん、JavaScriptがわからないとダメだから、本当のビギナー向けではないよ。まずはJavaScriptを学んで、その次に選ぶものとしては、ってこと。

実際にWeb開発を行うようになって、「フロントエンドをもっと強力にしないと」と思ったら、まず最初にVue.jsを思い出して欲しいな。

Facebookが送るフロントエンド環境「React」

Reactって何？

React（リアクト）は、Facebookが自社の開発用に内部で開発していたフレームワークだ。Facebookほどの大企業が本気で作ったものなんだから、めちゃめちゃ高度で複雑なものだろう、なんて想像するかもしれないが、これは非常にコンパクトでシンプルな作りのフレームワークなんだ。

Reactは、Vue.jsと立場的に非常に近いものだ。シンプルで、仮想DOMを使った画面操作に機能を絞っている。それ以外の機能が必要になったときは、必要なプログラムを追加して組み込んで、どんどん拡張していけるようになっているんだ。「どんどん拡張できるようにしてあるよ」ってことで、いろんな人がReact拡張のためのプログラムを作って流通するようになった。そうしてReactを中心とした大きなコミュニティができているんだ。それは今も活発に活動していて、よりReactを使いやすくパワフルにしてくれている。

Facebookっていう、人と人とのコミュニティを生み出すサービスから出てきたフレームワーク、っていうのがよくわかるね。

Reactの特徴
リアクティブ・プログラミング！
Reactは、「**Re-active**」から来てる。これは、仮想DOMを使ったReactの最も根幹をなす考え方だ。Reactでは、さまざまな値を組み込む形で画面が作られていくんだけど、それらの値を更新すると、自動的にその値を含む表示部分が更新される（リ・アクティブになる）ような仕組みになっている。つまり、値を操作するだけで直接その値が表示されている画面も変わっていくんだ。これは実際使ってみると超便利！

JSXで表示作成
Reactでは、「JSX」っていう機能を持っている。これは仮想DOMを記述するためのもので、JavaScriptのスクリプト内に直接HTMLのタグを記述して表示を作れるようにしたものだ。例えば、<p>タグの表示を作りたいと思ったら、

```
var x = <p>Hello!</p>
```

こんな具合に書くと、<p>タグの仮想DOMのオブジェクトが変数xに設定される。HTMLのタグがそのまま値として書かれているのがわかるだろう？　これはかなり便利だぞ。

コンポーネントで部品化
Reactでは、さまざまな表示などをコンポーネントという部品として作成できる。このコンポーネントを組み合わせて画面を作成していくのが基本だ。コンポーネントは非常に簡単に作れるし、独立して扱えるから、ほかのプロジェクトに組み込むのも容易だ。

実はスマホ開発も……？
Reactを作っているFacebookは、スマホ開発も非常に重視している。そこで、このReactをベースに本格的なアプリ開発の仕組みを構築した「**React Native**」っていうスマホ用フレームワークも開発してる（この次の章で出てくるよ）。

まぁ、Webとスマホではだいぶ違うんだけど、Reactのベースとなる知識はそのまま活きてくる。将来的にスマホ開発まで考えている人には向いているフレームワークかも？

Reactのオススメ度「B」

Reactは、Vue.jsとかなりダブる部分がある。どっちも同じように良くできていて使いやすく、わかりやすい。ただし、決定的に違うのが「日本語」だ。Reactのサイトは英語のみで日本語の情報はない。本体だけでなく周辺プログラムのサイトまですべて日本語化されているVue.jsとは大きな違いだ。

どっちも同じぐらいによくできていて、同じぐらいに普及しているなら、日本語情報がしっかり用意されている方がビギナーにはオススメだろう。機能的にどっちが上でどっちが劣るってことはないから、「英語は任せて！」っていう人ならReactを選ぶのもアリだよ。

TypeScriptベースのパワフル環境「Angular」

フロントエンド最強を目指すAngular

Angular（アンギュラー）は、Googleが中心となって開発しているフロントエンドフレームワークだ。このAngularは、おそらくすべてのフロントエンドフレームワークの中で、もっとも「アグレッシブ」な開発がされているものだろう。

とにかく、開発スピードが速い。半年もすると新しいバージョンが出てきて、どんどん改良が加えられている。このスピードに追いついていけないと、なかなかAngularは使えないかもしれない。

当初はJavaScriptのフレームワークだったんだけど、「もっとパワフルな言語が必要だ！」というんで、現在ではTypeScriptで開発するのが基本になってる。また最新のJavaScriptライブラリなども、いち早く取り込んで使っている。そうした「最新技術を常に追いかけていく」という姿勢がAngularの最大の特徴かもしれない。正直、ビギナーにはかなりハードなものかもしれないけど、プロからは絶大なる支持を得ている、そういうフレームワークだ。

Angularの特徴
プログレッシブWebアプリ開発

Angularは、「**プログレッシブWebアプリ**」の開発を念頭に置いて作られている。プログレッシブ〜っていうのは、平たくいえば「Webだかアプリだかわ

からない、どっちでも通用するようなWebアプリ」ってこと。Webブラウザで表示しているから一応はWebなんだけど、そういわれないと「これ、アプリでしょ？」と何の疑問も持たずに思ってしまうような、そういうWeb。

　Googleは、「Webもアプリも同じ」というような世界を目指している。そのための強力な武器として開発されているのがAngularなんだ。

コンポーネントとモジュール
　Angularの基本は「コンポーネント」だ。すべての表示はコンポーネントとして設計される。この辺はVue.jsやReactなんかと似ているね。またAngularのさまざまな機能は「モジュール」として提供されている。このコンポーネントとモジュールを理解し、マスターすることが、Angular利用の第一歩っていっていいだろう。

すべてが含まれる！
　Vue.jsやReactとAngularの大きな違い、それは「規模」だろう。Vue.jsやReactは、コアとなる機能に絞って開発をし、それ以外のものは後から拡張できるようになっている。
　Angularも拡張機能などはあるんだけど、とにかく標準で必要なものをすべて用意して、モジュールとして提供するようになってる。フォームやルーティング、サーバーとのやり取り、依存性注入、アニメーション。とにかくAngularにはいろんな機能が標準で組み込まれているんだ。

日本語も意外に対応！
　こんなプロ向けの本格仕様だから、「ドキュメントは全部英語。プロなら英語で読め！」てな感じだろうと想像するかもしれないけど、実はAngularのサイトは基本的なドキュメントを一通り日本語で用意してくれている。これを読めば、Angularの基本的な使い方がわかるようになっているんだ。
　ただし、「API解説」と言われる詳しいプログラミング情報は英語のみで、今のところ日本語化はされていないようだ。

Angularのオススメ度「C」
　Angularは、とにかくパワフルだ。だから本気で開発する人にはかなり使えるツールとなるだろう。が、ビギナーには越えないといけない壁がけっこう

多い。まず、TypeScriptを覚えないといけない。そして、AngularはNode.jsのnpmをベースに管理をしているから、この辺も使いこなせないといけない。機能も豊富で、一通り覚えるまでに相当かかるだろう。

最高のものが、ビギナーにとっても最適とは限らない。Angularは、もう少し成長してから使うもの、って割り切って考えたほうがいいかもね。

フレームワークのオススメは、なし？

一通り、主なフレームワークについて説明をしてみたけど、どうだろうか。「で、この中でオススメはどれ？」と思った人。

オススメの一本は、ない。

フレームワークの説明を見てわかったように、フレームワークはさまざまな言語で使われてる。だから、どの言語を選ぶかによって使えるフレームワークも違ってくる。また、サーバーサイドとフロントエンドでまるっきり役割も使い方も違う。正直、「この一本で決まり！」なんて具合にはいかないんだ。

なにより、「フレームワークは、これからプログラミングを始めようって人には当分関係ない世界」ってことがある。これらが必要になるのは、多少ともプログラミングができるようになってからだ。今は、「こういう世界もある」って眺めておくだけにしよう。慌てて飛び込んだっていいことはなにもないよ。

ものには順番がある。フレームワークは「次のステップ」のためのものであって、「最初のステップ」で選ぶものじゃないんだ。「いつかは、こういうものも使えるようになりたい」って目で眺めるにとどめておこう。

Chapter 4

スマホ・タブレット開発の世界

時代は、スマホだ！　パソコンなんかより、スマホアプリが作りたいんだ！　そんなビギナーのために、スマホ開発のためのプログラミング言語がどうなっているか説明しよう。併せて、スマホでプログラミングできる「プログラミングアプリ」についても考えてみるぞ。

4-1 アプリ開発のプログラミング言語

スマートフォン・タブレットアプリの開発は？

　今や、インターネットやデジタルなコンテンツを利用するには、パソコンよりも「スマホ」のほうが普通になりつつある。また、映画のように広い画面のほうがいいメディアも、「テレビよりタブレット」なんて人が増えつつある。プログラムも、パソコン用のアプリを作るより、スマホやタブレット版を作ったほうがはるかに多くの人に受け入れられるだろう。

「Android対iOS」の戦い

　このスマホやタブレットの分野も、実はパソコンと同じ「OS戦争」が繰り広げられている。パソコンでは「Winows対Mac」だったけど、スマホの場合は「Android対iOS」の戦いだ。まぁ、このほかにもマイナーなOSがあることはあるけど、それらは無視して構わない。基本的にAndroidとiOS（iPhoneやiPadのOS）の二強の時代と考えていいだろう。

　この二つのOSは、パソコンと同様、まったく互換性がない。Android用のアプリはiOSでは動かないし、iOSのアプリはAndroidでは動かない。もちろん、内部の仕組みもまったく異なるから、当然、開発の環境や言語もまるで違ってくる。この点をよく頭にいれておきたい。
　ただし、スマホのアプリは正攻法のほかにも**Webアプリ**の技術を使ったり、**第2～3章**で触れた**.NET**（ドットネット）などの環境を利用する方法もある。だから、意外と使える言語は幅広いんだ。それじゃ、どんなものが使えるかざっと見ておこう。

スマホ・タブレット向けプログラミングで使われる言語
- Java、Kotlin（Android）
- Objective-C、Swift（iOS）

- C#（.NET）
- JavaScript（PhoneGap）
- JavaScript（Monaca）
- JavaScript（React Native）
- Dart（Flutter）
- JavaScript（Ionic）
- Python（Python3 for Android、Pythonista3）
- JavaScript（DroidScript）
- Java、C++（AIDE）

なんか「JavaScript」がいくつもあるけど、けっこういろんな形で使われるんで、それぞれ別に分けてある。また、.NETは環境の名前で、実際のプログラミングにはC#やVisual Basic .NETなどが使われることになる。ここではC#だけ挙げておいた。

では、それぞれの言語がどんなものか、説明をしていくことにしよう。

Android開発のスタンダード「Java」

Android開発の基本はJava！

現在、スマホの世界でもっとも勢いがあるのは、なんといっても**Android**（アンドロイド）だろう。Googleが作り、オープンソースで開発が続けられている、携帯端末用のプラットフォーム（OS）だ。Androidは、Linuxの土台の上に独自開発のJava仮想マシンを用意したもので、プログラムはJavaで作る。

Androidを搭載したスマホは、今や世界の7割以上になっている。ユーザーもアプリ数も、世界的にはAndroidのほうがiPhoneより圧倒的に多い。日本ではiPhoneが強いけど、世界ではAndroidの優勢はほぼ揺るがない感じになってるんだ。

スマホは、ガラパゴス化しない。作ったアプリは、日本だけでなく世界中に門戸が開かれている。世界を相手に何かやってやるぞ！ という意気込みがある人は、Androidこそ勝負の舞台にふさわしいんじゃないかな。

Chapter 4 スマホ・タブレット開発の世界

● Java(Android)の特徴
● Java＋XMLで開発！

さっきいったように、Androidのプログラムは、基本的にJavaで作る。これは、普通のパソコン用Java（Java SE）がベースになっている。Java SEから必要のないものを取り除き、更に独自のGUIライブラリを追加してできてるんだな。

また、GUI（Graphical User Interface）という画面表示部分は、HTMLのようなマークアップ言語である**XML**（Extensible Markup Language）のデータとして定義できるので、ビジュアルだけプログラムから切り離して作ることができる。Android対応の開発ツールの多くは、このXMLデータに対応していて、マウスでデザインするような機能を提供している。だから、画面を作ったりする部分はノンプログラミングで行えるぞ！

● 作ったものはGoogle Playで自由に配布！

Androidの世界では、作ったプログラムを自由に配布できるマーケット（Google Play）が既に用意されている。ここを利用することで、自分が作ったものを世界中に配布することができる。もちろん、有料アプリとして販売することだってできるんだ。

もちろん、ライバルのiPhoneも同じようにストアを用意しているけど、実はアップルのストアは審査基準がハンパない（超厳しい）。アマチュアがちょっと勉強して作ったものなんて、ほぼ公開は無理、っていってもいい。

その点、Google Playは事後チェックが基本。まずは公開して、問題があれば却下する、というスタンスなので、作ったものはほぼ間違いなくGoogle Playで公開できるんだ。もっとも、それをいいことにヤバイことやっているアプリもあったりするので、後で取り消しされることもある。

● 開発環境・情報はGoogleが提供

プログラムの作成は、Googleが専用のソフトを無償配布しているので、これでできる。またドキュメント類もGoogleによって整備されている。ただし、ドキュメントの多くは英語のみ。日本語の情報はまだ意外と少ないんだ。

ただ、書籍となると話は違う。既に日本語のAndroid解説書は山のように出ていて、これらから自分にあったものを選んで勉強すれば、誰でもアプリを作れるようになるぞ。

Java(Android)のオススメ度「B」

　Javaの中でも、Androidは若干難しいところがある。なにしろ、Androidは思いっきり独自環境だ。取っ付きは悪い、確かに。が、ある程度の基本がわかってくると、意外にシンプルに作れることがわかってくる。XMLでGUIを作ったりできるし、何よりJava SEのライブラリにある多くの機能が使えるので、Java SEが既にわかっていればそこそこ入りやすい。

　ただ、逆に「Java SEとはまるで違う部分」というのもあるわけで、中途半端にJava SEをかじった人は混乱してしまうかもしれない。また、Androidは非常に自由な環境で、Googleが提供するもの以外にもいろいろと便利なツールがある。そうしたことを考えると、「JavaによるAndroidアプリのプログラミング」というのをビギナーに一番に推薦する！　とまではいかない、かな。

新しいAndroid開発スタンダードか？「Kotlin」

Kotlinって何だ？

　これ、なんて読む？　と思った人。「コトリン」であります。これは2011年にできたばかりの、プログラミング言語としては超新人言語なのだ。
　このKotlinが、Android開発の標準言語としてJavaと並んで採用されることになった。標準で、Kotlinを使ってアプリ開発ができるようになったのだ。「Kotlinってなんだ？」とかなり多くの人が思ったはずだ。

　Kotlinは、Javaを非常に簡潔に書けるようにした言語、といっていいだろう。細かなところはいろいろ変わっているけれど、Javaがわかっていればそんなにまごつくことはない。また、例えばクラスを作らずいきなりメソッド（正確には関数）を書いたり、変数の型指定を省略したり、いろいろ簡潔に書けるような仕組みが揃っている。更に、Javaではオブジェクトがない状態〔null（ヌル）っていう〕になるといろいろトラブルが起こるんでけっこう困るんだけど、Kotlinではこの辺もうまく考えて処理してくれる。
　Javaだとまどろっこしい、という部分がすっきり書けるようになっているので、慣れてしまえばJavaよりずっと使いやすい言語じゃないだろうか。

Kotlinの特徴

Java仮想マシン上で動く！

KotlinとJavaはぜんぜん違う言語なんだけど、実は非常に密接な関係がある。Kotlinは、Java仮想マシン上で動くんだ。

第2章で既に述べたように、Javaっていうのは、コンパイルしたプログラムが、Java仮想マシンっていう環境の上で実行された。Kotlinも実はこの点は全く同じ。というか、KotlinそのものがJava仮想マシンの中で動いているんだな。だからJava仮想マシンのある環境ならどこでも動く。

また、Java仮想マシンの中で動くことから、Javaのライブラリなどにアクセスして利用するのも簡単。膨大なJavaの資産をそのまま使えるんだ。

Javaより強力！

関数を直接書けたり、nullの問題をうまく対処したりしているだけでなく、ほかにも便利な機能が沢山組み込まれている。演算子（＋とか＊とかね）をオーバーライドして機能を変えたり、「ミックスイン」とか「高階関数」なんていった難しげな機能もいろいろ追加されている。Javaの「こうだったらいいな」という部分をいろいろ追加しているんだな。

Android開発だけじゃない！

Kotlinは、Androidの開発で正式採用されて一躍メジャーになったんだけど、別にAndroidアプリしか作れないわけじゃない。普通にプログラムを作って動かすこともできるから、覚えればいろいろと応用が効くんだ。なにしろ、Javaの機能を全部使えるんだから、Javaでできることはたいていできるよ。

日本語の情報はこれから

まだできて間もない言語だから、情報は少ない。特に日本語の情報となると本当に少ないだろう。ただ、Android開発に正式採用されたことで、少しずつだけど書籍も出てきたし、日本語の情報も増えていくだろう。これからに期待！　ってところだ。

Kotlinのオススメ度「C」

うーん、Kotlin自体はとても面白い言語だと思うんだけど、「いい言語＝オススメできるもの」とは限らない。Kotlinは、とにかく現時点で情報が少なくて、ビギナーが始めようとすると困ることが続出するだろう。そういった意味で

は、「今すぐ始める」のはどうかと思う。まずJavaでアプリ開発の基本を覚えて、それからKotlinを始めたって、遅すぎることはないよ。

iPhone開発の新たな定番言語「Swift」

Swiftって何か軽くおさらい！

Swift（スィフト）という言語については、**第2章**のパソコンプログラミングで取り上げたね。Swiftは、アップルが提供する新しい開発言語だ。これはMacだけでなく、iPhoneやiPadの開発にも使うことができる。しかも、MacもiPhoneも、使う開発ツールなどは共通だから、ほとんど両者を区別することなく開発ができるんだ。

もちろん、それぞれの機能は全く違っているから、作成するプログラムの内容はぜんぜん違うものになる。だけど、iPhoneのOS（iOSってやつね）は、MacのOSの基本的な部分を参考にして作られている。だから違うものではあるけど、割と似た部分が多い。そういう訳で、両方のプログラムを作っている人はけっこう多いんだよ。

Swiftの特徴
特徴はパソコン版Swiftと同じ！

既に**第2章**で基本的な説明はしてあるね。Swiftは、それまでのObjective-Cに比べると設計も新しく、画期的にわかりやすくなっている。そうした特徴はそのままiPhone開発でも通用する。

ただし、iPhoneの開発の場合、パソコンのアプリとはだいぶ違う部分がある。「複数画面のナビゲーション」とか「リスト表示」とか「レイアウトの仕方」とか、iPhoneアプリ特有の考え方は多い。そうした部分は、SwiftだろうがObjective-Cだろうが、まぁしっかり勉強しないといけない。

Swiftのオススメ度「B」

iPhoneの**ネイティブアプリ**（コンパイルしてiPhoneのOS上で直接動くアプリ）を作ろうと思ったら、おそらくSwiftはベストな選択だろう。Objective-Cよりわかりやすく、使いやすい。ただ、それでもビギナーにはかなり大きな負担となる部分が多い。それは、Swiftのせいじゃなくて、「そもそもiPhoneアプリの開発はビギナーには荷が重い」ということなんだ。

だから、Swift自体はとてもいいものだけど、Aランクの評価はできないかな。

Mac/iPhoneの古くからの定番言語「Objective-C」

Objective-Cについて軽くおさらい

これも、**第2章**のパソコンの言語で既にだいたい説明をしてある。Objective-Cは、Mac OS X（現在のmacOS）の標準開発言語として、ずっとOSと二人三脚で歩んできた。その後、iPhoneやiPadが登場し、それらの標準開発言語としても更に活用されるようになった。

だけど、その後に登場したSwiftにより、Objective-Cは急速に使われなくなりつつある。Swiftに比べると、Objective-Cはわかにくく、古くさい。正直、これから新たにプログラミングを学ぼうという人が選ぶ言語ではなくなりつつある。

Objective-Cの特徴
特徴はパソコン版と同じ！

これまた、言語としての特徴は既にパソコンのObjective-Cで説明済みで、特に付け足すことはない。またSwiftのところで触れたように、iPhoneアプリの開発では、Macとは異なる独特の考え方や機能がいろいろあるので、Objective-Cのわかりにくさに加えてそれらも学ばないといけない。正直、かなり習得は難しいものと覚悟したほうがいい。

Objective-Cのオススメ度「C」

やはり、ビギナーにObjective-Cを勧めるのはかなり辛い。ある程度プログラミング経験がある人でも苦労するくらいなので、どうしてもiPhone開発をしたければ、素直にSwiftに行ったほうがいいだろう。

.NETがスマホへ進出！「C#」(.NET)

「Mono」から「.NET」へ！

スマホアプリの「正攻法以外の道」として、一つ挙げておきたいのが、これ。

マイクロソフトの.NET環境を使ったアプローチだ。

.NETというのは、既に説明しているが、いろんなOSの違いなどを超えて同じプログラムが動くようにすることを考えたプラットフォームなんだ。この.NETのコンパチブルソフトとして、「Mono」（モノ）が開発された。そしてそれは強化されていき、「Xamarin」（ザマリン）という開発環境が誕生した。そのXamarinは、その後、マイクロソフトに買収された。気がついてみれば、.NETの本家に戻ってきてるんだな。XamarinはWindowsだけでなくLinuxやMac用も用意されていて、それが合併吸収されたことに伴い、.NETもMacやLinuxで動くようになった。更には、AndroidやiPhoneなどのOSでも.NET環境が移植され、動作するようになったんだ。

というわけで、.NETを利用すれば、AndroidやiPhoneのアプリも作れるようになった。.NETでは、既にパソコンのところで触れたけど、C#やVisual Basic .NETといった言語を使うことができる。これから新たにスマホ開発を始めたいなら、「C# + .NET」という手もある、ってわけだ。

● C#（.NET）の特徴
● マルチプラットフォーム！

既に触れたように、.NETはマルチプラットフォーム対応だ。アプリを開発する場合も、AndroidとiPhone、両方のアプリを作ることができる。普通、両方のアプリを作ろうとすると、それぞれ一から作り直さないといけない。「一つ作れば両方のアプリができる」というのは画期的だぞ。

● アプリサイズはちょっと大きめ

.NETは、.NET環境を実現する**ランタイム**プログラムというものを組み込むため、アプリのサイズが普通のものより大きくなってしまう。まぁ、最近はスマホのメモリも増えてきたから、これはそれほど大きな欠点ではないかもしれない。

● C#（.NET）のオススメ度「C」

正直いって、SwiftやJavaよりも「.NET + C#」のほうがはるかにプログラミングが楽だ！　というわけでは全然ない。むしろ、慣れてしまえばSwiftやJavaのほうが簡単のような気もする。だから、「ビギナーでも簡単に作れる」という意味では、あまり大きなメリットはないだろう。

Chapter 4 スマホ・タブレット開発の世界

　また、.NETは、AndroidとiPhoneのスタンダードなやり方とはまるで違うから、覚えてもこれらのスタンダードなアプリ開発の学習には全然ならない。もし、例えばある時アップルが「iPhoneでの.NETは禁止」なんて言い出したら、作ったアプリはすべて使えなくなる。Androidでそういう事が起こる可能性は低いけれど、アップルは自社技術以外は認めない傾向が強いから可能性はないとはいえない。

　その辺も含めて、ある程度のリスクを許容できる人でないと.NET開発は難しいんじゃないだろうか。

マウスドラッグでAndroidアプリ開発！「MIT App Inventor」

MIT App Inventorとは？

　MIT App Inventor（アップ・インベンター）は、Googleが開発したAndroidアプリ作成のためのツールだ。これがその後、MIT（マサチューセッツ工科大学）のメディアラボに移り、現在はそこで開発が続けられている。

　「なんで、Androidの開発ツールがそんなところに？」と不思議に思うだろうが、それはMIT App Inventorを実際に見てみると納得できる。MITメディアラボといえば、教育用開発ルールScratch（スクラッチ）で有名なラボだ。このMIT App Inventorも、Scratchの影響を強く受けている（特にプログラミングの部分）。それでGoogleからメディアラボへ移されたんだろうね。もちろん、すべて無料で公開されており、誰でもタダでアプリ開発ができる。

　MIT App Inventorは、正確には「プログラミング言語」ではない。これは「開発環境＋コーディングシステム」といったものだ。Webベースで作られており、Webブラウザでアクセスするだけでアプリ作成ができる。用意されている専用ツールには、画面表示（GUI）をマウスでデザインするデザイナーや、実行する処理を作成するエディタなどがある。エディタでは、用意されているブロックをマウスで並べていく、というビジュアルプログラミングを採用していて、ビギナーでも慣れればすぐに使えるようになる。

　用意されているブロックの範囲内でしかAndroidの機能が使えない、という

欠点はあるけれど、基本的な機能は一通り用意されているからそう心配することはないだろう。逆に、レゴでロボットを作って制御する「マインドストーム」用のブロックが標準であって、MIT App Inventor内からロボットを操作できるなどMIT App Inventorならではの機能もある。

図4-1 MIT App Inventorのツール画面。マウスで画面をデザインできる。

● MIT App Inventorの特徴
● スマホとWebとPCのコラボ！
　MIT App Inventorは、「Webアプリ、PCアプリ、スマホアプリのコラボ」という形になっている。アプリ開発そのものはWebブラウザからサイトにアクセスして行える。エミュレータでの実行や、実機での実行などはPCやスマホにプログラムを追加し連携して行える。

　開発の中心はWebなので、パソコンからアクセスしてログインすれば、家からでも学校からでも会社からでも開発の続きができる。これはなかなか便利だ。

● とにかく簡単！
　ソースコードを書くプログラミングがないので、開発はとにかく簡単。ブロックによるプログラミングはパズル感覚なので、まぁ慣れは必要だけど、このやり方に慣れてしまうと実に手早く処理を組み立てられるようになる。

できたものはネイティブアプリに！

この種の「だれでも簡単な作業でアプリができる」というサービスは、ほかにもいろいろとあるけれど、その多くはHTML＋JavaScriptなどを利用している。が、MIT App Inventorは、Javaで作ったのと全く同じネイティブなアプリが作成される。当然、動作速度も速いし、Google PlayやApp Storeにも申請して公開できるぞ。

もうすぐiPhone対応も！？

本書を書いている現在はまだなんだけど、MIT App Inventorは現在、iPhone対応を進めている。2019年の早い段階（第1四半期）にベータリリースしたい、といっているので、ひょっとしたらみんながこの本を読んでいる頃には、「MIT App InventorでAndroid/iPhoneの両方のアプリが作れる」となっているかもしれないぞ？

MIT App Inventorのオススメ度「A」

Androidの正規開発環境という意味ではAndroid Studioがオススメなのだろうけど、「とにかくAndroidのアプリが作りたい！」というなら、MIT App Inventorから始めることを強力にプッシュしたい。MIT App Inventorは、とにかく開発が簡単だ。そしてなにより、「プログラムを作ることが楽しい！」と感じられる、数少ないツールの一つなのだ。

プログラミングは、「楽しい」と感じられるかどうかがとても大切だ。ビギナーでもすぐに楽しくアプリ開発ができるMIT App Inventorは、スマホアプリ作成ツールの中でも一番のオススメ品なのだ。

そして何より、AndroidだけでなくiPhoneにも対応する（現時点では予定）。こうなれば、もう無敵だ。ビギナーには躊躇なく推薦できる。スマホアプリ作りたいなら、「とりあえず、MIT App Inventorやっとけ！」ってね。

MIT App Inventor

http://appinventor.mit.edu/

Webのやり方でアプリ開発！
「PhoneGap」(JavaScript)

● Web方式で純正の壁を突破！

　AndroidもiOSも、OSの開発元であるGoogleやアップルが「このスマホの開発にはこの開発ツールを使って、この言語でプログラミングすること」ってことをきっちり決めてあって、それ以外のものは使えないようになっていた。だけど、「ダメ！」といわれたら、なんとかしてそれを打ち破りたいって思う人間もいる。そうした開発者によって、純正以外の開発環境がいくつも登場しているんだ。

　PhoneGap（フォーンギャップ、Cordova＝コルドバという名前もある）は、HTMLとJavaScriptでアプリを作ってしまおう、というソフト。AndroidもiPhoneも、アプリの部品として「Webページを表示する部品」が用意されてる。だったら、これを利用すれば、HTMLでアプリが作れるんじゃ？　って考えたのがPhoneGap。要するに、Webページを画面全体に表示する空っぽのアプリを用意して、そこにWebページを表示してやれば、Webページでアプリの画面が作れる、ってわけ。なかなかうまいやり方を考えたね。

● PhoneGap（JavaScript）の特徴
● JavaScriptだからわかりやすい！

　なにしろ、Webページで使うHTMLとJavaScriptだ。これぐらいならやったことのある人も多いだろう。今までに見たことのある言語を使い、新たな本格言語を覚える必要がない、ってだけでもビギナーには助かるね。

● AndroidもiPhoneも、パソコンもOK！

　PhoneGapの最大の利点は「**マルチプラットフォーム**」だ。つまり、アプリを作ったら、それをAndroidにもiPhoneにもコンパイルできるんだ。それだけじゃない。WindowsやMacといったパソコン用のアプリにすることもできるし、Webブラウザで動くWebアプリにだってできてしまうのだ。

　といっても、一つ作ったら自動的に全部のアプリができるわけじゃない。このへんはちょっと面倒くさいので、最近では「PhoneGap Build」っていうオンラインでビルドするサービスも用意されてるよ。

実行速度やGUIはちょっと弱い

じゃあ欠点はないのか？　もちろん、ある。まず、JavaScriptで動くので、プログラムの実行速度がちょっと遅い。特にリアルタイムな処理が要求されるゲームなどだと、少し古い機種では苦しいかもしれない。また、AndroidやiPhoneに組み込まれている機能を使っているわけじゃないので、微妙にネイティブアプリとは違った感じになってしまったりする。

できないことも多い

HTMLとJavaScriptでプログラムを書くってことは、これらでできることしかできない、ってことになる。例えばAndroidやiPhoneのハードウェアを使った処理は作れないことになるよね。まぁ、実際には独自のライブラリを追加して主なハードウェアは使えるようになってるんだけど、でも完璧じゃない。対応してない機能もけっこうある。こうしたものを利用したアプリの作成は諦めるしかない。

PhoneGap（JavaScript）のオススメ度「B」

HTMLとJavaScriptでアプリが作れるっていうなら、当然ビギナーへのオススメは「A」だろう、と思うだろう。けど、そういうわけでもない。確かに簡単な画面を作るならとても楽ちんだ。だけど、例えばキャラクタが動きまわるゲームを作るには？　GPSやセンサーを利用したアプリは？　データベースを利用するには？　ほらね、HTMLとJavaScriptじゃ難しそうなことを考えると、当然だけど難しくなる。

それに、プロジェクトの組み込みとかアプリのビルドとかがけっこう面倒くさいので、ビギナーは嫌う人も多い。クセのあるソフトなので、万人にオススメしにくいのは確かかな。でも、使い方がすんなりわかったら、プログラミング自体はSwiftやJavaよりはるかに簡単なので、試してみる価値はあると思うよ。

PhoneGap

https://phonegap.com/

PhoneGapベースの開発ツール「Monaca」(JavaScript)

Monacaとは?

　AndroidやiPhoneの開発は今やもっとも注目されているものだけど、Android用とiPhone用にそれぞれ開発環境を構築しないといけないのが大変だ。しかもそれぞれ別々にアプリを作らないといけない。「両方にアプリを供給したい」と思っている人にとって、これはかなりな負担だろう。

　そこで登場するのが、マルチプラットフォームの開発環境だ。それらの中でも、特に広く使われているのが、この前に取り上げた「PhoneGap」だろう。これは、HTMLとJavaScriptでアプリを構築するものだ。そして、このPhoneGapを使った本格マルチプラットフォーム開発環境の代表ともいえるのが、**Monaca**(モナカ)なのだ。

　Monacaは、Webアプリケーション。つまり、Webブラウザでサイトにアクセスしてログインすれば、もう開発ができてしまうというものだ。Webベースというと、「どうせ本格的な開発ツールに比べたらしょぼいものだろう」と思ってしまうかもしれないが、Monacaの開発環境は、パソコンにインストールして使う開発ツールと比べても遜色ないほどにしっかりしている。
　Monacaを実際に使ってみて誰もが驚くのは、その開発ツールの完成度だろう。JavaScriptとHTMLで開発をするのだが、これらのエディタは各種の入力支援機能などもしっかりと組み込まれた本格的なものだ。「Webだから」と一段下に見る時代はもう終わったな、とつくづく感じさせる。
　Monacaは、ちょっと試してみるだけならタダで利用できる。年ベースの料金プランも用意されていて、無料プランなら三つのプロジェクトまで作成できるようになっている。学習のつもりなら、これで十分だろう。

Chapter 4 スマホ・タブレット開発の世界

図 4-2 Monacaの開発ツール。Webブラウザでアクセスするだけでプログラミングできる。

● Monacaの特徴
● いつでもどこでもプログラミング！

　Monacaは、Webアプリケーションだ。「Webだ」というのは、今や欠点ではなく利点として考えられるようになりつつある。Webベースならば、ハードに縛られない。自宅と会社や学校のパソコンにそれぞれソフトをインストールして、USBメモリにファイルをコピーして持ち運んで……なんてバカげたことをしなくてもいい。ブラウザを起動し、ログインすればいつでも開発できる。自宅だろうが会社だろうが、海外だろうが火星だろうが、インターネットにさえつながっていれば、どこでもできるのだ。

● アプリのリリースビルドまで！

　Monacaは、アプリを実機やエミュレータなどで動かすだけでなく、「**リリースビルド**」までできる。リリースビルドっていうのは、実際にアップルやGoogleのストアにアップロードする正式版のアプリを作ること。特にiPhoneアプリの場合、ビルドはアップルが提供する開発環境「Xcode」でしか行えなかった。Xcodeを必要とせず、Monacaだけでリリースビルドまでできるというのは、開発ツールとしてはかなり珍しいんだ。

● 実はWindowsやWebアプリまで！

　Monacaは、AndroidとiPhoneのクロスプラットフォーム開発ツールという

印象が強いのだけど、実はそのほかにも、WindowsアプリやWebアプリにも対応している。とりあえずこれさえあれば、たいていのアプリは作れてしまうのだ。

● Monacaのオススメ度「B」

　Monacaは、Webベースのマルチプラットフォーム開発環境の代表的な存在だ。PhoneGapは、ビギナーでも本格的なスマホアプリ開発ができるソフトとしてかなり評価も高い。このPhoneGapをベースにしたMonacaは、かなりビギナーにも勧めやすいものであるのは確かだ。

　不安材料としては、「情報の少なさ」が挙げられるだろう。PhoneGapは、それなりに使われつつあるとはいえ、日本語の情報はまだまだ少ない。またMonacaはユーザーインターフェイスに「Onsen UI」というライブラリを使っているのだけど、この情報もこれまた少ない。ビギナーのうちは、基本的な情報がなかなか見つからないと、それだけで挫けてしまいがちだ。そうした点を踏まえ、「限りなくAに近いB」という評価にしておいた。

● Monaca
https://ja.monaca.io/

Web用フレームワークがスマホに進出！「React Native」(JavaScript)

● React Native(JavaScript)って何だ？

　またもJavaScriptであります。正直、「**JavaScriptばっかりだな**」と思うかもしれないが、それだけ広い範囲で使われているのだと解釈して欲しい。

　React Native（リアクトネイティブ）というのは、**第3章**で触れた**React**というWeb用のフレームワークから派生したスマホ用のフレームワークだ。Reactというのは、フロントエンドのフレームワークで、Webブラウザの中で動くものだった。それを更に一歩進めて、スマホの画面内で動くようにしたのがReact Nativeだ。

　JavaScriptだから、プログラミングもだいぶわかりやすい。少なくともJavaやSwiftなどよりはだいぶ覚えるのは楽だ。またReactってフレームワークの

機能をベースにしているので、JavaScriptの部分もけっこう便利に書けるようになっているんだ。

● React Narive(JavaScript)の特徴
● 実は半分ネイティブ！

　JavaScriptで動くと聞いて、「なーんだ。またWebページをスマホの画面に表示するやつか」と思った人。残念でした、これはちょっと違うんだな。

　React Nativeは、**JavaScriptCode** っていうJavaScriptのランタイム（実行環境）を持っていて、それで動いている。だから「JavaScriptで動いてる」という点は、確かにその通りだ。ただし！　内部にネイティブ環境とやり取りするための機能を持っていて、画面表示などはネイティブコードを呼び出して作っているんだ。つまり、HTMLで画面が動いているわけではない。

　JavaScriptではあるけれど、画面表示などはネイティブコードで動くため、「半分ランタイム、半分ネイティブ」みたいな感じの作りになってる。だから、PhoneGapのような「HTML + JavaScript」のものよりは遥かに高速に動くし、ネイティブ環境の機能もいろいろ利用できる。

● JSXでサクサク作成！

　React Nativeでは、画面を**JSX**（JavaScript syntax extension）っていう機能を使って書く。これはHTMLのタグみたいなもので、表示する部品をタグで書いていくだけで画面を作れる。HTMLなどに慣れていれば、すぐに使いこなせるだろう。

● 超簡単開発環境も用意！

　React Nativeには、本格的な開発環境のほかに「Snack」（スナック）っていう超簡単環境も用意されてる。これはWebブラウザでアクセスして、その場でプログラムを書いたらもうアプリが動く、っていうシロモノ。もちろん、きちんとしたアプリではなくて、専用アプリの上でランタイム実行されるだけなんだけど、ちょっと書いて動かすだけならこれで十分なんだ。エディタも強力だし、標準でエミュレータもついてるし、こいつはけっこう使えるぞ。

4-1 アプリ開発のプログラミング言語

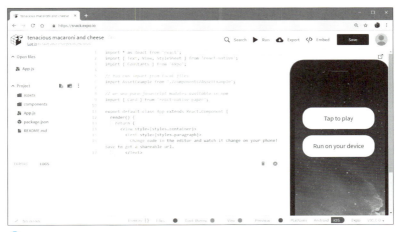

図4-3　React Nativeの「Snack」。Webブラウザで開発できる。

React Narive(JavaScript)のオススメ度「A」

ただし、これは「Snack限定」での評価。React Nativeそのものは非常にわかりやすく使いやすいんだけど、プログラムを作成してビルドしてどうこうという部分はけっこう煩雑だ。

が、Snackを使えば、スマホ側に専用アプリをインストールしておくだけで、いつでもアプリを書いて動かせる。これは実際にやってみると驚くほど快適だ。「とりあえずスマホでアプリを動かしたい」というなら、これほど楽ちんなものは、ほかにあまりにないだろう（MIT App Inventorぐらい？）。というわけで、Snack限定なら特Aランク決定！

React Native
https://facebook.github.io/react-native/

Web用フレームワークでアプリ開発！「NativeScript」(JavaScript)

Angular/Vue.js ＋ アプリ開発 ＝ NativeScript

「またJavaScriptかよ。いい加減に……」という気持ちは、わかる。確かに、

その通りだ。要するに全部、結局JavaScriptだ。同じでいいじゃん！　といいたい気持ちはわかる。

だけど、やっぱりこれは違うんだな。この前のReact Nativeは、専用のフレームワークを使ってアプリを開発した。Reactというフレームワークをベースにしたものだけど、基本的にはスマホのアプリ開発用に作られた新しいフレームワークといっていい。

が、この**NativeScript**（ネイティブスクリプト）は、本当にJavaScriptでネイティブアプリを作成する。ただし、全部、素のJavaScriptだと、作るのにえらい手間がかかる。そこで、Webアプリの世界で広く使われている「Vue.js」「Angular」といったフロントエンドフレームワークをサポートしている（Vue.jsとAngularについては**第3章**参照）。これらのフレームワークを使ってアプリ開発が行えるようになっているんだ。

「でも、JavaScriptでしょ。Webのフレームワークを使ってるってことは、HTMLなんでしょ」と思った人。残念でした、ちゃんとネイティブなアプリが作れるんだ。HTMLではなく、XMLを使って画面を作成していき、**コンポーネント**と呼ばれる部品を作り、組み込んでいく。この辺の基本的な仕組みにAngularやVue.jsが使われているというわけ。

●NativeScript（JavaScript）の特徴
●JavaScriptとTypeScriptをサポート

NativeScriptは、JavaScriptベースで開発をする。が、実はほかに**TypeScript**も使うことができる。使えるフレームワークもVue.jsとAngularがあるし、けっこう自分なりの環境で開発できるようになってるんだ。

このほか、必要な機能などは**プラグイン**として用意されていて、必要に応じて組み込んで利用するようになっている。まぁ、プラグイン関係の使い方を覚えないといけないけど、JavaScriptベースでありながら、ちゃんとスマホの機能を利用できるように作られているんだよ。

●実はネイティブアプリは作らない？

作成できるアプリは、AndroidとiPhone（iOS）。普通に考えると、「正規の開発ツールでないとアプリ作成はデキないはず」と思う人もいるかもしれない。特にiPhone（iOS）は、アップル純正のXcodeというツールでプロジェクトを作っ

てビルドしないと、iPhoneで動くアプリは作れないようになっている。

じゃあNativeScriptはどうしているのか？　というと、ビルドするとXcodeのプロジェクトを生成するようになっているんだ。つまり、「あとはXcodeで開いてビルドすれば、アプリの完成」というわけ。まぁ、最後に一手間かかるけど、Objective-CやSwiftのコードを1行も書かずに、JavaScriptだけでアプリが作れるんだから、そのぐらいは我慢しようぜ！

PlaygroundでWebベース開発！

本格的な開発ともなると、開発ツールで編集してコマンドでビルドなどをして……となるんだけど、このNativeScriptには大変便利な**Playground**（プレイグラウンド）という機能がある。Webブラウザでアクセスして、NativeScriptのプロジェクトを作れるんだ。Webベースでプログラミングも全部できる。そしてアプリを動かしたいときは、スマホに専用のアプリをインストールしておき、プロジェクトのQRコードを読み込めば、専用アプリ上で実行できる、というわけ。

実はきちんとアプリを作ってインストールしなくても、これで十分便利に使えてしまったりするんだな。

図4-4　Playgroundの画面。Webブラウザで開発できる。

Chapter 4 スマホ・タブレット開発の世界

● 日本語情報は少ない

NativeScriptは、比較的新しい開発環境だ。このせいもあって、まだまだ情報は少ない。特に日本語となると、かなり寂しい状態だ。ビギナーには正直、つらいかもしれないな。

● NativeScript(JavaScript)のオススメ度「B」

NativeScriptは、かなりユニークで使える開発環境だと思う。JavaScriptベースである点、わかりやすいプロジェクト、整備されたドキュメントとサンプル。また、Playgroundはかなり使える。これであれこれいじって動かしていけば、試行錯誤しながらけっこうまともなアプリが作れるようになる。

が、ビギナーにとっては致命的ともいえる「情報過疎状態」のせいで、どうしてもAランク評価とはいかなかった。「オレは英語もバリバリだぜ！」という人には、文句なしに評価Aをあげよう。

● NativeScript

https://www.nativescript.org/

Googleのまったく新しいアプリ環境「Flutter」(Dart)

● Flutter(Dart)って何だ？

Flutter（フラッター）っていうのは、まったく新しいスマホ環境だ。これについては、話せば長くなるんだけど……。

まず、Googleは、AndroidやChrome OSの後を考えて、全く新しいOSを一から作ろうとしていたんだな。これは**Fuchsia**（フクシャとかフーシャって呼ばれる）というもので、まぁ、パソコンのOSとして作られていた。このFuchsiaで動くアプリの土台となる環境として作られていたのが「Flutter」なんだ。

このFlutterは、エンジンプログラムとライブラリでできていて、AndroidやiPhone用のものが既に作られている。Flutterを使って動くアプリを作れば、AndroidでもiPhoneでも動くアプリが作れるっていうわけ。作成したアプリにはFlutterのエンジンなどが組み込まれているので、普通のアプリと全く同じように動かすことができる。

4-1 アプリ開発のプログラミング言語

　　Flutterのアプリ開発に採用されているのが、**Dart**（ダート）っていうプログラミング言語だ。Dartは、もともとはWebブラウザで動かすものとして作られていたんだけど、「WebブラウザはJavaScriptだけでしょ」というんで、ブラウザの間で全然広まらなかった。それで下火になっていたんだけど、Dartそのものは「強力なJavaScript」のような感じで非常によくできた言語だ。Flutterを作ったとき、「Dartしかない！」と思って採用されたようで、Flutter開発者たちのDart愛は並々ならぬものがあるようだよ。

Flutter（Dart）の特徴
JavaScriptの完成形？
　　Dartは、もともとは「JavaScriptの言語的な問題を解決する」ことを目指して作られた言語なんだ。**静的型付け**といって、変数にどんな種類の値を入れられるか指定したり、プログラムを**モジュール化**していろいろなライブラリなどの組み込みがしやすくしたり、そのほか、さまざまな言語的強化をはかってる。

　　JavaScriptを置き換えることから始まったため、JavaScriptの知識があれば基本的なスクリプトはすぐに書けるようになっている。新言語だけど、意外ととっつきやすいのだ。

Flutterは出たばかりの新環境！
　　Dartでプログラミングを行うFlutterという環境は、2018年12月にバージョン1.0が正式リリースされたばかりのできたてホヤホヤの環境だ。Flutterでは、**ウィジェット**っていうGUI部品のオブジェクトがたくさん用意してあって、それらを組み込んで画面を作っていく。全部、スクリプトを書いて表示を作るので、慣れないうちはけっこう「面倒くさい！」と思うかもしれない。が、「Flutter Studio」っていうWebベースのツールを使えば、マウスで画面を作成できる。こうしたツールを併用すれば割とサクサク作っていけるんだ。

Chapter 4 スマホ・タブレット開発の世界

図4-5 Flutter Studioの画面。Webブラウザで画面デザインができる。

情報量はものすごく少ない

　Flutter自体がまだ登場したばかりなものだから、とにかく情報は少ない。更に日本語ともなると、探し出すのに苦労するだろう。また使用言語であるDartも、Flutterの採用で再び注目されるようになりつつあるとはいえ、かなりマイナーな言語なのは間違いない。自力で学習していく意欲がないと、辛いだろう。

Flutter(Dart)のサンプルコード

　Dartっていうプログラミング言語は初めて登場したから、どんなものか簡単なサンプルコードを挙げておこう。

```
void main() {
    var total = 0;
    for (int i = 1;i <= 100;i++) {
        total += i;
    }
    print('total: ${total}');
}
```

なんか、見たことある感じだね？ JavaScriptを知っていれば、「ずいぶん似てるな」と思うだろう。よく見ると、関数の戻り値にvoidってあったり、変数を用意するのにvarだけでなくintとか使ってたりするけど、かなり近い感じになっているのはわかるはずだ。

● Flutter（Dart）のオススメ度「C」

Flutter自体は、これから大化けするかもしれない可能性を秘めている。Googleがどれぐらい本気で取り組むかにかかっているのだけど、もしパソコンでもスマホでもすべてFlutterが動くようになれば、劇的に環境は変わるだろう。

が、それもこれもすべては「未来」の話。現時点では、ビギナーが最初に始めるものとして「Flutter + Dart」というのは、ありえない。どのぐらい利用できるかもわからない、将来どうなるかもわからない、勉強しようとしても何も情報がなくてわからない。わざわざそんなものを選ぶ必要なんてないよ。

これは、ある程度プログラミングがわかって、面白さがわかってきたら、非常に興味深い環境だろうと思う。将来の楽しみにとっておく、ってことで。

● Flutter
https://flutter.io/

HTML5ベースのWebアプリ開発ツール「Ionic」（JavaScript）

● Ionic って？

ここまでの説明で、スマホのアプリ開発では純正以外にもいくつかのやり方があることがわかったと思う。その中で「HTMLベースでアプリを作る」っていう手法は、以前から使われていた。ここでもPhoneGapやMonacaといったものを紹介したね。PhoneGapは、スマホ用に作られたフレームワークで、MonacaもPhoneGapを利用していた。スマホアプリでHTMLベースとなると、このPhoneGapを利用するものが非常に多い。

が、そうでないものもある。**Ionic**（アイオニック）は、PhoneGapを利用しな

いHTML5（HTMLの一番新しいやつ）ベースの開発環境だ。Webの技術をそのまま利用するから、Web開発でJavaScriptなどを活用している人なら利用できる。また開発中のアプリはWebブラウザで実行して動作などを確認できるのもWebベースの利点だね。

まだ日本ではあまりメジャーではないけど、PhoneGapベースとは違う、新たな「Webベースのスマホ開発」として、もっと知られてもいい気がするな。

Ionicの特徴
Angularベース！

Ionicの一番の特徴は、「Angularをベースにアプリを作成する」ってことだろう。Angularというのは、**第3章**で取り上げたけど、Webのフロントエンドフレームワークだったね。このAngularは、**プログレッシブWebアプリ**の開発を考えて作られてる。つまり、「Webでもアプリでも同じ」というものを作ろうと考えている。

これ、「Webベースでのアプリ開発」には、まさにうってつけのものだと思わないか？　そこに目をつけたのがIonic ってわけだ。Angularの力を借りることで、まるでアプリのような動きを実現できるんだ。

無料でできることは限られる

Ionicには、いくつかの契約形態がある。無料だと「プロジェクトを作って実行して動作確認をする」といった部分までは行える。が、ネイティブアプリをビルドしようとすると、有料契約をしないといけない。この辺が、ビギナーにはネックになるかも。

もちろん、まったくアプリが作れないわけじゃなくて、ビルドしてWebアプリは作ることができる。だから、これをそのままWebで利用したり、スマホアプリのプロジェクトに追加して表示させたりすれば、手作業でアプリは作れるよ。

実は本格開発ツールも用意してある

Ionicには、簡単にプロジェクトを作成したり実行したりできるCLI（command-line interface）や、Web上でプロジェクト管理をするサービスなどが標準で用意されている。また本格開発向けに、Ionic Studio って開発ツールも用意している。けっこう本気で作っているんだけど、割と「ここから先は有料」っていう部分が多い。

Ionicのオススメ度「C」

　日本語の情報がほとんどないこと、そして有料サービスが多いこと、更にはベースとなる技術が「Angular」というビギナーにはちょっと敷居の高いものであること、などからオススメ度はCランクになってしまうと思う。でも、PhoneGapではないWebベースアプリ開発環境は貴重と思うので、あと一歩頑張って、無料枠を広げるとか、日本語のドキュメントを用意してくれるとかなれば、評価はぐっと上がるんだけどな。

Ionic

https://ionicframework.com/

4-2 アプリでプログラミング！

アプリでプログラミングする時代！

　スマホの場合、「アプリを作る」ということに限って考えれば、確かに「パソコンで開発環境を用意して本格言語でプログラミング」ってことになる。スマホのアプリは、スマホじゃ作れないからね。

　だけど、「スマホではプログラミングできない」というのは、ちょっと違う。アプリ開発は難しいけど、「プログラムを書いて動かす」だけなら、方法にある。「プログラミング言語アプリ」を使うのだ。
　そう。AndroidやiPhoneには、プログラミング言語を書いて実行するアプリがあるんだ。そうしたものを利用すれば、スマホやタブレットなどでプログラミングすることができるようになる。アプリを作れなくても、いろんな計算や処理をその場で書いて実行できれば、ずいぶんと勉強にもなるはずだぞ。

iPhoneでPythonを動かす！「Pythonista3」(Python/iPhone)

● iPhone/iPadで動くPython環境！

　iPhoneのプログラミング言語アプリで、現在、もっとも注目されているのが**Pythonista3**（パイソニスタ３）だろう。これは名前の通り、iPhoneやiPadでPythonを実行することのできるアプリだ。

　Pythonista3には、Pythonを記述する専用エディタがあり、その場でスクリプトを書いて実行することができる。またiPhoneの機能を利用するための独自のライブラリが組み込まれていて、iPhoneのハードウェアを利用すること

もできる。

　動作速度もかなり高速なので、「アプリでプログラミングするから」といって低品質なプログラムしか作れない、といったイメージは持たないほうがいい。Pythonista3は、かなり本気でプログラムを作成できるアプリなのだ。

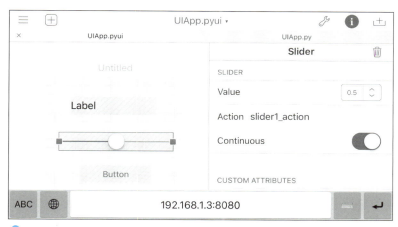

図4-6　Pythonista3の画面。GUIもこのようにデザインして作れる。

● Pythonista3（Python/iPhone）の特徴
● Python 3.6と2.7に対応

　Pythonという言語は、バージョン2と3でガラリと変わってしまっているのだけど、Pythonista3ではバージョン2と3の両方の最新版に対応している。だから、バージョン2を使っていた人でも安心して利用できる。

● サンプルデータが豊富！

　Pythonista3は、特に**簡単なアクションゲーム**などを作るのに適しているんだ。Pythonista3には、標準で結構な数のゲーム用イメージとサウンドが搭載されていて、それらを組み合わせるだけでかなり本格的なゲームが作れてしまう。

● 豊富なライブラリ

　Pythonista3では、Pythonで多用されている**matplotlib**（マットプロットライ

ブラリ)や**numpy**(ナムパイ)といったライブラリ(機能特化プログラム)が標準で組み込まれている。また、iPhoneの機能を利用するための独自ライブラリが標準で搭載されていて、何ら追加することなくiPhoneの主な機能(各種センサーやクリップボード、連絡先など)を利用することができる。更には、iPhoneのAPIにアクセスするための仕組みも用意されているので、「iPhoneのアプリでできることは、全部Pythonista3でもできる」といってもいい。

日本語は対応してない

このアプリ、基本的には「英語版のみ」だ。日本語化はされていないので、「英語は苦手」という人はちょっと使いにくいかもしれない。また、Pythonそのものは普通の入門書などで勉強すればいいが、独自機能については日本語の情報も非常に少ないので、英語でいろいろ調べないといけないだろう。

Pythonista3(Python/iPhone)のオススメ度「A」

日本語表記でないなど、ビギナーにはとっつきにくい部分もあるけれど、おそらく「iPhoneで動くプログラミングアプリ」の中では、これがベストだろうと思う。Pythonというビギナー向きの言語という点、用意されているエディタの使いやすさ、サンプルデータの豊富さなど、どれをとっても「最初に使うならこれ！」と思わせるだけのデキだ。

AndroidでPythonを実行！「Pydroid 3」(Python/Android)

AndroidのPythonならこれ！

Pythonは、もちろんAndroidでも使うことができる。Android用のPythonアプリはいくつもあるのだけど、おそらくこの**Pydroid 3**(パイドロイド3)が一番使いやすく、利用しやすいんじゃないだろうか。

これは、専用のテキストエディタにスクリプトを記述し、実行するというスタイルのアプリ。Python 3の標準機能は一通り備えているし、更には後からいろいろとライブラリなどを追加したりできるので、「パソコンのPythonでできたことはだいたいできる」と考えてもいい(もちろん、C言語などで作ったネイティブなコードを含むライブラリはそのままでは動かない)。

動きもキビキビしているし、エディタの入力補完機能や表示フォントの調

整など、細かな設定も用意されている。「AndroidでPython」というなら、まずはこれから、かな。

図4-7　Pydroid 3の画面。かなり使いやすいエディタ。

Pydroid 3(Python/Android)の特徴
エディタとターミナル

　Pydroid 3の特徴は、パソコンなどと同じように「ターミナルで実行する」という点だろう。専用エディタでスクリプトを記述して実行すると、Pydroid 3のターミナルに切り替わって、そこでスクリプトが実行されるのだ。もちろん、ターミナルなので必要に応じて入力もできる。インタラクティブなスクリプトを簡単に作れるのだ。

pip対応！

　Pythonには、**pip**というモジュール管理ツールがついているのだけど、このPydroid 3はpip対応なのだ。つまり、必要なライブラリなどをpipでインストールして使えるってこと。これは大きいぞ。世界中で流通しているライブラリ

Chapter 4 スマホ・タブレット開発の世界

類をそのままインストールして利用できるんだから。また、用意されている主なライブラリについては、サンプルコードも用意されていて、それを実際に動かしながら使い方などを確認できる。

● GUIはTkinter対応

Pydroid 3では、AndroidのAPIなどを直接実行する機能はないんだけど、GUIに関しては**Tkinter**というPythonの標準UIライブラリが使えるようになっている。これを利用することで、GUIつきのプログラムを作成することができる。もちろんこれもサンプルコードつきで、すぐに動かせるぞ。

● 情報は、英語のみ

このPydroid 3も、基本的には表記は英語のみで日本語対応はない。また情報も、日本語のものはほとんど見つからない。ただし、Pydroid 3で利用されているのは独自のライブラリなどでjはなく、Pythonの標準的なライブラリ類だから、それらの使い方は検索すれば見つけられるだろう。

あと、日本語の入力などに難があるという報告がけっこう出ているので、あまり日本語を使うことは考えないほうがいいかもしれない。

● Pydroid 3(Python/Android)のオススメ度「B」

英語表示というのはネックだが、「AndroidスマホでPythonを勉強できる」という点で考えればこのアプリがベスト。GUIも利用できるが、「Pydroid 3独自のライブラリ」を使っていないので、検索すればなんとか情報が見つかる。ただし英語が中心だ。

あんまり「アプリっぽいものを作ろう」と考えないで、純粋にPythonの勉強をするつもりであれば、これはけっこう使えるんじゃないだろうか。特にサンプルコードが充実しているので、それを見ながら勉強していくといいよ。

アプリも作れる！「DroidScript」(JavaScript/Android)

● JavaScriptベースでアプリ作成！

iPhoneやAndroidのプログラミングアプリというのは、基本的に「アプリ内でスクリプトを書いて実行する」というタイプのものだ。さすがにアプリ自体

を作るのはちょっと無理……と思われていた。が、**DroidScript**（ドロイドスクリプト）は、その常識を破壊する。DroidScriptは、Androidのアプリでありながら、アプリ開発ができてしまうのだ。

　DroidScriptは、JavaScriptの開発アプリだ。JavaScriptでアプリを作る？　どうやって？　と思うだろうが、DroidScriptには、「**V8**」というJavaScriptエンジンが搭載されていて、JavaScriptのスクリプトをそれで実行できるようになっている。このV8は、JavaScriptの実行環境であるNode.jsでも採用されているものなんだ。

　DroidScriptで作れるアプリは、大きく二つに分かれる。

　一つはWebアプリ、もう一つはスタンドアロンなネイティブアプリだ。「なーんだ、Webとして作るのか」と思った人。そうなんだけど、アプリのショートカットを作成して配置したりできるので、使い勝手は普通のアプリとあまり変わらない。

　個人的に、UI（ユーザーインターフェイス）のデザインがちょっと古めかしい（フラットデザイン全盛の時代に丸っこい立体ボタンとか）感じなのがちょっと、なんだけど、中身はかなりよくできていると思うよ。

図4-8　DroidScriptの画面。ちょっとインターフェイスが古臭いのが残念。

DroidScript(JavaScript/Android)の特徴
Webアプリとネイティブアプリを作成
　既にいったけど、DroidScriptでは、Webベースのアプリと、ネイティブアプリが作れる。Webベースでは、HTMLファイルの中にJavaScriptのスクリプトを書いて動かすので、何ら専門的な知識も必要ない。

　また、ネイティブアプリも、用意されているいくつかのオブジェクトの使い方がわかれば、ごく簡単なGUIぐらいは作れるようになる。ただし、いわゆるAndroidの標準的なネイティブアプリ（JavaやKotlinで作るやつ）とは作り方が違うので、独自のやり方を覚える必要がある。

　それと、ネイティブアプリのビルド機能はプラグインになっていて有料だ。だから、とりあえずはWebアプリから始めるといいだろう。

アプリでもWebでもプログラミング！
　DroidScriptのユニークなところは、アプリでプログラミングできるだけでなく、Webベースでもできるという点にある。つまり、パソコンでWebサイトにアクセスし、DroidScriptのアプリと接続すれば、パソコンでプログラミングすることもできるのだ。そしてその場で実行すれば、接続されたAndroid端末でアプリが実行される。これは実に快適だぞ！

日本語環境は期待薄
　アプリは基本、英語。そしてやっぱり、日本語の情報は少ない。だからビギナーとしてはけっこう苦労するだろう。

DroidScript(JavaScript/Android)のオススメ度「B」
　これもやっぱり「日本語環境」がネックになってBランク評価になる。個人的には、アプリだけでなくWebを使ってパソコンからプログラミングできるなど、なかなか使えると思うんだが、うーん。情報が少なすぎる。現状ではビギナーはかなりしんどいだろう。

Java/C++で本格アプリ開発！ 「AIDE」(Java、C++/Android)

本式のアプリ開発をスマホで！「AIDE」

スマホのプログラミング環境というのは、要するに「正式な開発環境は巨大すぎてパソコンでないと使えない。だからなんとか簡略化してスマホで動くように工夫しよう」というのがありありと見て取れた。

が、**AIDE**（エーアイディーイー）は違う。これは、Androidの正式な開発言語であるJavaを使い、正規の開発スタイルをそのまま踏襲してアプリを開発するのだ。またJavaだけでなく、スマホ内でネイティブコードを実行するため、C++言語も備えている。かなり本格的な開発アプリ、というより、本当に「本来のAndroid開発のシステムをそのままスマホにもってきちゃった」というシロモノなのだ。

図4-9　AIDEの画面。ブルーを基調としたカラフルな作りだ。

● AIDE（Java、C++/Android）の特徴
● 小さくともフル開発環境！

「アプリだからどうせ本物の開発ツールのサブセットみたいなもんだろう」なんて思うかもしれないが、AIDEは開発に必要なものは一通りちゃんと揃っている。Androidアプリは、正規の開発ツールを使うと、プロジェクトの中に多数のファイルやフォルダが作成されるんだけど、AIDEでもすべて完璧に用意されていて編集することができる。

またGUIなどは、ソースコードを編集するだけでなく、ちゃんとビジュアルにGUIの部品を配置して編集する機能まで持っている。ただし、限られたスマホの画面で作業しないといけないから、かえって面倒くさいかもしれない。ファイルはプロジェクトの階層の中を上がったり下がったりして探さないといけないし、GUI編集は部品にタッチするたびに操作内容のメニューがズラッと現れるし……。

● 正直、宣伝がウザい

AIDEを使ってると、頻繁に「このプラグインを購入しろ」だの「有料ライセンスにアップグレードしろ」だのといってくる。これが非常にウザい。「わかったから、今は黙っててくれ」といいたくなる。

● 日本語情報は少ない

まぁ、スマホのプログラミングアプリは基本、すべてそうなんだけど、表記は英語のみで日本語はない。そして日本語の情報もまだまだかなり少ない。この辺は、まあどのアプリも同じような状況だからしょうがないんだけどね。

● AIDE（Java、C++/Android）のオススメ度「C」

確かに、スマホでスマホアプリを完璧に開発できるっていうのは、すごい。すごいけど、正直、そこまで「完全なアプリをスマホで開発する」ということにこだわる必要性が、僕にはよくわからなかったりする。本気でプログラミングしたい！　と思う人なら、まぁパソコンぐらいは持ってるだろう。なら、狭いスマホで作るよりパソコン使えばいいんでない？　と思ってしまうのだ。

また、ほかのプログラミングアプリと異なり、AIDEはあくまで「正規のアプリ開発のプロジェクトをそのまま再現し、編集する」ことを考えているため、多数のファイルをあちこち開いて編集していくことになる。その操作が実に

煩雑で、わかりにくい（多分、スマホでなくて画面の広いタブレットならば、このあたりはそう気にならないかもしれない）。

　そうしたモロモロを考えると、ビギナーにあえて「完璧なアプリ開発を行うためのプログラミングアプリ」を最初にオススメする意味があるだろうか、と思ってしまうんだな。マーケットに提出できるような正式なアプリではないけれど、簡単に便利なプログラムを作って動かせるアプリはたくさんある。個人的にはそうしたもののほうがずっとプログラミングの楽しさを得られると思うんだ。

4-3 スマホ開発するなら何がベスト？

　以上、スマホ関係のプログラミング言語とプログラミングアプリについて一通り説明してみた。いろいろあったけど、結局何がいいんだかわからない、という人も多いだろう。そこで最後に、「悩んだなら、これをやっとけ！」という超オススメを選んでおくことにしよう。

パソコンでスマホ開発をするなら？

MIT App Inventor

　スマホアプリの開発っていうのは、なんにしろ大変なんだ。パソコンと違って、限られたハードで、しかもさまざまな状態（画面サイズが違うとかね）に対応する形でアプリが動くようにするためには、いろいろな仕組みや制約がある。だから、iPhoneであれAndroidであれ、正規の開発ツールを使うものは、どれもギリギリ「ビギナーでもOK」なレベルを上回る難易度になってしまうと思う。

　といって、正規ではないやり方というのは、情報の少なさ、今後も長くサポートされるかなど、不安材料がいろいろとある。これまた「今、流行っているから」というだけで勧めることはできない。

　そんな中で唯一、超簡単であり、かつ非正規でありながら「長期間に渡ってメンテナンスされ続けるだろう」と保証できそうなのが「MIT App Inventor」だ。これは、既に述べたように、もともとGoogleが開発した純正ツールであり、その後、MITのメディアラボに寄贈されて開発が続けられている。MITのメディアラボは、教育用プログラミング言語の「Scratch」を開発していて、MIT App Inventorもその影響を大きく受けている。メディアラボが手がけている以上、そう簡単に「もうやめた」とはならないだろう、と思うのだ。

そして、2019年になり、ようやくiPhoneの開発がサポートされることがアナウンスされた。これで再びMIT App Inventorは注目されるようになるだろう。単に「簡単」というだけでなく、「AndroidとiPhoneのアプリを同時開発できる開発ツール」として重要さが増してくるだろう。そうした点から、プログラミングの第一歩として最適な開発ツールと思うのだ。

iPhoneでプログラミングするなら？

Pythonista3

iPhoneは、迷うことはない。Pythonista3一択だ。これは、本当によくできている。Pythonという言語もビギナーに適しているし、なにより標準でイメージやサウンドのサンプルが多数付属していて、すぐにでもゲームなどが作れるようになっている、というのがいい。単に「Pythonの勉強」でなく、「アプリ作り」の」醍醐味も味わえるようになっているのだ。

Pythonista3は有料アプリだけど、その価値はあるから興味ある人はぜひ購入してみて欲しい。iPhoneのプログラミングアプリは、このPythonista3が突出しているので、ほかは特に紹介しなかった。これだけあれば十分なのだ。

Androidでプログラミングするなら？

Pydroid 3

iPhoneとは逆に、Androidはプログラミングアプリが実にたくさんある。ここで紹介したもの以外にも玉石混交で山のようにアプリがあるのだ。

そんな中でも、「ビギナーにも安心してオススメできるアプリ」を選ぶなら、Pydroid 3になるだろう。「やっぱり、Pythonだから？」と思った人。それもあるけど、それだけじゃないのだ。

ほかのアプリの多くは、アプリの機能を実現するために独自のライブラリを用意している。そしてそれを活用するためには、いろいろと自分で調べな

いといけない。アプリ独自の機能だから情報も少ないし、たいていは英語だ。そして、苦労して調べたものは、そのアプリでしか通用しない知識なのだ。

　Pydroid 3は、アプリ作成のために独自のライブラリを用意する、といったアプローチを取っていない。すべてPythonの世界で用いられている一般的なライブラリを使っているのだ。だから、検索すればたくさん情報が出てくる。また得られた知識は、Pydroid 3というアプリ以外でも、Pythonが使える環境ならたいてい応用できる。これは大きいよ。知識を蓄積し着実にステップアップしていけるのだ。

　というわけで、「最初の一歩」としての勉強しやすさだけでなく、得た知識を今後のプログラミング能力として蓄積していけることまで考えたなら、Pydroid 3は一番のオススメと断言できるだろう。

Chapter 5

開発ツールの世界

　本格的にプログラム作成を行うには、なんといっても「いい開発ツール」が必要だ。弘法は筆なんて選ばなくてもいいだろうが、ビギナーはきっちり選ばないとダメ。ここで主な開発ツールについて一通り説明しておこう！

5-1 統合開発環境

プログラミング言語と開発環境は違う！

　さて、プログラミング言語について散々話してきたけれど、「プログラミング言語でプログラムを作る」というわけではない。……いや、もちろんプログラミング言語を使ってソースコードを書いて作るのは確かなんだけど、実際に作るためには「開発ソフト」というものが必要になる。

　まぁ、プログラミング言語の中には「テキストエディタで書いておしまい」というものもあることはある。HTMLなんかはそうだろう。けれど、これらは例外的なもので、基本的には何らかの**「開発のためのプログラム」**が必要になってくる。

　実際にやってみればわかることだけど、プログラミングのしやすさ、わかりやすさというのは、プログラミング言語そのものの仕様よりも、この「開発ソフトの出来不出来」に左右される部分が大きいのだ。同じプログラミング言語でも、開発ソフトによってまったく使い心地や開発のしやすさなどは変わってくる。

　では、開発ソフトを選ぶとき、どういう点に注意すればいいんだろうか。いくつかポイントを考えてみよう。

● 開発ソフト選定のチェックポイント
● 何が作れるのかをまずチェック！

　何よりも重要なのは「どういうプログラムを作成できるのか」ということ。ダブルクリックで起動するアプリケーションが作れるのか、Webやサーバーのプログラムを作るものなのか、作ったプログラムを動かすのにランタイム（プログラムを動かすときに必要なライブラリ）などのソフトが必要なのか、などなど。

● GUI関係などのデザイン機能

　最近の開発ソフトでは、ウインドウやメニューなどのデザイン機能が充実している。一般的なアプリケーション開発などでは、これがあるとないとではかなり違ってくる。GUIをすべてソースコードで用意したりするのはけっこう大変なのだ。

● ソースコードエディタの機能

　単に「ソースコードを書くエディタがついている」だけなら、その辺のテキストエディタと変わらない。ソースコードを書くための便利な機能があるからこそ開発ソフトを使う意味があるわけだ。ポイントとして、せめて以下の点ぐらいはチェックしたい。

①コード補完機能（利用可能な命令などを表示したり書き出したりするもの。これがあると予約語の書き間違いがなくなるし、うろ覚えの命令なども間違えずに済む）
②コメントや予約語などを色分け表示したり、構文に応じてインデント（文の始まり位置を横にずらすこと）したりしてくれる機能
③ソースコードレベルのデバッガ（エラーをチェックするプログラム）が用意されていて、エディタで実行する文を確認しながらデバッグできる機能

● 複数エディションは違いをチェック！

　商用ソフトウェアの場合、個人向けの廉価なものから企業向けの本格業務開発用まで、複数のエディションを用意していることが多い。値段が高くなればそれだけ機能も増える。が、いらない機能ばかり充実していても意味がない。自分に必要なのはどういう機能かを考え、それらが用意されているエディションはどれなのかをチェックして選ぶ。

　たいていの場合、一番上のものはエンタープライズ関係（サーバーサイドの開発ね）などの機能を網羅したもので、個人向けは一番安いもの（あるいは無料）になっている。なお、この章では、開発ツールは基本的にすべて「無料で手に入るもの」のみを紹介することにした。

● ドキュメントは揃ってる？

　特にヘルプやリファレンス、サンプルなどがどのぐらい充実しているかは重要だ。また、プログラミング関係のソフトでは、「たっぷりドキュメントは

あるけど、全部英語」なんてことも多い。

こういうのは、さすがに販売元のサイトなどをチェックしても詳しくはわからないので、インターネットを検索するなどして、ユーザーの評判などを探っていくと、意外に情報が得られたりするぞ。

● **ハードと環境をチェック！**

特に本格的な開発ツールを利用する場合は、自分が使っているパソコンの環境もよく確認をしておこう。一般に「**統合開発環境**」と呼ばれる本格的な開発ツールは、メモリやディスクをかなり消費する。場合によっては1ギガ程度のディスクスペース、8ギガ以上のメモリなどが要求される場合だってある。また、OSも最新バージョンがインストールされていることが望ましい。その辺の環境もよく確認しておこう。

というわけで、こうしたポイントを頭に入れて、一般に手に入りやすい開発ソフトから、自分にあったものを選んでいけばいいだろう。それじゃ、順に説明していこう。

マイクロソフトの主力製品の無償版「Visual Studio Community Edition」

開発元	Microsoft Corp.
サイト	https://visualstudio.microsoft.com/ja/
プラットフォーム	Windows 7以降、Mac OS X 10.11以降

5-1 統合開発環境

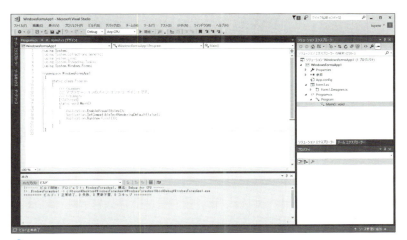

図5-1 Visual Studio Communityの画面。

Visual Studioとは？

Visual Studioは、マイクロソフトの統合開発ソフトだ。元来はWindows開発用のツールだったが、.NETがMacに移植されるのに伴い、Mac版もリリースされた。プロ向けのものから個人向けまでいくつかのエディションがあるが、ここで紹介するのは「Community版」と呼ばれる、もっとも下のエディション。これは無料で配布されており、誰でもダウンロードして使えるのだ。

このツール最大の特徴は「なんでも作れる」ということ。これは、単なる「プログラミング言語とツールソフト」ではない。Visual Studioは環境であり、この環境に対応するあらゆるプログラミング言語を使い、あらゆるプログラムを開発できる。.NET関係はもちろんだが、それ以外の本格アプリケーション開発、サーバーサイドの開発など、これ一本ですべて行える。事実、商品パッケージソフトなどの多くは、このVisual Studioのシリーズを使って作られている。

Visual Studioでは、.NETに対応する複数のプログラミング言語が標準で用意されている。またGUIの作成ツールや、ソースコードを生成する各種の「ウィザード」などのツール類が山のようについてくる。あまりに多すぎて、ビギナーには使い方をマスターできないぐらいだ。またヘルプから技術情報などドキュ

213

メント類も豊富で、あまりに多すぎてどれを読めばいいのかわからないぐらいだ。

これだけなんでも詰め込んでいるもんだから、「全部入り」から「必要なもの一式」までいくつかのエディションを用意して販売をしている。その中で、入門用のCommunity版は、タダで配布されているんだ。有償のものはどれも値段が高い。一般的なアプリを開発するのであれば、Community版で十分だ。これでも開発に必要な機能はすべて揃ってるんだから。

Visual Studioの特徴
なんでも作れる！
標準で用意されている言語だけでもC/C++、C#、Visual Basic .NET、F#、JavaScriptがすべて利用でき、その上、そのほかの言語も追加で対応可能だったりするので、どのプログラマもたいていは自分で使える言語を見つけ出せるだろう。またウインドウを使ったアプリだけでなく、コンソールプログラムや.NET利用のサーバープログラムなども開発できる。基本的に「パソコンで動くプログラムは一通り作れる」と考えていいだろう。

更には、.NETを利用する形であれば、AndroidやiPhoneなどのスマホアプリの開発もできるようになる。これは、まぁ正規開発ツールによるネイティブなアプリとは少し違うけれど、動作速度も速いし、一般のネイティブアプリと同じ感覚で使えるはずだ。

強力なツール＆ウィザード機能
Visual Studioには、GUIのデザインツールはもちろん、各種のウィザード機能が用意されている。これのおかげで、面倒なソースコードを書かなければいけないような処理の多くを自動的にコーディングしてくれるようになっているのだ。このウィザード機能がないと、かなり大変だぞ。
また、ソースコード管理、データベース作成、レポート機能など、さまざまなツール類が付属している点も大きい。こうしたツール類も、Community版でちゃんと使えるんだから大したもんだ。

ドキュメントは豊富！
Visual Studio .NETの付属ドキュメントの内容は、かなりのもの。単なるリファ

レンスだけでなく、さまざまな技術情報が盛り込まれている。サンプルコードなども豊富で、これだけでたいていのことは済んでしまう。

ただし、それにはかなりドキュメントを読んだり調べたりするためのスキルが必要になってくる。情報は豊富だが、ビギナーのためのわかりやすい入門編などは、正直いって、ない。「ある程度わかってる人にはすごい！」というぐらいに考えておきたい。

● Visual Studioのオススメ度「B」

とにかく、「パソコンを使っていてプログラミングがしたい」というなら、これで決まり、といってもいい。これ一本あれば、パソコンのアプリもスマホのアプリもサーバープログラムも、なんでも作れる。しかもタダ！　っていうんだから、利用しない手はない。

ただし、ビギナーでもスイスイ作れるほど、使いやすくわかりやすい、というわけではない。実際に開発するには、それなりの努力が必要だ。だけど、これだけのものが無料で配られているんだから、使う使わないは別にして「とりあえず今すぐインストールしておけ！」といっちゃっていいだろう。

Mac OSの標準環境「Xcode」

開発元	Apple Inc.
サイト	https://developer.apple.com/xcode/
パッケージ	Xcode 10.1の場合、macOS 10.13.16以降（バージョンによって異なるので注意）
プラットフォーム	macOS

Chapter 5 開発ツールの世界

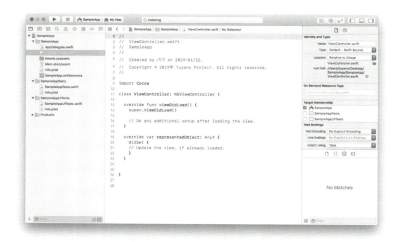

図5-2 Xcodeの画面。

Xcodeとは？

　Macユーザーにとっての標準開発環境、それが**Xcode**（エックスコード）だ。Xcodeの現時点での最新版(10.1)は、macOS 10.13.16以降なら利用できる。App Storeから「Xcode」を検索してダウンロードすればいい。**XcodeはOSのバージョンによって利用できるバージョンが異なる**ので注意しよう。

　Macの基本開発言語であるSwift/Objective-Cを使ってプログラムを作成するためのものだ。システム標準なので、もちろんタダ。App Storeからアプリをインストールすればすぐに使えるようになる。

　Xcodeは、Xcode本体に**Interface Builder**というGUIツールが組み込まれた形になっていて、ソースコードの編集からアプリの設定、ツールによるGUIのデザインまですべて行えるようになっている。あまりに用意されている機能が多くて、ビギナーのうちは何がどうなっているのか皆目わからない、なんてことになるかもしれない。

　Xcodeはなかなかすぐれたソフトだとは思うけれど、正直、「ビギナーにとってわかりやすいか？　使いやすいか？」といえば、あまり優れているとはいいがたい。慣れてしまえば、これはかなり使いやすく強力なツールなんだけど、

とっつきはあまりいいとはいえない。

だが、ある程度がんばって使い方がわかってくると、ものすごく洗練された開発ツールであることがよくわかってくるはずだ。ビギナー向けとしては厳しいが、決して「プロ向き、高度な知識がないと使えない」というわけではないんだ。

Xcodeは、Macだけでなく、iPhoneやiPadのアプリ開発もできる。Macユーザーでプログラミングに興味あるなら、とりあえずインストールしておこう。

🥚 Xcodeの特徴
🥚 MacとiPhone/iPadのアプリが作れる！

Xcodeの最大の利点、それは「MacとiPhoneの開発ができる」ということ。もっとも、iPhoneの開発は、Macのアプリとは内容もまるっきり違うから、「一つのアプリをMac用とiPhone用にビルドできる」というわけではないよ。だけど、これ一本でMacとiPhoneと両方の開発ができるなんてすごいと思うぞ。

🥚 細かい設定は難しい？

XcodeでMacやiPhoneのアプリを作る上での問題、それはプログラミングよりも「そのほかの細かな設定」にあるかもしれない。例えば、アイコンを設定するにはどうするか。多言語化するにはどうするべきか。ファイルの拡張子との関連付けはどうするのか。そういう細かなところで意外と「どうすればいいんだ？」と躓くことが多い。

この辺りは、単純に「使い方の問題」というより、MacやiPhoneのアプリがどういう仕組みで動いているかを知らないと、なかなか理解できない部分だ。そうした「プログラミング以外の部分」というのも知っておかないといけない。

🥚 Xcodeのオススメ度「C」

少々とっつきにくいツールだし、SwiftやObjective-Cは「ビギナー向けの言語」というわけではない。が、macOSと、更にはiOSの標準環境なのだ。これらのプログラムを作りたい！　と思う人は、難しかろうが、評価がCだろうが、やるしかない。まぁ、歯ごたえはあるけど、「ビギナーには絶対無理！」というわけじゃないから、心してかかればきっと道は拓けるぞ（多分）。

プラグインで拡張できる万能開発環境「Eclipse」

開発元	Eclipse Foundation
サイト	https://www.eclipse.org/
プラットフォーム	Windows、macOS、Linux

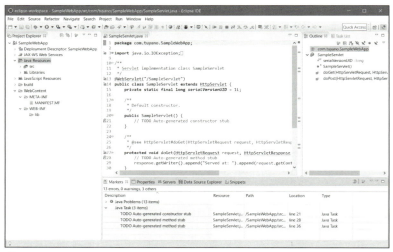

図 5-3　Eclipseの画面。

Eclipseとは？

Eclipse（エクリプス、イクリプス）は、オープンソースの開発環境だ。これは現在、本職のプログラマの間でもっとも広く使われているものの一つといっていい。

Eclipseは、多くの開発環境が実現している「**GUIデザイナー＋ソースコードエディタ**」といったスタイルとはかなり違う。Eclipseには、いわゆるGUIデザイナー（マウスで画面をデザインするツール）はない。すべてをソースコードでひたすら書いて作るという、昔ながらの方式だ。そんなものがなぜ広く利

用されているのか。それはEclipseが「自分の好きなように自由に機能を拡張していけるソフト」だからだ。

Eclipseは、「**プラグイン**」という仕組みを使って機能を組み込んでいる。本体には必要最低限の機能しか用意されておらず、そこにさまざまなプラグインを追加してプログラム全体が構成されているのだ。この構造と、オープンソースですべてのソースコードが公開され、プラグインの作り方などまで細かく情報提供されていることから、さまざまな機能がプラグインとして作成され流通するようになった。

例えば、Eclipseというソフトは、実をいえば英語版しかないのだけど、これも日本語化をするプラグインをインストールすることで、日本語で表示されるようになる。また、Eclipseは本来Javaのプログラミング環境なんだけど、プラグインを追加することでほかのさまざまな言語にも使えるようになる。

サーバーサイドの開発では、各種のサーバープログラムと連携して開発が行えるようになっていることが望ましい。Eclipseでは、こうしたサーバーと連携してプログラムをビルドし、実行するためのプラグインも多数流通している。これらを利用することで、多くのサーバーと連動して開発を行えるようになる。

「自分でいちいちプラグインを探して組み込んで、環境を整えないといけないのか」と不安に思うかもしれない。が、Eclipseは専用のインストールプログラムを配布していて、そこで「Java開発用Eclipse」とか「PHP開発用Eclipse」なんて具合に、使いたいパッケージを選んでインストールできるのだ。

ソースコードのエディタ関係やデバッガなど、基本的な機能は非常に充実している。また各種のソースコード支援機能が用意されており、ソースコードの基本部分をツールで簡単に作成してくれるようになっている。ソースコード作成に関しては非常に強力なのだ。

標準仕様の状態では、もっとも基本となる機能だけをしっかりと組み込んでおく。そして、あとはそれぞれの要望に応じてプラグインでいくらでもカスタマイズしていける。この柔軟さこそがEclipse最大の魅力なんだろうね。

Eclipseの特徴

強力なソースコード支援機能！

　Eclipseは、「いかにしてソースコードを快適に書けるか」というのが設計の基本にあるようだ。余計なデザイナーの類はないが、ソースコードに関してはとにかく機能が充実している。例えば、Javaではimport文というので使用するライブラリを宣言したりするんだけど、それを自動生成する機能や、メソッド（サブルーチンみたいなの）やフィールド（変数みたいなの）やクラス（プログラムの設計図みたいなの）のソースコードを必要な設定を元に自動生成するツールなど、かなり豊富な機能が用意されている。これらは使いこなせば相当な力になる。

日本語の表示も可能‥‥？

　Eclipseは英語のソフトだ。だが、これも実は日本語表記に変更できる。ちゃんと多言語対応のためのプラグインが用意されていて、これをインストールすると日本語になるのだ。ただし、これは標準的なプラグインなどまではサポートしているけれど、それ以外のプラグインの機能までは日本語化されないこともある。完璧ではない、ってこと。

実はEclipseでないEclipseも多数ある

　eclipse.orgの本家で配布しているEclipse以外にも、実はEclipseはいろんなところで配られている。多くの開発系のメーカーでは、自分のところで独自に開発したプラグインをEclipseに組み込み、オリジナルの開発ツールとして配布していたりするんだ。

　だから、見た目はまったく別の開発ツールなんだけど、実は中身はEclipseってこともよくある。実は、自分で気がついてないだけでEclipseを使っているのかも……。

Eclipseのオススメ度「C」

　プログラミングをする際の開発環境としてはかなりオススメのソフトだ。僕自身、数年前までは一番良く使うツールがEclipseだったりした。

　プラグインのインストールそのものはとても簡単なので、ビギナーでも十分できる。また、現時点でJavaの開発におけるEclipseのシェアは圧倒的だ。周りがみんなEclipseなわけだから、「どうせ始めるならEclipseがいい」と思う気持ちもわからないではない。

ただし、ビギナーには「どのプラグインがいいか」「自分がやりたいことを実現するにはどのプラグインを用意すればいいか」といったことを的確に判断するのは難しいだろう。それにプラグインの多くは英語だし、eclipse.orgのサイトもほぼ英語。また「このプラグインを使うにはこれとこれが別途必要」みたいなこともけっこうあったりして、正直、さまざまなところで「あんまりビギナーにやさしくない」ものを感じるのだ。

これは、本職プログラマのための開発環境だ。本気でプログラミングするならEclipseは最高の環境だろう。ただ、ビギナーが初めて使うには、少々難しいところがあるのも事実だ。その辺りをよく踏まえた上で活用するのが吉だろう。

ビギナーに一番やさしいJava開発環境「Apache NetBeans」

開発元	Apache Software Foundation
サイト	https://netbeans.org/
プラットフォーム	Windows、macOS、Linux

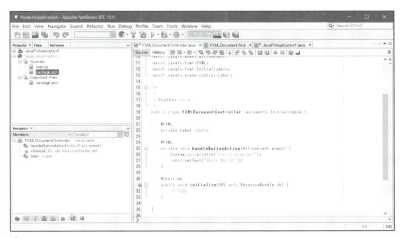

図5-4　NetBeansの画面。

NetBeansとは？

　NetBeans（ネットビーンズ）は、オープンソースのJava開発環境だ。netbeans.orgという団体が中心となって開発を行っていたものだが、その後、Javaの開発だったサン・マイクロシステムズがオラクルに買収されるのに伴ってNetBeansもオラクルに移り、更にオラクルからApache Software Foundationというオープンソースの開発を行っている団体にソースコードが寄贈され、現在はこのApache Software Foundationが開発を行っている。

　NetBeansは、Javaプログラミングのために開発されたソフトだ。が、その後Java以外の言語にも対応するようになり、現在では多くの言語に対応した、総合開発環境となっている。現在では、Java、JavaScript、PHPといった言語が使えるようになっている。

　Eclipseほどではないけれど、NetBeansもやっぱりプラグインを使って機能を拡張できるようになっている。これを使って、各種のプラグインも配布されているのだ。これにより、さまざまな言語を使った開発を行えるようにすることもできる。

　NetBeans本体は、大半がJavaで作成されている。「Javaでできている」というと、ネイティブなアプリに比べてなんとなく「遅い」といったイメージを持つ人が多いようだけど、ほとんど普通のアプリと差はない。むしろ、昨今のやたら機能の多い巨大開発環境などに比べると、機能がすっきりと整理されている分、快適に使える感じだ。実際、使用するメモリ量なども開発ツールとしては少なめ（標準で500MB程度）で、位置づけとしては「軽量開発ツール」といっていい。そんなに機能は豊富ではないけれど、少ないメモリでも快適に動くのだ。

NetBeansの特徴

オールインワン！

　NetBeansは、「必要なものは最初から全部用意してある」というアプローチを取る。だから、一応プラグインなどで拡張する手段はあるけれど、基本、「インストールすれば全部使える」という形だ。

　サーバー環境などは、標準では組み込まれていないけれど、必要に応じて自動的にインストールしたりダウンロードしたりして使えるようになる。つまり、「初期状態では使えないものも、必要に応じて自動的に組み込まれて使

えるようになる」のだ。この辺りもビギナーに向いた開発ツールという感じがするね。

● **拡張性はあまり考えない**

既にちらっと書いたけど、NetBeansは一応プラグインで拡張できるんだけど、このプラグインはあんまり多くない。実は、メジャーバージョンごとにプラグインの互換性というのがあって、古いプラグインは新しいNetBeansでは動かなかったりするんだ。だから、「プラグイン」という言葉にあまり過度な期待はしないほうがいいだろう。

● **ツール類などもかなりパワフル！**

コードの作成では、各種の便利ツールなどもかなり用意されている。コードエディタにはソースコード記述を支援する補完機能などが用意されていて、コードの記述を助けてくれる。これはJavaだけでなく、HTMLなどのエディタでさえ標準で備わっているんだ。

特にJavaでは、import文の作成支援、Javadocというドキュメントの生成、国際化対応のウィザードなど、面倒な部分を簡略化する便利機能がけっこう充実している。また非常に細かいオプション設定をもっており、利用環境をかなり詳細に設定できる。Java開発については、かなり快適なのだ。

● **NetBeansのオススメ度「B」**

以前のNetBeansはかなりクセが強かったが、バージョンアップを重ねて、今ではかなり万人に使いやすい環境となってきている。また標準で思いつく限りの機能を盛り込んでいるので、これ一本あれば後は何も考えないでいい、というところも安直でよいね。

現在、Javaの世界でもっとも広く使われているのはEclipseなんだけど、Eclipseは正直いって「クロウト好み」な感がある。プラグインでカスタマイズするというのも、ビギナーにはちょっと敷居が高い。その点、「これ一本あれば、後は何もいらないよ！」というNetBeansの姿勢は、ビギナーにかなりやさしいものといえるだろう。

ただ、このNetBeansは、オラクルからApache Software Foundationへと移った際に、かなり機能などが削られてしまった。例えば以前は標準でC++が開発できたが、現在の最新版では対応していないし、Rubyなどの言語対応もな

くなっている。また日本語版も移管後は対応できていないようだ。こうしたモロモロを考えると、ビギナーに手放しで推薦できるか、というとちょっとむずかしい気がする。

　アプリそのものは非常に良くできているので、興味ある人は是非試してみよう。タダで使えるんだから、とりあえず入れてみたら？

Eclipseに置き換わる新たな標準？「IntelliJ IDEA Community Edition」

開発元	JetBrains s.r.o.
サイト	https://www.jetbrains.com/idea/
プラットフォーム	Windows、macOS、Linux

図5-5　IntelliJ IDEAの画面。

IntelliJ IDEAって、なに？

　IntelliJ IDEA（インテリジェー・アイデア）は、チェコの会社であるJetBrainsが開発する開発ツールだ。これは、有料版と無料版があって、無料版であるCommunity版はダウンロードして誰でも使うことができる。

なんだか聞いたことないな、チェコのソフトなんて大丈夫なのか？ なんて思うかもしれない。だけど、実はこのIntelliJ IDEAは、世界的に広く使われているソフトなんだ。このあとに登場するけど、Androidの標準開発環境である**Android Studio**は、このIntelliJ IDEAをベースに作られているんだよ。だから、ソフトの出来と信頼性は折り紙付きなのだ。

IntelliJ IDEAの特徴
Javaの新たなスタンダード？
　数年前なら、JavaのプログラミングといえばEclipseで決まり！ だったんだけど、今はこのIntelliJ IDEAに移った人がかなり多いんじゃないだろうか。Community版ならタダで使えるし、Android Studioのベースになっていることから知名度も上がってきたからね。

　Eclipseは不安定で不評だったこともあるのだけど、このIntelliJ IDEAは非常に安定している。Eclipseの頃はいきなりアプリが終了するなんてしょっちゅうだったけど、IntelliJ IDEAで強制終了など一度も経験したことがない。また動作もテキパキしていて、使っていてストレスを感じることもない。
　Javaのプログラミングに関しては、もうIntelliJ IDEAが「新たなスタンダード」といってしまっていいんじゃないだろうか。

幅広い開発に対応！
　IntelliJ IDEAは、Java、JavaScript、Kotlin、Scala、Griffon、Groovyといった言語に対応している。あんまり聞いたことのないものもあるだろうけど、実はJava以外のものはすべてJava仮想マシンで動く言語だ。またプラグインを追加することでPythonなどの言語も使えるようになる。意外と使える言語は幅広いんだ。
　作れるアプリは、パソコン用だけでなく、Androidのアプリにも対応してる。またサーバー開発も可能だ（ただし、本格的なサーバー開発は有償版になる）。だから、一応一通りの開発はできると考えていいだろう。

かゆいところに手が届く機能
　IntelliJ IDEA、特にCommunity版は、決して高機能というわけではないのだけど、「こういう機能があると便利」というところがうまく組み込まれている感じがある。ソースコードの編集関係もそうだし、ビルドツールを幅広くサポート

していたり、Javaのデコンパイラ（逆コンパイラ）が標準搭載されていたり、ターミナル機能（コマンドを直接実行できるウインドウ）が用意されていたり、「そうそう、そこ！　そこがいいんだよ」という感じのものが揃ってるんだな。

●IntelliJ IDEAのオススメ度「B」

　個人的には、特にJavaのプログラミングをするならIntelliJ IDEAはイチオシだと思う。ただ、ビギナーに向いた言語（Python、Ruby、JavaScriptといったもの）での開発となると、少々余計な機能が多すぎる感じがする。もっと気の利いたものはいろいろとあるからね。また、日本語表示に対応してない点も痛い。

　そうした点で、「ソフトの機能としては十分だけど、ビギナー向きとしてはややマイナス点がある」ということでBランクにしておいた。

Androidアプリ開発の標準はこれ！「Android Studio」

開発元	Google LLC
サイト	http://developer.android.com/sdk/
プラットフォーム	Windows、macOS、Linux

図5-6　Android Studioの画面。

5-1 統合開発環境

● Android Studioとは？

　先に、MacやiPhoneの開発環境として「Xcode」を紹介したね。iPhoneの開発は非常にシンプルで、このXcodeしかないといっていい。アップル自身が非常にクローズドな会社で、「自社製品以外は認めない」という姿勢だからね。

　これに対し、AndroidのGoogleはオープンを売りにしている会社だ。だからAndroidの開発ツールもけっこういろいろとある。そうした中で、Googleが開発する「これがAndroid開発の標準だ！」というものが、この**Android Studio**（アンドロイドスタジオ）だ。

　Android Studioは非常によくできていて、まずスピードが速い。何をするにもテキパキしている。そして安定している。以前よりかなり快適にプログラミングできるようになったのは確かだろう。
　実をいえば、これの前に取り上げたIntelliJ IDEAにもAndroidの開発機能はあって、それを使うとAndroid Studioとほぼ同等になる。だから、「IntelliJ IDEAはAndroidの開発もできる。以上」でおしまいにしても良かったんだけど、Android Studioは独立したソフトだし、なにより「Googleが提供する正規のAndroid開発ソフト」なので、改めて紹介しておくことにした。

● Android Studioの特徴
● これ一本で全部OK！

　Androidの開発というのは、実際やってみるとわかるけど、いろいろとやらないといけないことがある。プログラミング、XMLを使った画面のデザイン、各種の設定データの記述。また、テキストなどのデータ類も別にXMLで用意する。更にはそれらのデータを元にアプリを構築したり、エミュレータや実機と連動してアプリの動作チェックをしたり。とにかくやるべきことが多い。Android Studioは、そうしたAndroidアプリ開発に必要なあらゆる機能をすべて内蔵している。

● 基本は「Java ＋ XML」の専用エディタ

　Androidの開発は、基本的にJava言語を使っている。これに加えて、各種のデータを独特のXMLファイルとして作成するようになっている。Android Studioは、これらを編集するための専用エディタを内蔵している。これは、単にソースコードを編集するための機能だけじゃなくて、画面表示関係の

Chapter 5 開発ツールの世界

XMLならマウスでビジュアルにデザインできるようになっていたりする。

● プラグインで拡張可能！

Android Studioにはプラグイン機能がある。最初から必要なものはすべて用意されているけれど、更にプラグインで追加することもできるようになっている。プラグインは、IntelliJ IDEAのプラグインなら全部使えるぞ。

● Android Studioのオススメ度「B」

Androidの開発ツールの中では、文句なしに「イチオシ！」といっていいだろう。ただ、そもそも「Androidアプリの開発」がプログラミングビギナーにおすすめできるか？　というと、これは少し疑問だ。

JavaまたはKotlinという、それなりの知識が必要な言語を使い、Androidのための専用機能をいろいろと覚えてプログラムを作らないといけない。そう考えると、「ビギナーでも簡単に作れる」とまではちょっといえない。

なので、ビギナーがAndroidアプリに挑戦するという意味ではオススメ度は「B」だけど、Android開発ソフトとしてのオススメ度は「A」クラス！　という感じだろう。

5-2 特定用途に向けた開発ツール

アプリ開発以外にも開発はある！

　僕らは「開発ツール」というと、ごく当たり前に「何かのアプリを作るもの」と漠然と思っているところがある。が、アプリ以外にもさまざまなプログラムがあるわけで、そうしたものの作成だって開発ツールのお世話になるはずだ。

　特に重要なのが、Web&サーバー関係の開発。Webやサーバーの開発では、さまざまなプログラミング言語が使われるが、その多くは「**ライトウェイト言語**」と呼ばれるスクリプト言語だ。具体的には、PHP、Ruby、Python、JavaScriptといったものだね。こうしたものは、アプリの開発のように、プログラムのコンパイルだのビルドだのといった作業は必要ない。スクリプトを快適に編集できれば、それで十分だったりする。そのために、大掛かりな開発ツールを使うのはちょっとバカバカしい。

　そこで、もっと軽快で、こうしたスクリプト言語の編集を快適に行えるようなツールが使われることになるわけだ。
　こうした、「本格アプリ開発以外の開発のためのツール」について説明していこう。

Visual Studioのライト版！「Visual Studio Code」

開発元	Microsoft Corp.
サイト	https://code.visualstudio.com/
プラットフォーム	Windows、macOS、Linux

Chapter 5 開発ツールの世界

図5-7 Visual Studio Codeの画面。

●Web&サーバー開発ツールの決定版！

Webやサーバー開発のためのツールで、ほぼデファクトスタンダードとなりつつあるのが、**Visual Studio Code**だ。これは、名前からして想像がつくように、Visual Studioをベースにしたもの。

Visual Studioは、本格開発のための機能が山のように搭載されている。その中から、各種言語のソースコードを編集するためのエディタ部分だけを切り離したのが、このVisual Studio Codeだ。

使い方はとても簡単。フォルダを開くと、そのフォルダの中身が階層的に表示され、そこからファイルを選択すればエディタが開いてすぐに編集できる。エディタは非常に多くの言語に対応していて、一目でスクリプトの内容がわかるような表示、入力を支援する機能など、Visual Studioに用意されている編集機能がほぼそのまま使えるようになってる。これは開発ツールの中でもかなり高機能だぞ。

また、プラグインをサポートしており、いろいろと機能拡張していける。自分なりにカスタマイズしていけば無敵な開発ツールが完成するだろう。さすがマイクロソフト、やるな！

Visual Studio Codeの特徴
操作が簡単！

 Visual Studio Codeの一番の利点は「簡単さ」だ。ソフトを起動し、フォルダをウインドウの何もないエリアにドラッグ＆ドロップすれば、そのフォルダの中身がずらっと現れる。そこから編集したいファイルをクリックすれば、その場でエディタが開いて編集に移れる。基本的には「ファイルを編集するだけ」のものなので、そのやり方さえ知っていればもう使えるのだ。

対応言語が豊富！

 Visual Studio Codeは、とにかくたくさんの言語に対応している。C++やJavaのような本格言語からJavaScriptやPHPのようなライトウェイト言語まで、比較的知られている言語であればたいてい対応している。

 また、エディタに徹しているソフトなので、対応する言語の編集は実に快適に行えるようになっている。単語などの役割に応じた色分け、文法を解析した自動インデント、現在使える用途などをポップアップ表示する入力補完機能など、Visual Studioにあった機能がすべて用意されているのだ。

日本語も完璧！

 こうしたプログラミング言語に対応したエディタはほかにもあるが、多くは「英語のみ」だったりする。が、さすがは世界のマイクロソフト、Visual Studio Codeは完全日本語対応だ。

豊富な機能拡張

 Visual Studio Codeには、機能拡張というものがあって、後からプログラムを追加することで機能を追加できる。これにより、標準ではサポートされていなかったさまざまな言語が使えるようになるんだ。この機能拡張は思った以上にたくさん用意されているぞ。

Visual Studio Codeのオススメ度「A」

 とりあえず、JavaScriptやPHPなどのように、「コンパイルやビルドなどの作業を必要としない開発」ならば、すべてVisual Studio Codeを使う、というのが僕の開発スタイルだ。それぐらい個人的に使いまくっている。

 動作も軽快だし、メモリも、本格開発環境などに比べればそれほど多くは食わない。使い方も簡単だし、ビギナーにこそ使って欲しいツールだ。これ

一本あれば、ライトウェイト言語の開発はすべてまかなえるぞ。

Adobeが作る軽量言語向けツール「Brackets」

開発元	Adobe Systems Inc.
サイト	http://brackets.io/
プラットフォーム	Windows、macOS、Linux

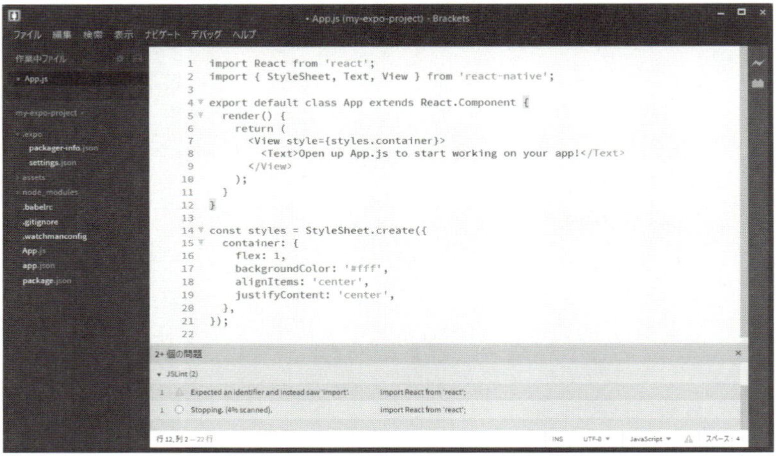

図 5-8　Bracketsの画面。

Brackets ってなに？

　Visual Studio Codeは、マイクロソフトの開発ツールだ。これさえあれば、もうほかはなくていいや。なんて思う人もいることだろう。だが、ちょっと待って！　こいつと同じぐらいに使えるライトウェイト言語向けの開発ツールがあるんだ。それが、Adobe（アドビ）による**Brackets**（ブラケッツ）だ。

　Adobeは、Dreamweaver（ドリームウィーバー）といったWebの開発ツールを既に出している。これは便利だけど、機能が多すぎて動作も軽快とは言い

難く、更には値段も高い。が、こうしたツールを作った経験が活きたのだろう、Bracketsは素晴らしく軽快で使いやすいツールになっている。また、このBracketsも機能拡張を持っていて、あとからいろいろとプログラムを追加してカスタマイズできる。

アプリの細かな設定もできるし、Visual Studio Codeにかなり強力なライバル心を持っているのでは？　と思うほどに両者に実装されている機能は近い。この2本のどちらか一つがあれば、たいていのライトウェイト言語の開発は済むだろう。

Bracketsの特徴
実は「Webページ」でできてる？

Bracketsは、実はその大半がHTML、CSS、JavaScriptといった言語でできている。つまり、「Webページ」と同じような形で作られているんだ。ソースコードも公開しているので、それをダウンロードして中身を書き換えるなどすれば、アプリを簡単にカスタマイズできてしまうのだ。

デフォルトで日本語対応！

さすが、Adobe！　Bracketsは、標準で日本語対応。すべて日本語で使うことができるのでビギナーでも安心だ。

パワフルな「クイック編集」機能

Bracketsの大きな特徴に「**クイック編集**」という機能がある。これは、選択されている値などを編集するための表示を自動的に行うものだ。というと、なんだかよくわからないだろうが、例えば色の値が選択された状態でこれを選ぶと、色を選ぶカラーパレットがその場に表示される。こんな具合に、その値がどういうものかを解析し、それを編集するのに最適なツールを表示するのだ。これは慣れるとかなり便利。

機能拡張はかなり豊富！

Bracketsにも、機能拡張が用意されている。現時点で、かなりな数のプログラムが公開されているぞ。この機能拡張を使うことで、より多くの言語に対応したり、エディタなどを強化したりできるのだ。

Bracketsのオススメ度「A」

これまた、ビギナーにも超オススメだ。機能的にはVisual Studio Codeに引けを取らないくらいだし、機能拡張もサポートしている。更に日本語もOKだ。個人的には、BracketsではなくVisual Studio Codeを使うことが多いけど、これは「こっちがいい、あっちはダメ」ということでなくて、単純に趣味の問題（Bracketsの黒いウインドウがあんまり好きでないから）でしかない。どちらも機能や使い勝手はまったく遜色ないので、好きな方を使おう。

Webブラウザでアプリ開発！「Codenvy」

開発元	Codenvy
サイト	https://codenvy.com/
プラットフォーム	Webブラウザがあれば何でもOK

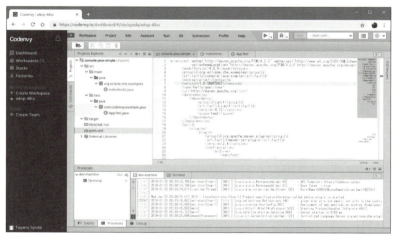

図 5-9 Codenvyの画面。

Webの開発環境って？

ここ数年のWebの進化は驚くばかりだ。それまでパソコンでしか使えなかっ

た大抵のアプリは、Webブラウザからアクセスするだけで使えるようになってきた。Chromebookなんていう、ブラウザしか使えないノートパソコンがけっこう売れていて、しかもそれで多くの人が十分だったりする。何でもWebで済んでしまうなら、「開発」だってWebでできるんじゃないか？　と思うことだろう。実際、そうした開発環境はもう登場しているのだ。

Codenvy（コードエンビィ）は、さまざまなクラウドサービスに対応していることで知られるWebサービスだ。Webベースの開発ツールでありながら、C#、Java、Python、PHPといった言語で開発することができる。作ったプログラムは、**Git**（ギット）っていうプログラムを共有するサービスにアップロードできる。Gitは、プログラマの標準サービスのようになっているので、ここにアップできれば、あとはなんとかなるのだ。

Codenvyの基本サービス料は無料。これは利用するサービスに応じて料金を払うようになっている。当分は無料で利用できるから、とりあえず使ってみるといいだろう。

Codenvyの特徴
開発環境としては十分な機能

Webベースの開発環境というと、「ちゃんとしたソフトに比べたら低機能では……」なんて考えてしまうだろう。確かに多くのサービスはそうなんだが、このCodenvyは、かなりしっかりとしている。編集環境は普通の開発ツールと比べても遜色ないほどだし、サーバー開発でプログラムをその場で実行したりする機能は、逆にこっちのほうが進んでいるくらいだ。

基本はWeb&サーバー開発

Webサービスとして用意されているだけあって、基本は「Web & サーバー開発」だ。一般的なPHPなどを使ったサーバー開発だけでなく、Railsなどのフレームワークや、Google App Engineといったクラウドサービスもサポートしている。このほか、Androidアプリの開発もサポートしているぞ。意外と作れるプログラムの幅は広いのだ。

日本語はダメ！

表示は、すべて英語。日本語化などはまったく行われていない。基本的に英語のみで使うものと諦めよう。

Codenvyのオススメ度「C」

正直、ビギナーが「ちょこっと試してみよう」と思って使えるようなシロモノでないのは確かなんだ、サーバー開発っていうのは。だから、オススメ度としてCになるのはしょうがない。特にGitの使い方をよく理解しておかないと、作ったプログラムを公開するのはおぼつかないだろう。また情報も少ないし、何もかも英語だ。この状態でバリバリに使いこなせるようになるビギナーはなかなかいないだろう。

だけど、「**Webベースの開発環境**」は、これから先、どんどん増えてくるだろう。だから、今すぐこれらを試してみる必要はまったくないんだけど、頭の片隅でいいから、こうした世界が既にあるんだってことを記憶しておいて欲しい。そういった意味で、あえてCodenvyについて取り上げてみた。

サンドボックスで動作確認！「CodeSandbox」

開発元	Bas Buursma and Ives van Hoorne
サイト	https://codesandbox.io/
プラットフォーム	Webブラウザがあれば何でもOK

5-2 特定用途に向けた開発ツール

図 5-10 CodeSandboxの画面。

CodeSandboxってなに？

　Web開発の世界では、いろんなソフトウェアが次々と出てくる。新しいものが出てくると、どんなものかちょっと触ってみたい、って思うことは多いだろう。だけど、いちいちインストールしてセットアップして……なんてちょっとやりたくない。

　いろんな新しい技術をすぐ使える状態にしてあるような開発ツールがあれば、ものすごく便利だと思わないか？　「〇〇ってソフトを使った開発」って選んだら、それがセットアップされたごくシンプルなプログラムが用意される。そこにあるファイルなどをいろいろ調べたりいじったりして「ほうほう、これがこうなっているのか……」なんて勉強していける。

　そんな使い方ができるWebベースの開発ツールが、**CodeSandbox**（コードサンドボックス）なんだ。

CodeSandboxの特徴
サンドボックスを選んで作る！

　CodeSandboxには、「**サンドボックス**」と呼ばれる機能がたくさん用意されている。これは、いろんなソフトを使ったプロジェクトのテンプレート（雛形）みたいなものだ。ここから使いたい技術を選ぶと、それを組み込んだプロジェ

237

Chapter 5 開発ツールの世界

クトが用意され、その場で編集できるようになっているんだ。

実際使ってみると、面倒なインストールも何も必要なく、ただ「これ！」と選ぶだけですぐにその技術を使える。これは大変便利！

● けっこう本格的なエディタ

Webベースということで、あんまり機能は期待できないだろうな……と思うかもしれない。が、こいつのエディタは、けっこう優秀だ。単語ごとの色分け表示や自動インデント、候補のポップアップ表示など一通りを備えている。また、プロジェクトのファイルなどを管理する部分も階層的にわかりやすく表示される。この辺り、普通の開発ツールを使っている感覚とほとんど同じだ。

また、開発中も常にプレビュー表示が右側に表示され、現在の実行状況がリアルタイムに見て確認できる。これはかなり便利だ。

● GitHubアカウントが必要

CodeSandboxは、**GitHub**（ギットハブ）っていうサービスと連携している。これは、Gitっていうツールを使ってプロジェクトなどを管理するサービスで、本職のプログラマなら大抵はアカウントを持っているだろう。このアカウントでログインし、プロジェクトなどを管理するようになっているんだ。

ってことは、まずGitHubというサービスを理解してアカウントを登録しておかないといけないってことになる。ビギナーにはちょっと面倒かもね。

● 日本語はダメ！

まぁ、まだまだマイナーなサービスだからね。日本語の表示は対応してないし、日本語の情報も少ない。だから、英語でなんとかするしかない。

● CodeSandboxのオススメ度「B」

これ自体は、かなりよくできたWebベースの開発ツールだと思う。それに、「サンドボックスを選ぶだけで、その技術のプロジェクトが作られる」っていうのが小気味いい。とりあえずいろいろ調べて勉強したい、って人にはかなり役立つはず。

ただ、日本語の情報が少ないし、GitHubと連携しないといけないなど、ビギナーにはちょっとハードルが高い。なのでBランクとしておいた。だけど、これはかなり使えるツールだから、ぜひブックマークにアドレスを入れておいてほしいな。

Visual Studio Codeをオンラインで！「StackBlitz」

開発元	StackBlitz
サイト	https://stackblitz.com/
プラットフォーム	Webブラウザがあれば何でもOK

図5-11 StackBlitzの画面。

StackBlitz ってなに？

　Webベースの開発ツールをもう一つ紹介しておこう。**StackBlitz**（スタックブリッツ）は、Webブラウザでアクセスしてプロジェクトを作り、編集できる開発ツール。CodenvyやCodeSnadboxと同じようなタイプのものだね。これは標準で、AngularやReactといったフレームワーク（**第3章**で登場したね）を使ったプロジェクトをぱっと作り、編集できる。

　やっぱりGitHubと連携していて、そこにプロジェクトをデプロイ（配備）したりできるようになってる。使い勝手もけっこう似ているから、どっちを選べばいいか迷うかもしれないな。

StackBlitzの特徴
テンプレートを選んで作る
CodeSandboxのサンドボックスのように、あらかじめいくつかのテンプレートが用意してあって、そこから選ぶとプロジェクトが作られるようになっている。AngularやReactのほか、TypeScriptやIonicといったものも標準で使えるようになってる。ただし、あんまり数は多くない。

エディタは使える！
StackBlitzのウリは、「オンラインで使えるVisual Studio Code」ってこと。なにしろ「powered by Visual Studio Code」と表記されていることからわかる通り、エディタなどはVisual Studio Codeの機能がそのまま使えるようになっている。

といっても、Visual Studio CodeはWebでは動かないから、それを移植した形になっているのだろう。直接的にどこまでVisual Studio Codeと関係があるのかは、よくわからないところがある。ただし、確かに実際に使ってみると使い勝手はかなり似ているよ。

日本語はダメ
Visual Studio Codeは日本語表記対応だったけど、このStackBlitzは全然ダメ。Webサイトもすべて英語のままだ。

StackBlitzのオススメ度「C」
Visual Studio Codeに慣れている人は、「あれがWebでいつでも使える」となればけっこう助かるんじゃないだろうか。でも、ビギナーにとっては、「それならVisual Studio Codeを使えばいい」ということになるよね。日本語対応も弱いし、正直、オススメとまではいかないかな。

対応できない言語はない！「Notepad++」

開発元	Don Ho
サイト	https://notepad-plus-plus.org/
プラットフォーム	Windows

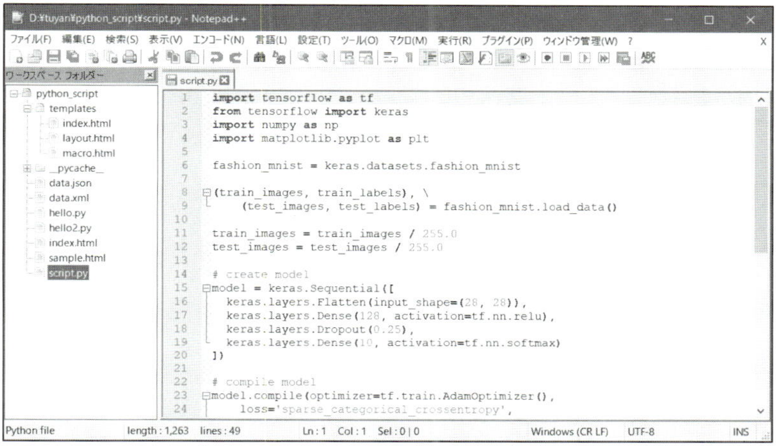

図5-12 Notepad++の画面。

万能のプログラミング用テキストエディタ！

プログラムを書くとき、必ず必要になるのが「**テキストエディタ**」だ。作成するプログラムによっては、「開発ツールなんて面倒くさい、エディタが一つあれば十分」なんてこともある。例えば、PHPやPythonのようなライトウェイト言語で、その場でぱぱっと書いて動かしたい、なんてときはテキストエディタのほうが使いやすい。そこで、「プログラミング用のテキストエディタ」についてもいくつか紹介しておこう。

まずは、**Notepad++**（ノートパッドプラスプラス）。個人的に愛用しているテキストエディタなのだ。

これは、あらゆるプログラミング言語に対応する強力なテキストエディタだ。対応する言語は、なんと現時点で80種類以上。とりあえずこれ一品あれば、たいていのプログラミング言語のソースコードは書けてしまう。

もちろん、要素の色分け表示や入力補完機能などはもちろんすべて装備。また、マクロ機能を持っており、面倒な操作を自動化して処理することもできる。「とりあえず使えるエディタを一本」というなら、これがあれば十分すぎるだろう。

●Notepad++の特徴
●対応言語が多すぎる！
　Webの開発ともなると、一つの言語だけですべてを済ますのは難しくなってくる。例えばサーバー側にPHP、Webページ内ではJavaScriptにHTML、データベースを扱うのにSQL（Structured Query Language、リレーショナルデータベースへの問合せ言語）、なんてものを組み合わせて作るのはごく当たり前だ。こうした「マルチ言語対応エディタ」が一つあると、さまざまな言語に対応できてとても便利だ。

　Notepad++は、とにかくありとあらゆる言語に対応している。「言語」メニューには、A〜Zのメニューに対応言語がまとめてあるんだけど、多分、半分以上は見たことも聞いたこともない言語だろう。それぐらい超マイナーなものまですべてサポートしているのだ。

●日本語もOK！
　Webサイトは英語がメインだが、ソフトは表示言語の設定を変更することで、日本語表示にもできるぞ。ただし、インストールする際に、日本語の追加プログラムをチェックしておくのを忘れないようにすること。これを忘れると日本語にならないので要注意だ。

●Notepad++のオススメ度「B」
　標準での対応言語の多さは、おそらく数多あるテキストエディタの中でもピカイチだろう。これだけたくさんの言語に対応できるなら、もうほかはいらない！　と思うかもしれない。

　ただ、欠点もある。まず、エディタの入力支援機能が若干弱い。最近のエディタでは、使える命令や関数などをポップアップ表示して入力できるようになっているのだけど、Notepad++はこの候補が弱い。その場の状況に合わせて最適なものを出すことができない。また、現在はテキストエディタでもフォルダを開いて中にあるファイル類を編集するようなことができるものが多いが、Notepad++はこの部分の使い勝手が悪い。
　こうした点から、ビギナーに勧めるにはあと一歩、という感じがある。といっても、致命的なものではないから、ビギナーでも便利に使えると思うよ。

5-2 特定用途に向けた開発ツール

GitHub御用達のテキストエディタ「Atom」

開発元	GitHub, Inc.
サイト	https://atom.io/
プラットフォーム	Windows、macOS、Linux

図 5-13 Atomの画面。

プログラマのためのテキストエディタ！

　プログラマは、とにかく使いやすいテキストエディタを常に探している。プログラマが大勢集まるところでは、必ずといっていいほどエディタの話になる。「だったら、自分で作ればいい」と思ったのだろう。

　既に述べたように、GitHubは、Gitというツールのハブサービスだ。Gitは、様々なプロジェクトを大勢で開発し、デプロイ（配備）するためのものなのだけど、GitHubはユーザーが自分で作ったプロジェクトをサーバーにデプロイし、公開できるサービスだ。オープンソースのプログラムの大半は、このGitHubで

243

Chapter 5 開発ツールの世界

公開されているといってもいい。それぐらい、プログラマにとっては基本となるサービスなんだ。

そのGitHubが自ら開発したのが、**Atom**（アトム）というテキストエディタだ。

これは、本当によくできている。フォルダを開けば、その中身が階層的に表示され、ダブルクリックで開いて編集できる。編集するエディタは、コードの色分け表示やオートインデントはもちろん、入力補完機能や本格的なコードの修正機能を備えている。このエディタ部分だけでも、普通のテキストエディタとしては最強の部類に入るだろう。また、「**パッケージ**」と呼ばれるプログラムを追加することで機能を拡張できるし、テーマを設定することでルックアンドフィール（見た目）を変えられるなど、カスタマイズして自分なりの環境を構築するための仕組みがいろいろと用意されている。

プログラマによるプログラマのためのテキストエディタ。Atomの特徴を一言でいうなら、そういうことだろう。

Atomの特徴
標準で高機能！

とにかく、インストールした状態で既に基本的な機能が揃っていてすぐに使える。これが、標準でかなりな高機能なのだ。エディタ機能も充実している。対応する言語は標準で50を超えている。また標準で組み込まれているパッケージも豊富だ。標準のままで、もう十分なくらいに高機能なのだ。

パッケージで拡張！

Atomでは、必要な機能がなければ「パッケージ」と呼ばれるプログラムを書いて追加し、機能を拡張していくことができる。また表示スタイルを設定するテーマも多数用意されていて、見やすいルックアンドフィールに切り替えられる。こうしたパッケージやテーマは、簡単に作成して配布できる。既に数百のテーマ、数千のパッケージが流通しているのだ。

日本語はパッケージで

Atomの表示は、基本的に英語だ。「なんだ日本語ダメなのか」と思った人。実は、そんなことはない。日本語はパッケージとして用意されていて、セッティングのメニューから追加すれば日本語表示に切り替えることができるのだ。ただし、これはやり方を知ってないとできないかもしれない。「Settings...」

メニューで設定を呼び出し、「Install」というところから「japanese-menu」というパッケージを検索してインストールすれば日本語になるぞ。

● Atomのオススメ度「A」

日本語化がちょっと引っかかるかもしれないが、それさえクリアできれば、すばらしく快適な編集環境が手に入る。パッケージも非常にたくさんあるし、テーマもたくさんあって好きなように使えるのがいい。ビギナーでも使えて、「自分だけの環境」をカスタマイズするのが簡単なのだ。

使っていて愛着のわくエディタ。それがAtomだ。

かゆいところに手が届くテキストエディタ「Sublime Text」

開発元	Sublime HQ Pty Ltd
サイト	https://www.sublimetext.com/
プラットフォーム	Windows、macOS、Linux

図5-14 Sublime Textの画面。

Chapter 5 開発ツールの世界

● プログラマに一時期、絶大な人気を誇ったソフト

Sublime Text（サブライムテキスト）は、2008年から現在まで使われ続けている、もうエディタとしては老舗のソフトだろう。これは一時期、かなりのプログラマに使われていた。フォルダを開いて編集するタイプで、標準で多くの言語に対応しており、テーマを変更したり、パッケージを追加して機能拡張したりといったカスタマイズのための機能が用意されていた。用意されている機能も、プログラマならではの「そう、それ！ そういうのが欲しかったんだ」というようなものがいろいろと揃っていたんだ。

ただ、今はそこまで高い人気があるわけではないと思う。その原因は、別にSublime Textに何か問題があるわけではない。2014 〜 2015年にAtomが公開され、けっこうなユーザーがそっちに流れていったためだ。Sublime Textは、2017年に現在のバージョンがリリースされて以後、あまり変化はないが、Atomは非常に頻繁にアップデートをしている。こうした点もあって、Atomに人が移りつつあるのだろう。

ただ、頻繁にアップデートされているのが良いソフトというわけでもない。「しょっちゅう更新されると落ち着かない」って人だっている。Sublime Textは老舗だけあって、非常に安定している。機能もほぼ固まっているから、そんなに頻繁に内容が変わることもない。そういう安定したもののほうがいいという人には、Atomより勧められるかもしれないよ。

● Sublime Textの特徴
● 安定の高機能

今でこそ「フォルダを開いて階層表示して編集」とか、「多数の言語を拡張子で自動識別して入力支援機能が働く」とか、「テーマを切り替えてルックアンドフィールを変更」とか、「パッケージで機能を拡張」とか、そうした機能はほかのエディタでもサポートするようになった。だけど、それらを最初にまとめて実装したのは、このSublime Textじゃないかと思う。この種のプログラマ向けエディタの開拓者だったのだ。

かなり以前からこうした機能を実装しているので、バグ（プログラムのミス）も取れて非常に安定している。安心して使えるエディタといっていいだろう。

細かな編集機能が充実

　Sublime Textは、「そういうのが欲しかった」という機能がいろいろと揃ってる。特に、選択テキストの操作。選択した行をソートしたり逆順にしたりシャッフルしたり、選択部分を折りたたんだり。また編集画面を縦横に分割したり、ソースコードの特定部分をマークしたり、ブックマークで整理したり。そうした細々とした機能がかなり充実しているんだ。

日本語化は可能、だけど……

　肝心の日本語表記はどうなんだ？　と思っている人も多いだろう。Sublime Textは、日本語表示のためのパッケージを用意しているので、それをインストールすればちゃんと日本語が使えるようになる。といっても、けっこう英語のままのメニューが残ってるんだけどね。

　ただし、このパッケージの組み込みが、けっこう難しい。Sublime Textのサイトで配布されているPythonのスクリプトをSublime Textのコンソールビューから実行し、それから更にパッケージコントロールという機能を使って「Japanize」というパッケージを検索し、インストールしないといけないのだ。これは正直、ビギナーの手に余る作業だろう。

Sublime Textのオススメ度「C」

　ソフトそのものは、非常に良くできている。特にエディタ分割や行操作などは、意外と対応してないエディタは多いのだ。が、パッケージの追加やインストールがわかりにくく、また日本語化も不完全で、ちょっとビギナーにオススメするのにはためらいが残る。

　もう少しパッケージ管理が使いやすくなれば、まだまだ第一線で活躍できるソフトだと思う。あと一歩、頑張れ！

5-3 開発ツールはどう選ぶ？

というわけで、いろいろと開発ツールについて紹介をしてみた。この中から、自分で「これだ！」と思うものを選んで欲しい。

……で、終わってしまうと、「**おいおい、どれがいいんだか全然わかんないよ！**」という苦情の嵐がやってきそうだな。とりあえず、「どういう基準で選んだらいいか」を簡単にまとめておこう。

開発ツールを選ぶ基準

「何を作りたいか」が一番重要

開発ツールをざっと見てわかったことは、「それぞれに、作るプログラムの向き不向きがある」ってこと。Android StudioならAndroidアプリだし、XcodeならMacやiPhoneのアプリだ。iPhoneの開発にAndroid Studioを選んでもしょうがないし、XcodeでWindowsのアプリを作ろうとしてもダメだ。

まずは、自分が何を作りたいのか、これをしっかり考えておくこと。それが決まったら、そのプログラムを作るのにはどういうツールが向いているのかを考えればいい。……というのが、まぁ「お行儀のいい意見」だったりする。

実は「全部使ってみろ！」が正解かも

そうした基本的な考え方を述べた後でこういうのも何だが、「**とりあえず、全部使ってみればいい**」という考え方もあったりする。

ここで紹介した開発ツールは、すべて無料で配布されているものばかりだ。ダウンロードしてインストールしてセットアップするのに手間と時間がかかるかもしれないが、とりあえずそれだけだ。だったら、全部やってみればいい。ざっと使って、「あーダメ、これ全然わかんない」と思ったらアンインストールすればいい。

もちろん、「全部使ってみろ」という理由はそれだけじゃない。この種のソフトは、複数使ってみたほうが、「自分がどういうものに向いているのか」がわかってくるものなのだ。一つしか使わないと、ほかに比較するものがない。だから、「なんだか使いにくいけど、まあこんなもんだんだろうな」と思って使い続けることになりがちだ。

　とりあえず、Visual Studio Community Edition（Macを持ってるならXcode）、IntelliJ IDEA、Visual Studio Code、Brackets、この辺りを一通り使ってみて欲しい。そうすると、それぞれのクセというか、感覚的な違いがわかってくる。スペックや説明文だけではわからない、肌触りのようなもの。「これって、使ってて気持ちいい」とか、「ぞわっ。これ触るだけでイヤ」とかいった感じがきっと得られるはずだ。それが自分とツールの「向き不向き」なのだ。

　機能よりスピードより操作性より、「しっくりくる」ツール、というのが実は一番大切なんだ。それは実際にあれこれ触ってみないとわからないんだ。

ビギナーに最適な開発ツールはこれだ！

　「そうはいっても、自分でどれがいいか選ぶ自信がない。とにかくこれ！　っていうのを決めて」なんてムシのいいことを考えている君！　じゃあ、選んでやろうじゃないか。といっても一つだけというのは難しいので、それぞれの環境を考えていくつか考えてみるぞ。

●Macユーザーなら「Xcode」一択！

　macOSユーザーは、幸せ（？）だ。なにしろ、「Macでプログラミングするなら、これを使え！」という基本中の基本となるソフトをアップル自らが作ってタダで配布してくれてるんだから。Macでプログラミングするなら、「Xcode」一択だ。というより、ほかにはないんだから。

　ただ、Macの標準言語であるObjective-Cは、ビギナーに推薦！　とはいいがたいところがある。なので、ビギナーならSwiftから始めよう。こっちは「プレイグラウンド」機能でちょこちょこと数行書いては動かす、というような学習目的の使い方ができる。この機能でじっくり学んでいけば、誰でもすぐにSwiftを使えるようになるはずだ。

パソコンのアプリ開発なら「Visual Studio Community Edition」

いわゆる「ダブルクリックして実行するアプリケーション」を作りたいという人。ビギナーにとってもっとも適したソフトは「使い勝手が良く、とてもわかりやすい開発環境」「整理されていて、しかもしっかりとした構造を持つプログラミング言語」の両方を兼ね備え、なおかつ「大きな負担がない」ソフトだ。

となると、「Visual Studio Community Edition」一択だろう。無料で、C#やVisual Basic .NETなど複数の言語が使え、しかも最高にしっかりした開発環境がついてくる。特にWindowsユーザーであるなら、これ一本あれば無敵だろう。

ただし、ちょっと前までは高額で売られていたソフトなので、正直、あまりに本格的すぎる感はあるかもしれない。最初から全部マスターしようとせず、必要な機能だけ覚えるつもりでじっくりとりかかって欲しい。慌ててあれもこれもと欲張ると失敗するよ！

Web & サーバー狙いなら「Visual Studio Code」

ライトウェイト言語を使ってWeb & サーバー開発をしよう、というなら、Visual Studio Codeがイチオシである。さすが、かつてはン十万円もしたVisual Studioのエディット機能を惜しげもなく無料開放しただけはある。実に使いやすく、そして高速で安定している。対応言語も幅広く、機能拡張も豊富。同じようなものにBracketsもあるが、個人的な好みということでこちらをオススメしておきたい。「黒いウインドウのほうがカッコいい」「テーマをカスタマイズできるほうが好き」という人は、Bracketsをどうぞ。

とにかく一本、触ってみたければ……

これだけオススメを用意しておけば、もう十分だろう。と思ったが、「この中でどれを選べがいいかわからない」なんて人も絶対にいないとは限らないだろう。

そういう人は、とりあえず「Visual Studio Code」をインストールして、Python辺りを動かしてみるところから始めるといいだろう。あるいは、HTMLとJavaScriptでもいい。Visual Studio Codeなら、誰でも使える。「とりあえず、使ってみたい」というなら、これだ！

Chapter 6
ゲームと教育向けプログラミングの世界

開発の世界は、まだまだあるぞ。例えば、ゲーム開発の世界。これは一種独特な世界なのだ。そして、プログラミング教育の世界。これもまた一風変わった世界だ。こうした独特の世界を構築している分野について説明しよう！

6-1 ゲーム開発の世界

ゲーム開発は「ゲームエンジン」で！

ゲームエンジンってなに？

　パソコン、スマホ、タブレット。さまざまなプラットフォームがあって、それぞれのプラットフォームごとに使う開発環境や言語が異なっていた。だけど、世の中には「このジャンルに関しては、パソコンもスマホも関係ない。全部、一つの開発環境でいいよ」という分野がある。それは、「ゲーム」の世界だ。

　ゲームは、巨大な市場だ。出版業界におけるマンガみたいなもので、もうそれだけ独立した世界になっている。ゲーム開発で要求されるのは、グラフィックのさまざまな操作やサウンドの利用、リアルタイムのなめらかなアニメーションなど、どのプラットフォームでもだいたい共通している。逆にプラットフォーム固有の機能が要求されることってそれほどない。つまり、スマホだろうがパソコンだろうが、だいたい「これこれの機能があれば高速で動くゲームが作れる」っていう機能は決まってる。

　そこで、こうしたゲームの中核となる機能をまとめて使えるようにして、簡単な処理を書くだけで高度なゲーム表現が作れるようにした仕組みを作り出した。これが**「ゲームエンジン」**だ。

ゲームエンジンの特徴
「エンジン部分」＋「開発ツール」

　ゲームエンジンっていうのは、つまり**「ゲームの中心機能をまとめたプログラム」**だ。これを利用して、このエンジン部分から機能を呼び出すようにプログラムを書くことで、高度な表現がラクラク作れるようになる。

ってことは、ゲームのエンジン部分とは別にプログラミングする環境が必要ってことになる。ゲームエンジンにはさまざまなものがあるんだけど、それらの中には、「**開発のためのツール**」も一式揃えているものもけっこうある。こうしたものは、ツールでゲーム画面をデザインして、プログラムを書いて、メニューを選べば「ハイ、iPhoneアプリ、Androidアプリのできあがり！」ていう超お手軽なものもある。

逆に、エンジン部分だけを配布して、「後はテキストエディタでも何でも使ってプログラムを書けば作れるよ」としているところもある。ゲームエンジンによってその辺は様々なので、事前に調査しておこう。

● ゲームに関する限りは、超優秀！

ゲームエンジンは、ゲーム作りに特化したプログラムだ。それを売りにしているわけだから、ことゲームに関する限りは非常によくできている。高機能、高速、簡単プログラミング、それらを軽く実現しちゃってるものばかりだ。

ただし、ゲーム以外のことをさせようとすると、途端に面倒くさくなったりする（不可能じゃないけど）。「オレはゲームしか作らない！」という人には、うってつけの環境なんだ。

● 多くがマルチプラットフォーム対応

ゲームエンジンは、とにかく面倒な処理を全部エンジンに任せて極力簡単に多くのプラットフォーム用のゲームを作成することを考えて作られている。従って、マルチプラットフォームに対応しているものが非常に多い。

● 互換性は、ない！

ゲームエンジンを利用する場合、注意しておきたいのは「そのゲームエンジンを使いこなすために学んだ知識は、ほかではまるで使えない」ってこと。ゲームエンジンは、そのゲームエンジンに組み込まれた機能だけを使ってプログラミングをする。ゲームエンジンは複数あるけど、その機能はまるで互換性がないのでほかの製品では全く使えない。

例えば、あるゲームエンジンを使っていくつもゲームを作っていたけど、ある日、いきなりそのゲームエンジンの開発元が「やーめた！」とゲームエンジンの開発をやめてしまったら、それまで作ったゲームはもう開発を続けられなくなってしまう。そういう危険（？）もあるってことは頭に入れておこう。

Chapter 6 ゲームと教育向けプログラミングの世界

では、ゲームエンジンについて紹介していくぞ！

今すぐ3Dゲーム作家になれる！ 「Unity」

開発元	Unity Technologies
サイト	https://unity3d.com/jp
プラットフォーム	Window、macOS、Linux

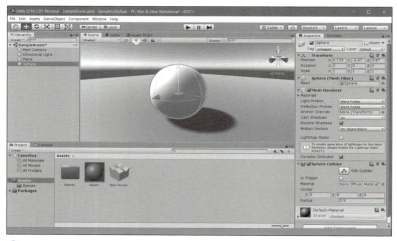

図6-1 Unityの画面。

Unityとは？

Unity（ユニティ）は、ここ数年の間に急速に普及してきた「ゲームエンジン」の代表的なソフトだ。Unityは、3Dと2Dゲームの機能をまとめたエンジン部分と、マウスでゲームシーンやキャラクタなどを作成するデザインツール、そしてそれらにプログラムを組み込む開発ルーツといったものが一つにパッケージングされている。これらを使って、3Dグラフィックの作成からゲームプログラミングまですべて行えるようになっているんだ。

使用する言語は、**C#**。以前はほかにもいくつかの言語が使えたんだけど、

現在はC#に統一されている。このC#を使って、ゲームのキャラクタなどを操作することができる。

　これだけ強力なツールでありながら、Unityの料金はタダ。つまり、無償で配布されているんだ。作ったアプリもタダで配布できる。ただし、有料で販売して一定以上の売上があったらUnityに料金を払わないといけない。またプロユースで使いたい人のために有料サービスも用意されている。

　誰でもタダで始められて、儲かったら払ってね、というわけ。なかなか考えてるね！

Unityの特徴
とにかく使いやすい！

　この種の3D作成ツールはほかにもいろいろあるけれど、Unityが優れているのは、使いやすさと機能の絶妙なバランスにある。3D関係は表現力をアップし、細かな点までこだわるほど機能が増え、使い方も難しくなってくる。Unityは、十分に美しい3D表現が可能な機能を非常に使いやすく整理してある。そのほかの3Dツールの難しさ、使いにくさとは一線を画すデキだ。

マルチプラットフォーム対応

　作ったプログラムは、パソコンだけでなく、AndroidやiPhoneなどのスマートフォンのアプリとして生成できる。Unityを使えば、一度にAndroidとiPhoneの両方のゲームアプリをリリースできてしまうってわけ。更には、Webアプリやプレステ（プレイステーション）などのゲームマシンなど、およそゲームが遊べる環境であればたいていのものがUnityで開発できる（ただし一部に標準では未対応で、オプションを購入したりする必要がある）。

2DもOK！

　Unityは、長らく「3Dゲームエンジン」として高い評価を受けてきた。今でも3Dのソフトだと思っている人は大勢いるだろう。が、実は現在のUnityは、2Dゲームの開発にも対応している。「3D空間に2Dのグラフィックを表示しているだけ」とかいうことでなくて、2Dゲーム特有のスプライト機能を持ったキャラクタを作って操作できるようになっていて、これまた3Dに劣らぬほど使いやすい。

Chapter 6 ゲームと教育向けプログラミングの世界

● ソフト自体は英語……

日本語の対応は、微妙だ。Unity自体は、英語表記のみで日本語版はない。ただ、Webサイトなどはちゃんと日本語化されているし、Unityが日本で広く使われているためか、日本語の情報も突出して多い。だから、英語表記にさえ慣れれば、日本語での開発環境はかなり整っていると思うよ。

● Unityのオススメ度「A」

数あるゲームエンジンの中でも、Unityの使いやすさ、3D表現の美しさ、動作スピード、プログラミングのわかりやすさ、対応プラットフォームの多さを超えるものはないと断言できる。3Dゲームってこんなに簡単に作れるの？と目からウロコが5〜6枚は剥がれ落ちること確実だ。2Dゲームについてはほかにもいろいろツールがあるだろうが、3Dに関してはUnity一択といってもいい。「3Dゲームが作りたい！」と思うなら、まずはUnityから始めよう。

プロフェッショナルを目指す人向け「Unreal Engine」

開発元	EPIC GAMES Inc.
サイト	https://www.unrealengine.com/ja/
プラットフォーム	Windows、macOS

図6-2 Unreal Engineの画面。

6-1 ゲーム開発の世界

● Unreal Engineとは？

　Unityが「だれでも簡単に3Dゲームが作れる」という使いやすさを重視したツールの代表とするなら、「より高度なプロフェッショナル表現を追求する」というプロ仕様のゲームエンジンの代表が**Unreal Engine**（アンリアルエンジン）だ。

　これは、Epic Games（エピックゲームズ）という米国のゲーム会社が開発したもの。世界的に大ヒットしている『フォートナイト』（Fortnite）など、アクション性の高いゲームに定評がある。

　Unreal Engineは、自社のゲーム開発のために作成したゲームエンジンを更に発展させていったものなのだ。その実力は、Epic Gamesやそのほかのゲーム会社が作った作品で証明済み。なにしろゲームメーカーが作るゲームの開発環境そのままなんだから、高度なゲーム表現が可能なのも当然といえるだろう。

　こうしたプロフェッショナルユースのツールというのは、従来はめちゃめちゃ高い値段で販売されていた。何しろそれで金を稼ぐプロが使うものなんだからね。プロなら本当に優れたものなら何十万円出しても買うだろう、という考えだ。

　ところが、Unreal Engineは違う。なんと、無料でUnreal Engineを開放したのだ！　つまり、誰でもタダで使えるってわけ。Unreal Engineのサイトでアカウント登録をすると、すぐにダウンロードしてソフトが使えるようになってしまう。

　この種のツールは、無料配布のものは機能が限定されていたり、本格的に使おうとすると料金を支払わなければいけなかったりするのが一般的だけど、Unreal Engineはすべての機能が最初からタダで利用できる。作ったソフトを売るのも自由。ある程度以上の利益が出るようになったら、そのときに売上から一定額を支払ってください、というやり方をしている。この辺はUnityと同じだね。実に頭がいい！

● Unreal Engineの特徴
● プロ仕様の高度な3Dグラフィック表現

　Unreal Engineの最大のウリは、その高度な3Dグラフィック表現にある。単に3Dモデルの表面にテクスチャを貼り付けて光を当てただけ、というような

ものとはまるで違う。世界全体の空気・雰囲気までも表現するようなきめ細かな調整が可能なのだ。また、例えば空一つをとっても、あらかじめ用意した雲のテクスチャを貼り付けただけ、というものとは違う。雲は**リアルタイムに生成**され、ゆっくりと流れ、太陽は時とともに動く。そんな自然な表現をごく当たり前に用意してくれる。

Unreal Engineの表示に慣れてしまうと、そのほかの3D開発ツールの表示はどれもおもちゃに見えてしまうくらいだ。

● マルチプラットフォーム対応

Unreal Engineも、もちろんマルチプラットフォームに対応している。Windows、Mac、Linux、Android、iOS、Xbox、PS4のアプリを作ることができる。これらは「オプションを購入しないと……」なんてことはない。なにしろ登録すれば、Unreal Engineのすべての機能が使えるようになるんだから。

● ブループリントでビジュアルプログラミング

プログラムの作成は「**ブループリント**」と「**C++**」がサポートされている。

ブループリントというのは、「ノード」というブロックのようなパーツをマウスで並べ、線でつないでいくだけでプログラミングできるというビジュアル言語だ。これが、思った以上によくできていて使い勝手もいい。プログラミング言語に拒否反応がある人も、これならなんとか作れそうな気になるだろう。

● Unreal Engineのオススメ度「B」

作ったゲームの美しさ、自然な表現という点からすれば、Unreal Engineは図抜けている。けれど、それだけ高度な機能がてんこ盛りになっていて、ビギナーには何がなんだかわからない部分もかなり多い。だから「ビギナー向け」という点では、「A」はつけられない。

ただ、「難しそうな機能は、とりあえずビギナーのうちは使わない！」と割りきってしまえば、ブループリントのプログラミングは慣れるとなかなか面白いし、けっこう楽しめると思う。まぁ、万人向けでないのは確かなので、自分なりに調べてみて「使えそうかな？」と思ったら試してみよう。何の予備知識もなしにいきなりダウンロードして始めようとすると、何がなんだかわからなくなると思うので、事前の情報収集は大切だぞ！

6-1 ゲーム開発の世界

Amazonが推進する第三のゲームエンジン「Amazon Lumberyard」

開発元	Amazon Web Services, Inc.
サイト	https://aws.amazon.com/jp/lumberyard/
プラットフォーム	Windows、macOS、Linux

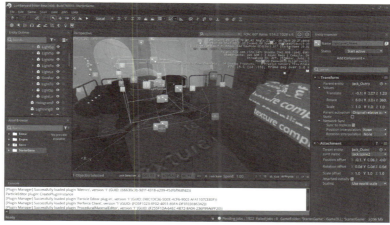

図6-3 Amazon Lumberyardの画面。

Amazonが送る完全フリーなゲーム開発環境！

3Dゲームエンジンの世界は、しばらく前から「Unity」と「Unreal Engine」で決まりだ、という感じだった。使いやすさ・手軽さでUnity、プロ仕様でUnreal、このどちらかがあればそれで十分。そういう感じだった。

そんな中に殴り込みをかけてきたのが、Amazonだ。**Amazon Lumberyard**（アマゾン・ランバーヤード）は、オープンソースのゲームエンジン。つまり、無料で誰でも使えるゲームエンジンとしてリリースされたのだ。これは、**CryEngine**（クライエンジン）というゲームエンジンをベースに開発されている。CryEngineは、ドイツのCrytek（クライテック）が開発しているゲームエンジンで、これをベースに大幅に改良したのがLumberyardだ。

259

Lumberyardの最大の特徴は、「完全フリー」という点。プログラムはオープンソースで全て公開されており、すべて無料で利用できる。もちろん、「タダだからたいしたことないだろう」なんてことはない。こいつは無料でありながら、機能もかなり強力だ。特にネットワーク経由で、**AWS**（Amazonが運営するクラウドサービス）と連携する機能は「さすがAmazon」といえる。また、「**ダイナミックコンテンツリリース**」といって、既にリリースしたゲームのコンテンツを後から更新する機能などまで持っている。

まだ、特に日本ではあまり知られていないようだけど、ポテンシャルとしてはUnityやUnreal Engine並み、いや下手をするとこれらを凌駕するパワーを秘めているんじゃないだろうか。現在、一番注目なのは、UnityでもUnrealでもなく、Lumberyardなのだ！

Amazon Lumberyardの特徴
完全無料、完全オープンソース！

こいつは、「完全にフリー」なソフトだ。「無料で使える」というゲームエンジンはほかにもあるが、「完全にフリー」というのはLumberyardだけだ。

Lumberyardでは、ゲームがたくさん売れても、利用料などを払う必要は一切ない。著作権もフリー。本当に、「いくら使っても完全にタダ！」なのだ。またオープンソースだから、ソースコードを自分なりに書き換えてプログラムを変更して使ったりすることだってできる。唯一、クラウドとの連携はAmazonが運営するAWSを利用する、という縛りがあるだけだ。

ここまで自由、ここまで何もかも無料なゲームエンジンはほかにない。ほかのゲームエンジン開発会社は、ゲームエンジンの開発に投資した費用をなんとか回収しないといけない。だけどAmazonは違う。Lumberyardで一円も稼げなくっても、痛くも痒くもない。それでLumberyardを使ったゲームが増えて、AWSの利用が増えればOKなのだ。あるいは、まるで収入につながらなくても、Amazonほどの企業ならこの程度の投資、痛くも痒くもないだろう。

想像以上に高機能！

最近のゲームエンジンはどんどん高機能化しているけれど、Lumberyardはその更に上を行くかもしれない。誰もがまず驚くのは、「時間の変化」が標準サポートされている点だろう。朝、昼、夕方、夜、そうした一日の変化に応じて表示が変化するのだ。

また、プラグインで追加すれば、雨や雪などの天候も表現することができる。

ビジュアルスクリプト「ScriptCanvas」

　プログラミング環境は、C++などによるハードなプログラミングのほかに、**ScriptCanvas**（スクリプトキャンバス）というビジュアル言語を搭載している。これは、「ノード」という部品をマウスのドラッグで並べてプログラミングできるものだ。Unreal Engineのブループリントと似たような感じのものと考えていい。慣れるとけっこう簡単に処理を作っていけるぞ。

日本語対応は、まるでダメ

　日本語化は、全然されていない。Webサイトは、一応日本語化されていて、入門などもあるんだけど、これが説明の動画を並べたもので、そこで提供されている動画はすべて英語だったりする。これだったら普通に英語のドキュメントのほうがわかりやすいぞ（Google翻訳すれば読めるし）。

　できて間もないソフトというのもあって日本語の情報も非常に少ない。この種の高度な機能を持ったゲームエンジンは、使っていると細かな疑問が山のように出てくるので、ここまで日本語情報が少ないとかなりつらいだろう。

Amazon Lumberyardのオススメ度「C」

　とにかく、日本語情報が少なすぎる。これが最大のネックになるだろう。ライバルであるUnityやUnreal Engineは、それなりに日本語の情報があり、日本のコミュニティも活発に動いている。こうしたソフトに比べると、Lumberyardは日本語環境が弱すぎる。

　ソフト自体のポテンシャルはものすごいと思うので、「英語上等、なんでも読破するぜ」という人であれば、ぜひ使ってみて欲しい。

Cocos2d-xベースのゲーム開発環境「Cocos Creator」

開発元	Xiamen Yaji Software Co., Ltd.
サイト	https://cocos2d-x.org/
プラットフォーム	Windows、macOS

Chapter 6 ゲームと教育向けプログラミングの世界

図6-4 Cocos Creatorの画面。

Cocos2d-xが進化した！

Cocos2d-xというのは、主に2Dゲームの作成で一時期かなり広まっていたゲームエンジンだ。ただし、これは本当にエンジン部分のみで、実際の開発はテキストエディタでごりごりプログラムを書く、という感じだった。が、ゲームエンジンとしての実力は折り紙付きだ。特にスマホの世界では、『モンスト』(モンスターストライク)や『ツムツム』(LINE：ディズニー ツムツム)など、Cocos2d-xで開発されたゲームは山のようにあるのだ。ただし、Cocos3d-xはC++ベースでゴリゴリとプログラムを書いていく、本職向けのもので、ビギナーにはかなり敷居が高かった。

このCocos2d-xをベースに、本格的なゲーム開発環境を構築したのが**Cocos Creator**(ココスクリエーター)だ。プロジェクトを作成し、必要なライブラリを組み込み、マウスで表示をデザインする、といったゲームのエディタ環境を備えており、また**Lua**(ルア)というプログラミング言語を使ってスクリプトを作成することもできる。アニメーションなどは専用のツールを持っていて、なめらかな動きを簡単に作成できる。

「スマホの2Dゲームを作りたい」と考えている人には、けっこうオススメのツールじゃないかな。

Cocos Creatorの特徴
実はスマホ以外も作れる
　基本的にスマホアプリ作成を中心に使われているが、それ以外が作れないわけではない。WindowsやMacのアプリ、更にはHTMLによるWebアプリなどを作ることだってできる。また、基本は2Dだが、現在のバージョンでは3Dゲーム作成のための機能も持っているから、作れないことはないのだ。

開発言語は「Lua」
　開発に使われるプログラミング言語は「Lua」だ。これは聞いたことがない言語かもしれないけど、いろいろなソフトの組み込み言語として使われていることが多い。Cocos Creator以外にも、Coronaってゲームエンジンでも使われていたりして、「組み込み言語」としてはもっとも高速という評判を得ている。意外なところで使われている言語なのだ。

　Luaの基本文法は、**Pascal**(パスカル)という言語に似ているといわれている。「こっちも聞いたことないぞ」と思うだろうが、まぁ、そう難しいものではないから心配はいらない。言語自体が非常にシンプルな構造なので、覚えることもそう多くはないから、ちょっと勉強すれば使えるようになるだろう。

日本語環境は弱い
　ソフトは日本語化されていないし、Webサイトにも日本語はない。「じゃあ、全然ダメじゃん」と思うかもしれないが、実はLuaは一時期けっこうファンが多かったこともあって、日本語の情報を探すと見つかるのだ。もちろん、JavaとかC#といったメジャー言語に比べれば少ないけれど、Unreal EngineやLumberyardの独自ビジュアル言語なんかよりはずっとLuaのほうが情報は多い。

　また、Cocos Creatorのベースになっている Cocos2d-xも、けっこう使われていたので、日本語の情報はそこそこ見つかる。Cocos Creatorが日本であまり広まっていない割には、関連する日本語の情報は多いのだ。

Cocos Creatorのオススメ度「C」
　2Dゲームのエンジンとしては、Cocos2d-xは定評があるし、これをベースにし、かつLuaでプログラミングできるようにまとめたCocos Creatorは決してできの悪いツールではない。だけど、ビギナーがすぐに使えるかというと、ちょっと難しい。ゲーム作成には、ゲーム全体を構成するさまざまな要素の

概念を理解しないといけない。その辺りをクリアできれば、ツール自体はそうわかりにくい作りでもないし、ゲーム作りに入っていけると思う。そこまでの部分が、どうにもわかりにくいのだ。

　もっと基本的な部分の入門的なコンテンツを充実させれば、利用者はぐっと増えるような気もするんだが……。現状では、ビギナーにオススメできるかというと、難しいな。

オープンソースの2D/3Dゲーム開発ツール「Godot」

開発元	Software Freedom Conservancy
サイト	https://godotengine.org/
プラットフォーム	Windows、macOS

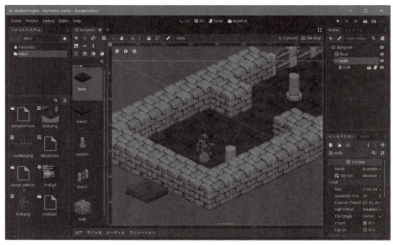

図6-5　Godotの画面。

軽快な動きが取り柄のGodot

　「Godot」。なんて読むかわかるかな？　「**ゴドー**」と読むのであります。これは**サミュエル・ベケット**の戯曲『**ゴドーを待ちながら**』からとったもの。ま、そんな話はどうでもいいんだけど……。

このGodot、日本では今ひとつ知られていない感じがする。まぁ、確かに日本でメジャーなゲームなどで使われていたりしないので、知名度が低いのはやむを得ないだろう。が、Godotは、なかなかユニークなゲームエンジンなのだ。

　Godotは、2Dおよび3Dのゲームエンジンだ。基本は2Dだが、3Dも可能というスタイル。シーンを用意し、そこにパーツを配置してデザインをしてスクリプトで操作するという、割とよく見るタイプの開発システムだ。確かに、目立った特徴はないかもしれない。が、それでもGodotはそれなりに使われている。今でもきちんと開発が続けれており、2018年にはメジャーバージョンアップとしてバージョン3をリリースした。マイナーだが堅実に使い続けられるツールなのだ。

Godotの特徴
とにかく軽い！
　Godotの最大の特徴は、「軽さ」だろう。UnityやUnreal Engineといった本格的3Dゲームエンジンは、とんでもないほどCPUパワーとメモリを消費する。最新のCPUで、メモリは最低でも8ギガ、できれば16ギガは欲しい感じだろう。が、Godotは8ギガもあればサクサク動く。2D開発ならば、4ギガでもいけるだろう。

　ゲーム開発は、どうしても「最新のハードをバリバリに増強したマシンで開発するもの」といった印象がある。特に3D関係は、CPUとメモリはあればあるだけいい、というところがある。だけど、個人ユースにそんな高価なハードを要求されても困るだろう。前から使っている普通のパソコンで普通に開発できるツール、そういうものも必要なのだ。

対応言語は3種類
　Godotで使えるプログラミング言語は、「**NativeScript**」「**GDScript**」「**VisualScript**」の三種類。NativeScriptという言語は前に登場したね。GDScriptというのは、Godot独自のスクリプト言語だ。そしてVisualScriptは、マウスでノードを配置してつなげていくというビジュアル言語で、Unreal Engineのブループリントのような感じになる。

　このほか、現在のバージョン3では**Mono**（オープンソースの.NETコンパチブル環境）に対応していて、C#で開発することもできる。けっこう開発環境は柔軟なのだ。

日本語は中途半端

一応、ロケール（利用地域）の設定が可能で、日本にすれば日本語に切り替わる。のだけど、実際にやってみるとこれが中途半端で、全体の半分ぐらいしか変わってない印象がある。またWebサイトやドキュメント類も英語なので、あまり「日本語で使える」と期待しないほうがいいだろう。

Godotのオススメ度「C」

うーん。これはあくまで「日本では」の評価だ。海外ならばもう少し評価は上がるんだろう。が、何しろみんな日本人。日本での利用を考えると、表示は中途半端だし、日本語の情報は激少ないし、正直、使えるようになるまで相当苦労するだろう。

ただし、使ってるパソコンがちょっと古いとか、メモリが少ないとかいう場合で、「英語でもいいからやってみたい」という人ならば、Godotはかなりいい選択じゃないだろうか。

2Dゲーム専用エンジン「Defold」

開発元	King Digital Entertainment
サイト	https://www.defold.com/japan/
プラットフォーム	Windows、macOS、Linux

6-1 ゲーム開発の世界

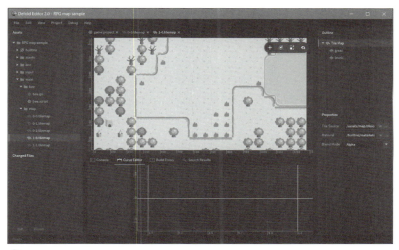

図 6-6　Defoldの画面。

小型軽量な2Dゲームエンジン！

「3Dの大掛かりなゲームエンジンでなくて、もっと小回りの利く軽量なエンジンが欲しい」という要望は、特にスマホのアプリ開発ではよく聞かれるようだ。スマホはパソコンに比べると、やはりメモリサイズやストレージのスペースが厳しい。なるべく小さく、なるべく軽く、というのは、ハードが進化してもまだまだ重要だろう。

Godotと同様に、「軽量さ」を売りにしているのが、2Dゲームエンジンの**Defold**（ディフォード）だ。Defoldを開発するのは、『キャンディークラッシュ』（Candy Crush Saga）で有名なキング・デジタル・エンターテインメント（King Digital Entertainment）。ここが、自分のゲームを作るベースとなっているゲームエンジンを無償公開したのだ。

Defoldが一般公開されたのは、2016年。わずか2年ほどの間に、利用する開発者は4万人を超え、プロジェクト数は75000以上に成長した。これは、かなりな急成長だ。スマホでは、まだまだ3Dよりも2Dゲームのほうが圧倒的に多い。2Dに特化したゲームエンジンの必要性はまだまだ高いのだ。

現在、「Defold Editor 2.0」という新バージョンがリリースされ、以前にもま

してパワフルになった。このエディタプログラムは大半がJavaで作られているのだけど、まったくそのことを感じさせない、テキパキとした動きを実現している。

Defoldは、利用も、作成したアプリの配布も、すべて無料。利用料の支払いなども不要だ。

Defoldの特徴
わずか5MBのランタイム！
Defoldの最大の売りは「ランタイムの小ささ」だ。ゲームエンジンを使って作成されたプログラムというのは、ゲームエンジンの実行部分（**ランタイム**）と、そこで実行するゲームのデータやプログラムなどが一つのパッケージにまとめられた形をしているのが一般的だ。となると、このランタイムの大きさと性能が非常に重要になる。

Defoldのランタイムは、わずか5MB程度しかない。また実行速度も非常に速い。この高性能のランタイムがDefoldの大きな魅力なのは確かだ。

一つのコードで6プラットフォームに対応！
Defoldはマルチプラットフォームに対応しており、一つのコードを書けば、iOS、Android、HTML5、Windows、macOS、Linuxのすべてのプラットフォーム用のアプリを作成できる。

非常に不思議なのが、iPhoneアプリのビルドにXcodeが不要な点だ。iPhoneは、純正ツールによってビルドされたものしか受け付けない。このためほとんどのゲーム開発ツールは、ビルドの部分だけはXcodeの力を借りてきた。が、Defoldは、Xcode不要だ。Defoldだけあれば、あらゆるプラットフォームのアプリを作れるのだ。もちろん、iPhoneも含めて。

Luaでプログラミング！
Defoldのプログラミング言語は、**Lua**だ。Luaという言語は既に登場したけど、けっこうゲームエンジンで広く使われているんだね。難しい言語ではないから、少し勉強すれば誰でも使えるようになるだろう。

また、**ホットリロード**といって、実行中にプログラムの内容を変更すると、すぐにそれが動いているゲームに反映される。いちいち再コンパイルなんてする必要がないので開発効率はぐっとアップするぞ。

🌸 日本語は残念

日本語対応だが、残念ながらアプリは対応していない。Webサイトの紹介ページだけ日本語だが、細かなドキュメント類はすべて英語だ。この辺は、英語堪能な人でないとつらいだろう。

🌸 Defoldのオススメ度「C」

Defoldの出来は素晴らしくいい。さすが、実際に多くのゲーム会社が採用しているだけのことはある。ただ、日本語の情報があまりに少なくて、基本的な使い方などを学ぶのにかなりの苦労を強いられるだろう。ビギナーにはちょっとオススメできないかな。まぁ、英語ペラペラな人もいるだろうから、そうした人はぜひ一度、挑戦してみて欲しい。

結論：ゲームエンジンのイチオシは「Unity」！

というわけで、主なゲームエンジンについて一通り説明してみた。この中で、自分にあったものを選んで使えばいいだろう。……なんていうと、「だから、どれを使えばいいんだよ！」という声が聞こえてきそうだな。

とりあえず「ゲームづくりを試してみたい」というなら、オススメは「Unity」だろう。使い方が非常に直感的でわかりやすいという点、そして「日本語の情報が豊富にある」という点で、これしかないと思う。優れたソフトはほかにもあるけれど、「**ビギナーでも簡単に使える**」となると、なかなかほかに候補がない。

Unityは、単に「日本語情報が多い」というだけでなく、本当に使い勝手がいい。もっと高機能なものはほかにもあるし、もっと軽量でテキパキ動くものもほかにある。が、すべてが絶妙のバランスでまとまっているのがUnityなのだ。あらゆる部分が、過剰でもなく過少でもなく実に最適な形で用意されている、そういう感じ。

アプリ自体は英語なので最初は苦労すると思うが、本格的なゲームエンジンを使ってみたいと思うなら、Unityから始めてみよう！

6-2 教育向けプログラミングの世界

教育の世界は独特である

教育分野はほかと隔絶している？

　ゲーム開発の世界も実に独特のものがあるのだけど、それにもまして独特な世界を構築しているのが、**教育**の分野だ。

　以前は、教育で使うプログラミングといっても、大抵は普通のプログラミング言語だった。大昔の**Pascal**（パスカル）という言語から、BASIC、Logo（ロゴ）など、教育用に採用されるプログラミング言語はいろいろとあったが、それらはすべて「教育専用」というわけではなく、普通のプログラミング言語だった。ただ、「プログラミングを教えるのに適した設計になっている」というに過ぎなかった。

　が、時代は変わる。現在、教育用に利用されているのは、大半が「**教育に使うことを意識して作られたソフト**」だったりする。ていうか、「**教育目的以外で、普通の開発にはとても利用できないな、これ**」というものばかりなのだ。

　これは、別に「教育用のツールが劣っている」ということじゃない。プログラミング言語が進化し、種類も増えていく中で、「特定の用途に特化したもの」が登場し、その分野で使われるようになっていった、ということなのだ。もちろん、依然として「オールマイティな言語」は多数あり、根強い人気を誇っている。が、そうしたものとは別に、「この分野に限ればこれだよね」というものが登場するようになっているのだ。

　ことに「教育」という分野は、特殊だ。何が特殊かというと、「**目的となるプログラム**」が存在しないからだ。ほかのすべての分野は、「このプログラムを作る」という明確な目的がある。だから、それを作るために最適な言語が用いられる。

が、教育ではそれがない。「最終的にこれを作る」という目標をあえて挙げるなら、「人間」だろう。「プログラミングの技術や能力を身につけた人間を作る」こと、それが教育分野の目的なんだから。となると、ありとあらゆる不可思議なソフトがひしめくことになるのも無理はない。だって、人間の作り方なんて、決まった方法などないんだから。ある人は「こういうやり方がいいだろう」と思い、別の人は「いや、こっちのアプローチがいいに決まってる」と思う。

そうやって、教育の分野では本当に個性豊かなソフトが揃うことになった。**「別に、教育とか関係ないし」** と思っている人も、とりあえず、ざっと眺めて欲しい。**面白いから**。それに、「面白そう」と思ったものを実際に使ってみたら、ちゃんとプログラミングが身につくかもしれないんだぜ？

教育向けのプログラミング環境の特徴

では、教育向けのプログラミング環境は、どのようになっているのだろうか。その傾向というか特徴というか、そういったものについて簡単にまとめてみよう。

義務教育とそれ以上で違う！

非常に面白いのは、義務教育レベルとそれ以上で、プログラミング教育に対するアプローチが大きく違っている、という点だ。

義務教育よりも上（高校や大学など）では、プログラミング教育で用いられるのは、実際のプログラミング言語であることが多い。それはPythonであったりJavaだったりRubyだったりするだろうけど、基本的に「実際にプログラミングで使われているもの」が中心だ。

これに対し、**義務教育レベル**では、「教育向けに作られたソフト」を使うことが多いようだ。プログラミング言語のような味も素っ気もないものでなく、もっと、とっつきやすく、わかりやすい感じにデザインされた専用のソフトを使うことが多いようだ。

一つで完結していて、アプリは作れない

義務教育レベルで使われるソフトは、「それ1本で全部完結している」ものが基本だ。デザインはこれを使い、コーディングはこのエディタを使う、なんてものはあまり多用されない。「これ一つで全部揃ってますよ」というもので

ないと採用されないことが多いようだ。

　これらは基本的に「**プログラミングの考え方を学ぶためのツール**」だ。だから、実際にちゃんとしたアプリなどが作れないものが多い。「書いた通りに実行して結果がわかればそれでいい」という考え方なのだろう。

● **実は、いちばん重要な部分は身につかない？**
　これは、いろいろ調べてみて気がつき、愕然としたのだけど、こうした義務教育レベルで用いられているソフトの多くは、**制御構文**とか**変数**とか**関数**といったものについて学ぶことを考えて作られているようだ。「それらがプログラミングの基本的な考え方だ」からだろう。

　が、それ以上に重要で複雑なものが、なぜか大抵は除かれている。それは、「**オブジェクト**」だ。オブジェクトが使えて、オブジェクト指向が学べるソフトは意外なほどに少ないのだ。
　条件分岐や繰り返しはすぐに覚えられるが、オブジェクト指向をきっちりマスターするのは意外と大変だ。こういう部分こそ、しっかり学校で教えてほしいんだが……。
　オブジェクト指向がないので、これらのソフトでしっかりプログラムを作れるようになっても、実際のプログラミングではほとんど役に立たなかったりしないだろうか。これからプログラミング教育が本格化する中で、この辺もきちんと考えて欲しいところだ。
　というわけで、能書きはこの辺にして、教育用ソフトの紹介に入ろう。

ブロックをつなげてプログラミング！「Scratch」

開発元	MITメディアラボ
サイト	http://scratch.mit.edu/
プラットフォーム	Webブラウザが動けばOK

6-2 教育向けプログラミングの世界

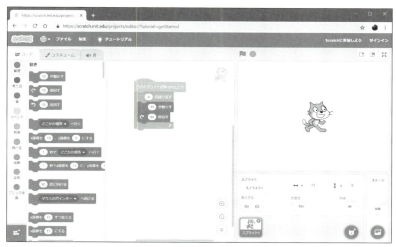

図 6-7 Scratchの画面。

子どものためのプログラミングツールの元祖！

Scratch（スクラッチ）は、MIT（マサチューセッツ工科大学）のメディアラボという、コンピュータの世界ではトップレベルのラボが中心になって開発する子どものプログラミング教育のための開発ツールだ。米国製だけど、ちゃんと日本語にも対応していて、日本の子どもでも楽しむことができる。

Scratchは、この種の「**ブロックをドラッグしてプログラムを作る**」というプログラミングツールの元祖ともいえるもの。このScratchが登場したおかげで、さまざまな教育用のプログラミングツールが登場するようになったといっていい。さすがに元祖だけあって、わかりやすさ、使いやすさは群を抜いている。

「子ども向け」といっても、ちょっとブロックをつなげるだけで思ったように動かせると、これはけっこうハマる。いわば、一種のパズルを解いている気分。大人でも楽しみながらプログラミングの考え方を身につけることができるよ。

Scratchは、世界中の学校で採用されていて、多数の子どもたちによる作品が公開されている。その実力の程は保証つきなのだ。

Scratchの特徴
Webブラウザで動く！
　Scratchは、実はソフトをパソコンにインストールする必要がない。なぜかって？　それは「Webアプリケーション」だから。つまり、ブラウザでアクセスすれば、もう使えてしまうのだ。この手軽さが、最大の特徴だろう。いちいち巨大な開発ツールを起動して、プロジェクトを開いて……なんて考えず、遊ぼうと思ったらブラウザからアクセスすればもう使える。素晴らしい！

　また、Webブラウザで動くってことは、OSが何かとか気にする必要がない、ってこと。MacだろうがWindowsだろうがLinuxだろうが、Webブラウザでアクセスする環境があればそれでOKなのだ。

「ステージ」に役者（スプライト）を配置
　Scratchは、子どもでもすぐ覚えられるように、全体が実にシンプルに設計されている。Scratchの画面は、大きく二つの部分に分かれている。左側は、プログラミングをするためのエリアで、右側にはプログラムの「画面」を作るエリアになっている。

　右側のエリアは、実際にプログラムが実行される「**ステージ**」というエリアと、ステージで動き回るキャラクタ（**スプライト**）を用意するエリアに分かれている。Scratchのプログラムは、ステージにスプライトという役者を配置して、用意した通りに動かす、そういう舞台のような仕組みになってるんだ。
　この画面作成の部分は、プログラミングの要素はまったくない。好きなようにスプライトを作ってステージに配置して画面を作っていける。これは、子どもでもすぐにやり方を覚えられるだろう。

ブロックを並べてプログラミング！
　Scratchのプログラミングは、画面左側のエリアで行う。これは、いわゆるプログラミング言語のように、命令などをテキストで記述するようなやり方はしない。どうするのかというと、「**ブロック**」を使うんだ。さまざまな機能をブロックとして用意し、このブロックをつなげたり積み重ねたりしてプログラムを作っていく。「プログラミングのレゴ」といってもいいだろう。

　画面の中央には、さまざまな操作を行うためのブロックが種類ごとに整理

して並べられている。そして右側のスペースは、ブロックを並べてプログラムを作るエディタになっている。ブロックをここに並べて、実行する順番に重ねていくだけでプログラムが作れるんだ。

マウスで部品を組み立てていくだけだから、英語がわからない、難しい単語が読めない子どもでもできる。「考え方」さえわかればプログラミングできる。もちろん、本格的なプログラミング言語のように多数の機能は用意されてない。まぁ、スプレイと操作とサウンド、後は値や構文に相当するブロックなどがあるぐらいだ。だけどこれでも簡単なゲームぐらいなら十分に作れるんだ。

実は日本語も完璧！

MIT製というから英語表記かと思った人も多いだろう。だけど安心して欲しい。Scratchはすべて完璧に日本語化されている。また日本の教育関係者の間でも以前から活用されているので、日本語の情報も豊富だ。

Scratchのオススメ度「A」

Scratchは、この種の「ブロックを並べてプログラミング」というソフトの元祖ともいえるものだ。「プログラミングを学ぶ」というのは、プログラミング言語の命令を暗記するとか開発ツールの使い方を覚えるとかいったことでは、実はない。「**アルゴリズム**」(物ごとの考え方・組み立て方)を学ぶってことだ。Scratchは、純粋に「アルゴリズム」を学ぶことができるツールなんだ。

本格的なアプリケーションは作れないけれど、そうした本格的な言語に入る前に、Scratchで「プログラミングってどういうものか」を学んでおくといいだろう。いわば「入門の入門」として、これらはきっと役立つはずだよ。

文科省純正？のプログラミング教材「プログラミン」

開発元	文部科学省
サイト	http://www.mext.go.jp/programin/
プラットフォーム	Webブラウザが動けばOK

Chapter 6 ゲームと教育向けプログラミングの世界

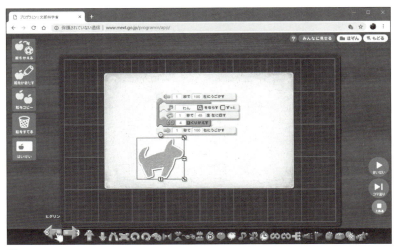

図 6-8　プログラミンの画面。

「プログラミン」とは？

こちらは、なんと！　日本の文部科学省が公開している子ども向けの学習用プログラミングツールだ。「お役所が作ったものなんて、まともに使えるのか？」なんて思うかもしれないけど、意外に使えるのだ！

「**プログラミン**」は、Scratchの基本的な考え方を元に、更にビジュアルを改良して子どもに扱いやすくしたもの、と考えればいい。ブロックのデザインなどは違うけれど、「**操作のブロックを重ねてキャラクタを操作する**」という仕組みは同じだ。それぞれのブロックは、画面の下にかわいらしいアイコンとして並べられていて、これをドラッグしてプログラムを作る。

非常に面白いのは、絵を描くツールが内蔵されていて、その場で絵を描いてそれを動かせるようになっていること。「自分の描いた絵が動く」というのは、これはやってみるとなかなか楽しい。

作ったプログラムはその場で公開できる。公開すれば、自分のWebサイトなどに埋め込んで動かすこともできる。こちらも、Scratchほどではないけれど、利用者の作ったプログラムがあちこちで公開されていて、大勢が楽しんでいることがよくわかるよ。

プログラミンの特徴
意外にちゃんと揃ってる！
　こちらも小学生レベルから使えることを前提にして設計されているので、とにかくプログラミングが簡単。中央に部品を配置するエリアがあり、左側に基本的な操作のアイコンが、また、下にはブロックのアイコンが並んでいて、これらのアイコンをクリックやドラッグするだけでプログラムを作れるようになっている。

　使えるブロックは、すべて下にアイコンとして並んでいて、ドラッグ＆ドロップするだけで配置できる。またグラフィックやサウンドは、「自分で作るのが面倒くさい」という人でも使えるように、標準でけっこうなサンプルが用意してある。とにかく、「いかにシンプルにわかりやすくまとめるか」を重視した作りになっていることがよくわかる。

簡単だけどクセがある
　シンプルで簡単だから使い方も簡単だ。ただし、実はちょっと不思議な部分もある。プログラミングは、下のアイコンをドラッグしてブロックを並べていくんだけど、これは描いた絵の上に並んでいく。そして並べたブロックは、「下から上に実行される」のだ。最初はかなり戸惑うだろう。

　また、移動のブロックが「右に移動」「左に移動」と絶対方向のみで、「前に進む」のような相対的な移動がない（なぜか「回転」は、「右に回る」「左に回る」と相対的な指定になってる）。この辺も、使いこなすには「慣れ」が必要かもしれないな。

使える機能はかなり限られる
　本格的なプログラミング言語に比べると、使える機能はかなり少ない。用意されているブロックは、基本的にキャラクタを動かしたり音を出したりグラフィックを描いたり、といったものばかりで、あくまで「キャラクタを操作する」ということに特化したものであることがわかるだろう。

　それだけ機能を限定したから、シンプルでわかりやすいものになった、ともいえるだろう。が、それにしても少なすぎる。多分、Scratchにある機能の一割ぐらいしかないんじゃないだろうか。変数や関数もない（だけど、なぜかサブルーチン的なものはある）ので、本当に単純なことしかできないんだ。

　また、当たり前だけど、普通にダブルクリックして起動するアプリとか、ス

マホのアプリとかいったものは作れない。その辺りは割り切って利用しよう。

● Flash利用なので将来は……？

不安を感じるのは、これがFlash（フラッシュ）で作られているという点だ。ご存じのように、Flashは、今や絶滅寸前になってる。ブラウザはFlash禁止の方向に突き進んでる。Scratchのように、はやくHTML5ベースに切り替えないと、「どのブラウザもFlash禁止で動かない」なんてことになってしまうよ。

● 当たり前だけど日本語は完璧

まぁ、日本の文科省が作っているんだからね、すべて日本語で使えるのは当たり前。この点は安心していいよ。

● プログラミンのオススメ度「B」

非常に良くできて入るんだけど、いくつか気になる点があるのも確かだ。一つは、「あまりにやれることが少なすぎる」という点。これでプログラミングの基礎（というか、アルゴリズムの基礎）は身につくかもしれない。だけど、身につく部分があまりに少なすぎる気がする。Scratchなら、覚えた事柄を使っていろいろ応用して、自分自身でどんどんアルゴリズムを学んでいけるけど、プログラミンはあまりに使える機能が少なすぎて、すぐに限界にぶち当たってしまう。

それと、やっぱりFlash製というのは、今どきありえないだろう。2020年にはいよいよプログラミング必修になろうっていうんだから、予算とってアップデートしてくださいよ、文科省！

ブロックプログラミングから一歩前へ！「Blockly」

開発元	Google
サイト	https://developers.google.com/blockly/
プラットフォーム	Webブラウザが動けばOK

6-2 教育向けプログラミングの世界

図 6-9 Blocklyの画面。

ブロックプログラミングエディタを自分で作る！

この**Blockly**（ブロックリー）は、うーん、果たして「教育用」といって紹介していいんだろうか、とためらう部分もある。けど、知っておいて絶対に損はないと思うので紹介することにした。

Blocklyは、Scratchのような「ブロックを並べてプログラミングする」という**ビジュアルプログラミングのエディタを自分で作るためのJavaScriptライブラリ**なんだ。こいつを利用することで、独自のブロックを持ったエディタを自作できるのだ。ブロックで作成したプログラムは、JavaScriptやPythonなどのスクリプトに変換できるから、作ったプログラムをいろいろと利用することもできる。

……なんていっても、「ふーん。でもオレには関係ないね」なんて思ってるかもしれないな。確かに、「自分で作れるよ」といわれても困るだろう。だけど、このBlocklyには「**Try Blockly**」が用意されていて、その場でブロックプログラミングができるようになっているんだ。これが、けっこう使える。あれこれブロックを並べることで、アルゴリズムの基本を覚えることができる。

Chapter 6 ゲームと教育向けプログラミングの世界

まぁ、Scratchなどのようにグラフィックやアニメーションなどの機能はないし、見た目は全然クールじゃないんだけど、ちょっと使ってプログラミングの初歩を学ぶには十分使えるんじゃないかな。

● Blocklyの特徴
● 次の言語へステップアップ！

Blocklyの一番の特徴は、「**別の言語を学べる**」というところにある。並べたブロックは、リアルタイムでJavaScriptなどのスクリプトに変換され、表示される。だから、ここでブロックをいろいろ並べることで、次のプログラミング言語へ進む準備ができるというわけ。

用意されている言語は、「JavaScript」「Python」「PHP」「Lua」「Dart」といったものだ。ブロックをいろいろ並べ、生成されるこれらの言語のスクリプトを読んでいけば、ごく自然に「ブロックプログラミングから次のプログラミング言語へ」移行していけるだろう。

この種のブロックプログラミングの最大の欠点は、「**先がない**」という点だ。これで覚えても、その知識をもとに本格的なプログラミング言語を使えるようになるかというと、ならない。また最初から覚え直しになってしまう。

Blocklyは、ブロックプログラミングから次の言語への橋渡しをしてくれるのだ。

● あくまでBlocklyの「利用例」

このTry Blocklyは、あくまで「Blocklyのサンプル」として用意されている、ということは忘れないで欲しい。だから、いつか内容がまるで変わったり、あるいはなくなってしまう可能性だってある。その辺を納得の上で利用しよう。

● 日本語は全然ダメ

Blocklyは、本来**プログラマ向けのライブラリ**なわけで、日本語で快適に使えるように、なんてことは全然考えてない。全部英語。といっても、まぁそれほど使い方が難しいものではないので、英語でも支障はないだろう。

● Blocklyのオススメ度「C」

Blockly自体はライブラリであって、ビギナーに勧められるようなものではない。あくまで「Try Blocklyというサンプル」がけっこう使える、という話。だ

6-2 教育向けプログラミングの世界

から、すべての人に「ぜひこれを使え！」と勧められるようなものではない。
　こいつは、「こういうのもあるって知っておくといいよ」という程度に考えておいて欲しい。特に、ブロックプログラミングでプログラミングを覚えて、そこから一歩先へ進みたい人には、けっこう役立つのだ。

小学生でも楽々使える「Microsoft Small Basic」

開発元	Microsoft Corp.
サイト	https://smallbasic-publicwebsite.azurewebsites.net/
プラットフォーム	Windows、またはWebブラウザが動く環境

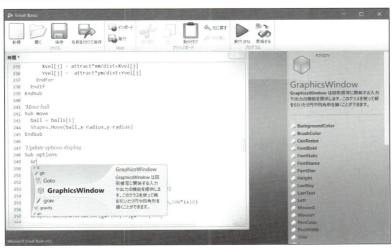

図6-10 Sall Basicの画面。

Microsoft Small Basicとは？

　もともと、OSをリリースしている会社というのは、そのOSで動くプログラムを作るためのプログラミング言語も標準でつけていたものだ。その昔は、どのパソコンにもBASICが標準搭載されていたし、WindowsのベースとなっていたMS-DOS（エムエスドス）というOSにしろ、やっぱり標準でBASICが入っていた。もともと、Windowsを作っているマイクロソフトというのは、ビル・

ゲイツが作ったBASICを売るためにできた会社だ。BASICは、マイクロソフトの原点みたいなものなんだ。

　いつの間にかパソコンの中からはBASIC言語が消えてしまったけれど、でもマイクロソフトという会社は、ちゃんと「誰もが簡単に自分のパソコンで動くプログラムを作るための道具」を用意しておいた。それが**Microsoft Small Basic**だ。
　Microsoft Small Basic（マイクロソフト・スモール・ベーシック）は、文字通り、非常に小さい、シンプルなBASICだ。簡単な処理を書いて実行する、ちょっとした道具。とはいえ、四則演算ぐらいしかできないってわけじゃない。テキストの表示や、グラフィックの表示をするための基本機能を備えているし、ユーザーの操作（マウスでクリックしたりとかね）に対応して処理を実行させるようなこともできる。特にグラフィック利用のプログラムは、思った以上に高度なものまで作れるだろう。

　実際に使ってみると、これはプログラミングの経験がないビギナー（特に、子ども）のための教材的なものであることがわかってくるだろう。「これで本格的なプログラムを作ろう」となると、グラフィック関係以外はちょっと難しい。が、「これでプログラミングっていうのがどういうものか勉強しよう」というなら、まさにうってつけだ。プログラミングというものの教材として、これほど適したものはなかなかないだろう。

Microsoft Small Basicの特徴
もちろんタダ！
　Microsoft Small Basicは、マイクロソフトの開発者向けサイト「msdn」というところで配布されている。もちろん、誰でもタダで使えるぞ。しかも英語版だけでなく日本語版もちゃんと用意されているから嬉しい。
　また、「インストールするのが面倒くさい」「Macだから使えない」なんて人のために、Web版も用意してある。ただし、現時点ではまだ対応していない機能がある（特にグラフィック回り）ので、アプリ版と同じように使えるわけじゃない。けれど、基本的な部分はちゃんと動くので、このWeb版でプログラミングの基礎を学ぶことは十分可能だよ。

6-2 教育向けプログラミングの世界

● 非常にシンプル！

　Microsoft Small Basicは、ウインドウにいくつかのボタンが並んでいるだけの実にシンプルなプログラム。メニューバーさえない。迷いようがないほどにシンプルだ。それじゃろくな機能はないだろう……と思うだろうけど、例えば命令文をキーボードからタイプしていくと、リアルタイムに候補となる命令や、その使い方などが表示されるようになっていたりする。シンプルだけど、「プログラミングを学習する」という部分に関しては、きっちり押さえてあるんだ。

● 作ったプログラムはWebで公開！

　Microsoft Small Basicで書いたプログラムは、その場で実行するだけでなく、Webで公開することもできるんだ。「発行」というボタンを押すと、現在作成しているプログラムがそのままマイクロソフトの用意するWebサイトにアップロードされ、公開される。指定のアドレスにアクセスすれば、Webブラウザの中でプログラムを実行させることもできるし、Microsoft Small Basicの中から、アップロードしたプログラムをインポートして使うこともできるんだ。

● オブジェクト指向では……ない？

　このMicrosoft Small Basicは、**オブジェクト指向な作り**になっている。用意されている機能はオブジェクト（クラス）になっていて、そこからさまざまな機能を呼び出して利用する。Scratchのようなブロックプログラミングツールでは、この「オブジェクトを利用する」という部分が欠落している。僕が「ビギナーにはブロックプログラミングツールではなく、もっとちゃんとした言語を」と思うのは、ここだ。プログラミングを学びたいと言うなら、オブジェクトが使えない言語をビギナーに推薦すべきじゃないだろう。そういった点で、Microsoft Small Basicは評価できる。

　ただし、こいつのオブジェクト指向は完璧じゃない。自分でクラスを定義したりして拡張していけるわけではないんだ。あくまで「標準で用意されているオブジェクトを利用する」というもの。だけど、それでも十分オブジェクトに慣れることはできるだろう。

● Microsoft Small Basicのオススメ度「A」

　マイクロソフトが、子どもでも使えることを考えて作っただけあって、さ

すがによくできている。使いやすさ、わかりやすさを実に良く考えてある。また、作ったプログラムをWebで自由に配布できるのもすばらしい。

　ただ、意外と知られていないせいか、Microsoft Small Basicの情報(特に日本語の情報)は少ない。しかし、オブジェクトやメソッド類の説明はアプリに組み込まれているヘルプでわかるし、これはちゃんと日本語だ。環境面でまだ未整備なところはあるけれど、タダでこれだけのものを提供してくれるんだ、使わないともったいないよ？

iPadでSwiftを学べる！「Swift Playgrounds」

開発元	Apple Inc.
サイト	https://www.apple.com/jp/swift/playgrounds/
プラットフォーム	iPad

図6-11 Swift Playgroundsの画面。

Swift学習のスタンダード！

「教育用ソフト」と「学習用ソフト」は、違う。僕の中では、プログラミングでいえば、前者はプログラミングというものの理解を深め、その考え方を身につけるためのものであり、後者は特定の言語やツールの使い方を覚えるためのもの、というイメージがある。

そういった意味では、これまで紹介したScratchやSmall Basicなどはすべて「教育用」だ。が、今回の**Swift Playgrounds**（スウィフト・プレイグラウンド）は、「**学習用**」のアプリと言える。これは、Swiftという言語を習得するための学習アプリなのだ。

Swift Playgroundsの特徴
レッスンを進めればSwiftをマスターできる

Swift Playgroundsは、単純に「何でも自分で作って」というソフトではない。Swift習得のためのレッスンが一通り用意してあって、それを順に進めていけばSwiftの基本をマスターできるようになっている。これが実に秀逸で、楽しみながら一つひとつレッスンをクリアしていくだけで自然にプログラミングが身につくように考えてある。この辺りの作りは「さすがアップル」という感じだ。

iPadだけ？　実はMacでも動く

Swift Playgroundsは、iPadのアプリとして提供されている。だから、利用のためにはiPadがないといけない。これはその通り。ただ、実をいえば、MacのXcodeにも、同じ「Swift Playgrounds」という機能が搭載されているんだ。こっちは、レッスンなどは用意されておらず、ただSwiftをその場で実行するというものだけど、Swiftの勉強ならこっちでもできる。iPadを持っていないMacユーザーは覚えておこう。

日本語もOK！

Swift Playgroundsは、ちゃんと日本語化されている。特に、レッスン部分が日本語になっているのは重要だ。ここが英語だと学習意欲も減退してしまうからね。

Swift Playgroundsのオススメ度「B」

「Swiftを勉強したい！」という、このアプリにジャストなターゲットとなる

ユーザーであれば、オススメ度は「A」だろう。が、それ以外の人にとっては、「iPadを持ってないといけない」というところで、使えるかどうかが分かれる。また、学ぶ言語もSwiftというMacユーザーでないと使えないものだ。まぁ、「アップル命！」という人ならば別だが、そうでない人にとっては、なるべく広いプラットフォームで使えるものがいいだろう。

というわけで、ビギナーに幅広く訴求できるか？　というと、疑問符がついてしまう。その分を差し引いて「B」とした。最初から「Swiftやりたい！」という人には無条件でオススメしておくよ。

理系人間御用達のJupyter実行環境「Colaboratory」（Pythonの学習に最適！）

開発元	Google Inc.
サイト	https://colab.research.google.com/
プラットフォーム	Webブラウザが動けばOK

図6-12 Colaboratoryの画面。

JupyterからColaboratoryへ！

大学生や専門学校生などで、複雑な処理や計算を行わないといけないのでプログラミングを勉強している、という人はかなり多いだろう。そうした人がまず手にするのは**Python**だ。特にデータ解析などの分野でPythonは絶大な支持を得ている。数値演算や解析のためのライブラリが充実していて情報も豊富だからね。

こうした「Pythonでさまざまな処理を書いている」という人の多くが利用しているツールがある。それが**Jupyter Notebook**（ジュピターノートブック）だ。これは一種の「ノートブック」になっていて、その場でPythonのスクリプトを書いて実行できるほか、Markdown（マークダウン）というフォーマット（書式）を利用して、レポートのドキュメントなどを記述できる。プログラムを書いて、その場で実行し、処理などを追記できる形でレポートを作成できるツールとして、Jupyterは多用されているんだ。

が、これを利用するには、そのための環境を整えていかないといけない。また、こうしたレポートは「日中は大学や会社で、夜は家に帰って」なんて感じで、いつでも続きの作業ができるようにしておきたい。

そこで、理系企業の頂点とも言えるGoogleがやってくれた。**Colaboratory**（コラボレートリー）は、Googleが提供するJupyterのWebサービスだ。Webブラウザからこのサービスにアクセスすれば、いつでもJupyterを使えるのだ。

主なPythonのライブラリは一通りインストールされていてすぐに使える。また、表示やUIがJupyterと少し違うけれど、だいたいの使い勝手は同じですぐに利用できる。データはGoogleドライブに保存され、ブラウザでファイルを開けばいつでもどこでも続きの作業が行える。単にPythonが実行できるというだけでなく、きちんとしたレポートとしてファイルを作成できるので、教育分野に限らず、いろんな使い方ができるだろう。

Colaboratoryの特徴
Googleドライブから直接起動！

Colaboratoryは、「Googleドライブ」と連携している。GoogleドライブでColaboratoryのファイルを作成して開くと、自動的にColaboratoryのエディタが開かれて、編集できるようになるのだ。

もっとも、これは標準では表示されなくて、Googleドライブの「新規」ボタ

ンの中にある「アプリを追加」メニューで「Colaboratory」を検索し、追加しないといけない。これをやっておけば、「新規」ボタンからいつでも「Colaboratory」を選んでファイルを作成できる。

　まぁ、直接サイトにアクセスしてもいいのだけど、作成したColaboratoryのファイルはGoogleドライブに保存されるようになっているので、「Colaboratoryを使うときはGoogleドライブから」と思ったほうがいいだろう。

● 標準で主なモジュールは組み込み済み
　Colaboratoryは、Python標準のものだけでなく、numpyやmatplotlibのようなよく使われるモジュールはすべて最初から組み込み済みになっている。また、入っていないモジュールは後から追加してカスタマイズすることもできるのだ。ただし、どんなモジュールでも完全に動くというわけではなくて、うまく動作してくれないモジュールもあるので、カスタマイズの際には注意が必要だろう。

● クラウドで動くから非力マシンでもOK！
　Colaboratoryは、クラウドサービスだ。Webブラウザでアクセスし、Pythonのスクリプトを書いて実行する。この「実行する」部分は、自分のパソコンではなくて、Googleのクラウド環境にあるマシンなのだ。ってことは、自分が使っているマシンがどんなものだろうが、処理速度には関係ないってことだ。
　だから、どんなパワーの弱いパソコンでも、いや、スマホやタブレットでだって利用できるってことになる。Googleアカウントでログインし、GoogleドライブからColaboratoryのファイルを開けば、どんな環境でも作業できるのだ。

● 意外と日本語は完璧！
　こうした専門的なツールは「英語で頑張って使ってくれ」という態度のものが多いんだけど、Colaboratoryはちゃんと日本語化してくれている。安心して日本語で利用できるぞ。さすがGoogle！

● Colaboratoryのオススメ度「A」
　もし、「Pythonをやってみたい」と思っているなら、Colaboratoryはおそらくビギナーにとっても最高のPython環境だと思う。なにしろ、何らセットアップする必要がない。ブラウザでアクセスすれば、いつでもPythonプログラミ

ングができるのだ。
　とりあえず、ここでは「理系学生の間でけっこう使われてる」ということで教育関係の分野に入れておいたけど、普通に「Pythonプログラミング」のツールとして使えるので、どんどん使おう！

デジタルアートのための専門言語「Processing」

開発者	Ben Fry and Casey Reas
サイト	https://processing.org/
プラットフォーム	Windows、macOS、Linux

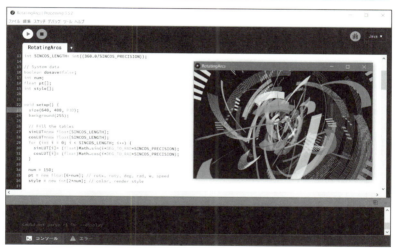

図6-13 Processingの画面。

アートのためだけのプログラミング言語！

　Processing（プロセシング）は、デジタルアートのために作成されたプログラミング言語だ。「アートのため？」となんだか不思議に思った人もいるだろうが、要するに「**グラフィックとアニメーションの機能に特化した言語**」なのだ。

　これは元々、MITのメディアラボ（Scratchを作ってるところ）で開発された

言語だったのだけど、その後、MITを離れ、開発者2人が個人的に開発を続けている。

Processingは、グラフィックに特化しているだけあって、図形などを描くのが信じられないほどに簡単だ。日本語でいうなら、「背景を赤にする」「塗りつぶしを青にする」「〇〇の位置に半径〇〇で円を描く」みたいな感じで、一つひとつの設定や命令を実行していくだけで、複雑な図形を作成していくことができる。

この単純さから、プログラミングの入門言語として多用されているんだ。二つ三つ文を書いて実行するだけで、もう図形が表示されるようになるんだから、ビギナーにも飽きずに使えるんじゃないかな。

Processingの特徴
シンプルな言語体系
グラフィックに特化しているため、非常にシンプルな文法になっている。複雑なオブジェクトなどはなく、基本的な値、制御構文、関数といった基礎的な文法があるだけだ。用意されている機能は関数の形になっていて、値を引数に指定して実行するだけ。シンプルではあるけれど、用意されている関数はかなり多く、グラフィック描画のほか、数値演算や環境の操作、マウスやキーボードのイベント処理などけっこう充実している。

結果がすぐに「目に見える」
ビギナーがプログラミングの学習を始めるとき、一番のネックになるのが「まともな結果が得られるようになるまで、かなりかかる」ということだろう。かなり勉強しても、せいぜい「計算して結果を表示する」とかいった、地味〜なことしかできるようにならない。これが延々と続くと、「やってらんねーよ」てな気分になってくる。

Processingは、いいぞ。2〜3行、関数を書いて実行すれば、もう「ぱっ！」と結果が表示される。テキスト、円や四角、さまざまな形や色が表示される。この、「始めれば、すぐに何か表示できるようになる」という点が、Processingの最大の魅力じゃないかな。

作った作品の配布が問題点
Processingは、けっこうハマる人が多くて、かなり高度なビジュアル表現を作り出している人もいる。が、そうした作品を発表したりうまく共有したり

する仕組みがないのが、惜しいところだ。Processingは、アプリを作れない。だから、「作ったプログラムをどうやって配布するか」を考えないといけないだろう。

　ScratchやSmall BasicなどはWebで作品を共有できるようになっている。そういう仕組みがあればベストなんだけどね。

日本語は難しい

　Processingは、英語バージョンのみ。日本語版はない。またWebサイトなどもすべて英語なので、その辺りで敬遠してしまう人もいるかもしれないな。ただ、実際の関数などの使い方は、英語といっても「動かせばすぐわかる」程度のものなので、あんまり心配することはないだろう。それに、かなり日本でも使われているソフトなので、検索すれば日本語の情報はたくさん出てくるぞ。

Processingのオススメ度「B」

　Processingは、出来としてはAランクなんだけど、ちょっと引っかかるのは、学習するモチベーションだ。せっかく覚えても、その結果を発表する場がない。これ、意外と大きな問題だと思うんだ。ほかの言語ならいざしらず、Processingは「デジタルアートのための言語」だ。作ったアートを発表する場がないのはどうなんだろうか。

　Scratchなどはその辺りまできちんと考えていて、Webで作品を公開できるようになってる。また普通の言語ならば、アプリにしたりWebサイトにしたりして公開することもできる。ビギナーにとって「作ったものを見てもらえる」ことって、大事と思うんだ。そこが惜しいところだ。まぁ、それだけProcessingには期待するものが大きいってことなんだけど。

　言語自体は非常にスッキリしていてわかりやすく、すぐに楽しめるので、ビギナーでも全く問題なく扱えるはずだ。だから、「楽しいなら、動けばそれでいい！」という人は、ぜひ使ってみて欲しい。かなり面白いぞ！

結論：教育関係の超オススメは「Scratch」で決まり！

　教育関係のソフトについて一通り説明してみた。「教育関係」というと、そういう分野の人(学生とか、先生とかね)じゃないと興味ないようなものと思う人もいるだろう。が、ざっと眺めてみてわかるように、とにかく普通のプログラミング言語じゃない、変わったものが多い。けっこう使ってみると面白くて、目からウロコがぼろぼろ落っこちるぞ。

　ということで、「教育用ってどんなものだろう」って興味がある人にぜひ進めたいのが、「Scratch」だ。こいつは本当に良くできてる。まぁ、これでプログラミングをマスターなんて全然できないんだけど、おもちゃとしてはかなり楽しめるし、いろんな処理の手続き(アルゴリズム)の勉強になる。

「もっとクールに」ならProcessing

　ただし！　**「いかにも子ども向けって感じで、ちょっとなぁ」**と言う人は、Processingを使ってみよう。これは、すぐに結果が目に見えて表示されるので、やりだすとハマること請け合いだ。

　教育用は、子どもでも興味をもつようにいろいろ考えているから、(プログラミング言語として、あるいは「本当にこれでプログラミングが身につくか」は別にして)とても面白いものが多い。プログラミングに興味があるなら、ぜひ一度触っておくべし！

Chapter 7

「プログラミングの世界」を覗く

　プログラミングの世界がどんなものかなんとなくわかったところで、実際にプログラミングを経験してみることにしよう。プロが使っているプログラミング言語でも、十分アマチュアが使えるものだってある。ここでは、Webサイト作成などでお馴染みのHTMLとJavaScriptを使って、プログラミングがどんなものか体験してみることにしよう。

7-1
JavaScripでプログラミング！

プログラミングしよう！

　プログラミングについての長々とした話と、開発ツールやプログラミング言語などの説明を読んで、なんとなく「プログラミングっていうのがどういうものか」のイメージがつかめてきたんじゃないだろうか。いろいろ説明してきたけれど、一つだけ決定的に足りないものがある。それは、

　「**実際にプログラミングをする経験**」

——これだ。この本の最初にこんなことをいったはずだけど、覚えてるかな。「**プログラミングは、実際にプログラミングする経験がないと絶対わからない**」って。あれ、いわなかったっけ？　でもまぁ、似たようなことはいったよね、多分。実際に体験してみないと、本当のことはわからない。自転車の本を読んでも、実際に自転車に乗ってみなければ、自転車がどんなものかはわからない。そうだろ？

　だから、最後に「実際にプログラミングする」ことにしよう。実際にやってみれば、プログラミングがどんなものか実感できる。実際にやってみなければ、本当のことは絶対にわからないんだから。
　「え、ちょっと待って。まだ心の準備が……」なんて言った人。全然、聞こえません。**今すぐやる**。別にソフトなんて必要ない。パソコンが起動してあればそれで準備OK。さあ、やるぞ！

JavaScript ってどんな言語？

　ここで実際に使ってみるのは、本書に何度も登場している**JavaScript**（ジャバスクリプト）っていうプログラミング言語だ。

現在のWebにおいて、JavaScriptは**もっとも重要な言語**だ、と断言できる。Web開発の世界では、JavaScriptのプログラマがどんどん登場して活躍している。「Webは、JavaScriptでできている」といっても過言じゃない。なんでもWebでできるようになりつつある今、JavaScriptは、もっとも注目されている言語といっていい。

それじゃ、このJavaScriptっていう言語はどういうものなんだろうか。まぁ、ここまでの章で何度か取り上げて説明したけど、改めて簡単に整理しておこう。

わかりやすい文法

JavaScriptは、Javaなどに代表される言語の基本的な文法に比較的近い、わかりやすい文法をしている。文の書き方とか、基本的な構文、プログラムの構造の表し方など、けっこう基本的な部分で、現在広く使われている言語っていうのはかなり近い文法になっているんだ。JavaScriptも、CやC#、Javaといったメジャーな言語とその辺は感覚的にかなり近い。

しっかりしたオブジェクト指向言語

第6章でも触れたけど、今どき、**オブジェクト指向**という考え方に対応していない言語ってのは、それだけで学習対象から除外されるだろう。JavaScriptは、本格的なオブジェクト指向言語だ。しかも、ほかの多くのオブジェクト指向言語とはかなりアプローチの仕方が異なる、ユニークなオブジェクト指向を採用している。一般の言語が、かなりかっちりとオブジェクトの設計をしないといけないのに比べ、JavaScriptは非常に柔軟なオブジェクトの利用ができるようになってるんだ。

Webとの親和性の高さ

現在、ほぼすべてのWebブラウザで完璧に動作するプログラミング言語というのは、JavaScriptしかない。Webは、**HTML**という言語（これはプログラミング言語じゃない。**ページ記述言語**っていうもの）を使ってボタンなどのGUIを作れるけど、JavaScriptはこれらもすべて操作できる。だから、HTMLとJavaScriptさえあれば、ややこしいWindowsやMacのシステムなどを知らなくても、簡単にビジュアルなWebアプリを作れるんだ。

特定のOSに限定されない

なにしろ、Webブラウザで動くんだから。Webブラウザさえあれば、どんな環境でも動く。パソコンでなくても、AndroidやiPhoneなどのスマホでも、タブレットでも、どこでも動いてしまうのだ。

——以上のようなJavaScriptの特徴をまとめるなら、「**いつでもどこでも使える、本格的なオブジェクト指向のものすごく使いやすい言語**」っていうことだね。まさに、ビギナーにはうってつけな言語といえるだろう。

ただし、まったくのプログラミングビギナーが、わずか数十ページでJavaScriptを完璧にマスターするのはちょっときつい。だから、ここでは「JavaScriptのプログラミングの雰囲気を味わう」という程度に考えておこう。「こんな具合にして作るのか。これなら自分にもできそうだ」と思ったら、後はそれぞれで本格的に勉強をしてほしい。

HTMLでWebページを作ろう

では、実際にJavaScriptを使ってみよう。といっても、JavaScriptは、一般的なスクリプト言語のように、「そのソースコードを書いて実行するだけ！」というわけにはいかない。JavaScriptは、Webブラウザの中で実行される言語だ。ということは、まずWebブラウザに表示する「**Webページ**」を用意しないといけない。

Webページは、「HTML」っていう言語を使って書く。これは「HyperText Markup Language」っていうものの略で、「ページ記述言語」って呼ばれるものだ。普通のプログラミング言語のように何かの処理を実行するんじゃなくて、ページに表示する**要素**やその**構造**などを記述するためのものなんだ。

じゃ、実際に簡単なサンプルを書いてみよう。まず、テキストエディタ〔何も持ってない人は、Windowsなら「メモ帳」、Macならテキストエディット（TextEdit）でOK〕を起動しよう。そしてそこに、次のようなリストを記述して欲しい。

7-1 JavaScripでプログラミング！

リスト7-1

```
<!DOCTYPE html>
<html lang="ja">
<head>
    <meta charset="utf-8">
    <title>Sample Page</title>
</head>
<body>
    <h1>Sample Page</h1>
    <p>これは、Webページのサンプルです。</p>
</body>
</html>
```

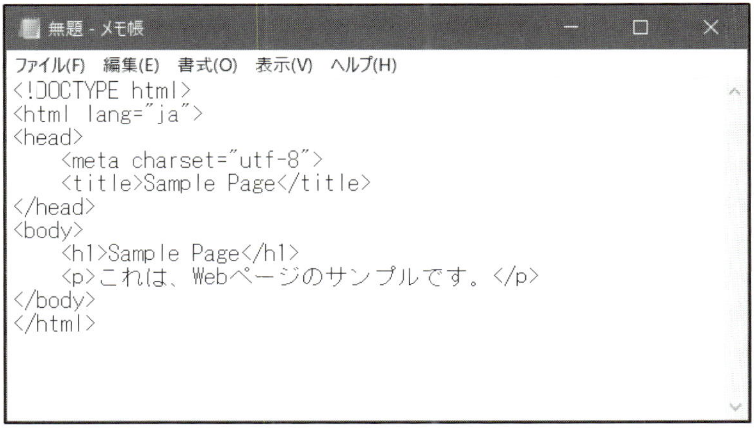

図7-1 メモ帳でHTMLのソースコードを書いたところ。

　書いたら、これを「sample.html」って名前で、適当な場所に保存しよう。このとき、注意したいのは**拡張子**だ。HTMLのファイルは、「○○.html」って名前をつける決まりになってる。必ず最後に「.html」をつけておくこと。

297

> Windowsでメモ帳を使ってる場合、「名前をつけて保存」メニューで現れるダイアログで、「ファイルの種類」を「すべてのファイル」に、「文字コード」を「UTF-8」にして保存すること。こうしないと正しくHTMLファイルが作成できないぞ。

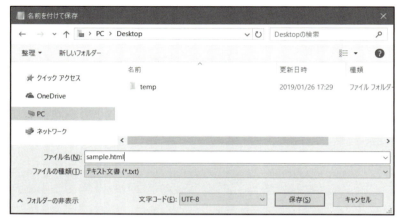

図7-2 メモ帳を使っている場合は、保存ダイアログの設定に注意すること。

● HTMLを表示しよう

　保存したら、これをWebブラウザで表示してみよう。Webブラウザを起動し、保存した「sample.html」ファイルのアイコンをドラッグして、Webブラウザの表示エリアにドロップしよう。現在使われているWebブラウザのほとんどは、これでファイルをロードして表示してくれるぞ。

7-1 JavaScripでプログラミング！

図7-3 Webブラウザで表示したところ。これがHTMLで作ったWebページだ。

ちょっと太めの大きい文字で「Sample Page」、その下に「これは、Webページのサンプルです。」というテキストが表示されただろう。これがさっきのHTMLソースコードで作ったWebページなのだ。

● HTMLのタグ構造をざっくり解説！

このHTMLのソースコードを見ると、<○○>というのと</○○>というのがいくつも組み合わせられているのがなんとなくわかるね？　これは「**タグ**」といって、Webページに表示する要素を記述するためのものだ。

タグには、一つだけで使うものと、二つのタグを「ここからここまで」というように、表示内容の最初と最後につけるものがある。二つをセットで使う場合は、最初が<○○>、最後が</○○>というように、同じタグ名で、終りを示すものには「/」をつけて記述するようになっている。

で、さっき書いたソースコードの構造を整理してみると、こんな具合になっている。

```
<!DOCTYPE html>              HTMLのソースコードだよ、ってタグ
<html lang="ja">             ここからがHTMLの内容だよ、ってタグ
<head>                       表示する前の諸設定(ヘッダー)を書くタグ
  <meta charset="utf-8">     文字セットはUTF-8だよ、ってタグ
  <title> 〜 </title>         ページのタイトルを書くタグ
</head>                      ここまでがヘッダーのタグの内容
```

```
<body>              実際に表示する内容(ボディ)の始まりタグ
 <h1>               一番大きい見出しを書くタグ</h1>
 <p>～</p>          テキストのタグ
</body>             ここまでが画面に表示されるボディの内容
</html>             これでHTMLの内容はおしまい
```

なんだか、まだよくわからないよね。ごちゃごちゃとあるから、もっとシンプルにわかりやすくしてみよう。するとこうなるかな。

```
<html>
<head>
  ……表示する前の設定……
</head>
<body>
  ……表示する内容……
</body>
</html>
```

うん、だいぶすっきりした。HTMLは、**<html>～</html>** ってタグの中にWebページの内容を書いてある。この中には、**<head>～</head>** と、**<body>～</body>** ってのがあって、それぞれに**設定情報**と、表示する**内容**が書かれている。これが、HTMLの一番基本となる構造。

で、Webページの表示内容を書く<body>の中には、**<h1>** と **<p>** っていうタグが書いてあった。これが、**見出し**と**本文**を書くためのタグになる。ほかに、<head>内とか、<html>の更に前にもタグがあるけど、これらはとりあえず無視していい。「なんか知らないけど、こう書いておけっていわれた」と覚えておけばOKだ。

JavaScriptのスクリプトを動かそう！

では、作成したHTMLの中に、JavaScriptのスクリプトを追加しよう。JavaScriptは、HTMLのソースコードの中に書くことができる。どうやって書くのかというと、**<script>** っていうタグの中に書くんだ。やってみよう。

リスト7-2

```
<!DOCTYPE html>
<html lang="ja">
<head>
    <meta charset="utf-8">
    <title>Sample Page</title>
</head>
<body>
    <h1>Sample Page</h1>
    <script>
    document.write('<p>これは、JavaScriptで
        書いたものだよ。 </p>');
    </script>
</body>
</html>
```

書いたら、またさっきと同じようにしてWebブラウザで表示してみよう。ブラウザで開いたままなら、リロードすると最新の状態に表示が更新されるぞ。

図7-4 実行すると、JavaScriptを使ってテキストが表示される。

　今度は、見出しの下に「これは、JavaScriptで書いたものだよ。」ってテキストが表示された。書かれた内容通り、これはJavaScriptで書いたものなんだ。JavaScriptのスクリプトは、HTMLの中にこんな具合に書かれる。

```
<script>
……JavaScriptのスクリプト……
</script>
```

　<script>っていうのが、JavaScriptのスクリプトを書くための専用のタグ。この**<script>**と**</script>**の間にスクリプトを書くと、それがWebブラウザで読み込まれる際に実行されるようになっているんだ。ここでは、こういう文を書いてあるね。

```
document.write( ……表示する内容…… );
```

　これは、その場（<script>タグが書かれているところ）にテキストを書き出す処理だ。**document**っていうのは、ブラウザに表示されるドキュメントそのものを表すオブジェクトだ。そして**write**っていうのは、documentオブジェクトの中にある「**メソッド**」っていうもので、ドキュメントにテキストを**書き**

出す（つまりドキュメント＝Webページに書いた内容が表示される）仕組みなんだ。

まぁ、いきなり「documentオブジェクト」だの「writeメソッド」だのといわれても、何のことかわからないだろう。ここでは「**document.write って書けば、そこにテキストを書き出せる**」ってことだけ覚えておけば十分だよ。

文の書き方の基本を覚えよう

それより、まず覚えておくべきは、「文の基本的な書き方」だろう。たったの1文だけど、これだけでもこんな書き方の基本がわかる。以下はスクリプトの基本として頭に入れておこう。

- 文は、行の最後にセミコロン（;）をつけておく。そして、複数の文があるときは改行して書く。まぁ、実をいえば「改行」か「セミコロン」か、どっちかがあればいいんだけど、わかりやすくするために、ここでは「最後はセミコロンをつけて改行する」と覚えておこう。

- JavaScriptで使うさまざまな**名前**（変数とかオブジェクトとかメソッドとかそういったもの全部）は、大文字小文字まできっちり正しく書かないといけない。例えば、documentをDocumentと書いただけで動かなくなるぞ。

- それから、JavaScriptで使ういろんな名前や記号などは、基本的に全て「半角文字」で書くこと。全角文字で書くとわからなくなるぞ。全角文字を使うのは、「全角文字で書いたテキストを値として利用する」ときだけ、と考えておこう。

値と変数を書いてみる

では、実際にスクリプトをあれこれ書きながら使ってみよう。まずは、簡単なテキストを表示させる命令（？）から。これを実行すると、「10 + 20」の計算結果として「30」を表示するぞ。

リスト7-3

```
<!DOCTYPE html>
<html lang="ja">
<head>
    <meta charset="utf-8">
    <title>Sample Page</title>
</head>
<body>
    <h1>Sample Page</h1>
    <script>
    var a = 10;
    var b = 20;
    var c = a + b;
    document.write('<p>答えは、' + c +
        ' だよ。</p>');
    </script>
</body>
</html>
```

図7-5 リロードすると、a + bの結果を表示する。

先のリストでも登場したけど、「document.write」は、その後に続く**値**を表

示する。毎回、document.writeと書くのも面倒なので、以後は単に「write」と表記しよう。

● 変数と値はこう書く！

このwriteの前に、a、b、cに数字や計算結果などを設定しているね。これらは「**変数**」といって、値を保管しておく入れ物のようなものだ。「**var a = 10;**」というのは「**変数aに10という値を設定（代入）する**」という意味になる。

```
var 変数名 = 値;
```

変数はこんな具合に「**var**」という単語をつけて変数名を書き、その後にイコール記号で値を書く。varは、「これは、ここで初めて作成する変数だよ」ということを教えるもの。変数を使うときは、こんな具合に「**var ○○**」と書く。これで変数が用意されるんだ。後は、変数名だけを書けばいい。

実をいえば、varを付け忘れたりしても、最初に登場する変数は「これは初めてのものだな」とJavaScriptのほうでちゃんと処理してくれるから心配しなくてもいいよ。

● 値の計算はこう書く！

さて、計算で重要なのは、変数名以降の部分だ。「c = a + b」ってのは？　「変数aと変数bを足した結果を変数cに入れる」という意味になるわけだね。イコール記号は、JavaScriptでは「等しい」ではなくて、「**右側の値を左側の変数に入れる**」って意味になるんだ。

そして、+記号。JavaScriptには四則演算のための記号（**演算記号**とか**演算子**っていう）が揃っている。ざっと整理しておこう。

a + b	aとbを足す
a - b	aからbを引く
a * b	aにbをかける
a / b	aをbで割る
a % b	aをbで割った余りを得る

四則演算はどこかで見たことあるだろうけど、割り算の余り（**%記号**）なんかは、なじみがないかもしれない。ちょっと特殊な記号なのでよく覚えておこう。

● テキストの値の書き方は？

数字はこんな具合にして使うことができることは、わかった。が、実はこうした演算ができるのは数字だけじゃない。テキストにも演算記号があるんだ。さっきのサンプルリストを見てみると、

```
document.write('<p>答えは、' + c + ' だよ。</p>');
```

こんな文があるだろう？　writeの**( )**内には、「**'<p>答えは、' + c + ' だよ。</p>'**」というのが値として用意してある。テキストは、JavaScriptでは**クォート記号**（"とか'といった記号）をテキストの前後につけて書く。例えば、"Hello" とか、'OK' なんて具合だね。**"**と**'**は、どっちを使ってもいい。ただし、前後につける記号は同じものでないとダメ。

● テキストも足し算できる！

で、ここではテキストと変数cを+記号で足し算しているだろう？　この場合の「+」は、テキストをつないで一つにする、って意味なんだ。テキストは、こんな具合に+記号で一つのテキストにつなぐことができる。これも大切な演算記号だ。例えば、

```
"A" + "B" + "C"
```

こんな具合にすれば、「ABC」ってテキストができあがる。テキストの代わりに、変数を使ってもいい。例えば、

```
var b = "B";
```

こんな具合に変数bがあったとしよう。そして、

```
"A" + b + "C"
```

これでも、やっぱり「ABC」ってテキストが完成する。テキストと変数の足し算は、覚えるとなかなか面白いことができるんだ。

繰り返しの処理

続いて、ちょっとした「**処理の制御**」を行ってみよう。前の章でも登場したけど、プログラミング言語には「条件分岐」とか「繰り返し」といった、処理を制御するための構文が用意されている。

JavaScriptにだって、もちろんこうした構文は用意されている。実際にそれを使ったサンプルを作ってみよう。まずは、簡単な**繰り返し**処理から。よくあるサンプルだけど、1から100までの合計を計算して表示させてみるぞ。

> 毎回、全部のリストを載せるのは、ちょっとスペースの無駄なので、<body>のタグの部分だけを掲載しておいた。それ以外の部分は、毎回まったく変わらないから、<body>のところだけ書き換えて動かそう。

リスト7-4

```
<body>
    <h1>Sample Page</h1>
    <script>
    var total = 0;
    var num = 1;
    while(num <= 100){
        total += num;
        num += 1;
    }
    document.write('<p>合計: ' + total + '</p>');
    </script>
</body>
```

図7-6 プログラムを実行する。1～100までの合計を計算する。

● whileで繰り返す！

ここでは、「**while**」っていう繰り返しの構文を使っている。これは、JavaScriptで一番多く使われる繰り返しだろう。

```
while( 条件 ){
    ……繰り返す処理……
}
```

こんな形で書く。whileの後にある{と}で挟んだ部分に繰り返し実行する処理を書くわけだね。この間に書く処理は、何行あってもかまわない。

問題は、whileの後の( )部分に用意する、繰り返しの「**条件**」ってやつだ。これは、結果が「○か×か」とか「正しいか、正しくないか」みたいに、二者択一の状態を表すようなものが使われるんだ。

● 条件は比較演算を使え！

一番多いのは、「これとこれは等しいか？」とか、「これはこれより大きいか？」とかいうように、二つの値を比べる式だろう。これは「**比較演算子**」っていう記号を使って、二つの値を比べる。この記号には、次のようなものがある。

a == b	aとbは等しい
a != b	aとbは等しくない
a < b	aはbより小さい
a <= b	aはbと等しいか小さい
a > b	aはbより大きい
a => b	aはbと等しいか大きい

　とりあえず、これだけ覚えておくといいだろう。これで二つの数字を比べて何かを処理する、という制御が作れるようになる。

代入演算子も便利だぞ！
　それから、変数totalに変数numの値を足すのに、ちょっと変わった書き方をしてるね？　この文だ。

```
total += num;
```

　この「+=」っていうのは、記号の右側にある値を左側の変数に足すのだ。つまり、「total = total + num;」って式と同じと考えていい。JavaScriptでは、こんな具合に「変数の値を四則演算する」ための記号が用意されてる。
　この記号は「**代入演算子**」って呼ばれるものだ。別に呼び方なんて覚える必要はないよ。足し算以外の記号も同様に用意されている。「+=」「-=」「*=」「/=」「%=」といったものだ。ここで覚えておくといいよ。

forを使った繰り返し処理

　だけど、繰り返しに単純に条件だけを設定して、足し算する値は1ずつ手作業で増やしていく……というのは、なんというか、やぼったい感じがしてしまうね。普通、プログラミング言語では「繰り返し回数をカウントする値」を持った繰り返し構文というのが用意されていることが多い。JavaScriptの場合、そういうのはないんだろうか？

リスト7-5

```
<body>
    <h1>Sample Page</h1>
    <script>
    var total = 0;
    for(var i = 1;i <= 100;i++){
        total += i;
    }
    document.write('<p>合計: ' + total + '</p>');
    </script>
</body>
```

先のサンプルを少しアレンジしてみた。これも、先ほどのwhileを使ったものと全く同じ働きをしているんだよ。

for構文の使い方

これは**for**を使って、1〜100の値を順番に変数iに取り出して処理している。整理するとこんな感じになるだろう。

```
for(var 変数 = 値 ; 条件 ; 変数++){
    ……繰り返す処理……
}
```

forの( )部分に、いろいろな情報が書かれているね。これは整理すると、

- 繰り返しの最初に実行するもの
- 繰り返しをチェックする条件となるもの
- 繰り返しの処理を実行するごとに自動的に実行するもの

が書いてあるのがわかる。さっきのサンプルだとこうなる。

```
var i = 1;
```

最初に実行するもの。変数iに1を入れておく。

```
i <= 100;
```

繰り返しの条件。変数iが100になるまで繰り返している。

```
i++
```

繰り返し処理を実行した後に実行するもの。「**++**」は変数iを1増やす記号。1減らす「**--**」っていうのもある。

こんな具合に、繰り返しを始める前にやること、繰り返しの条件、そして繰り返しの処理を実行するごとに後でやっておく処理、といったものを全部まとめて用意できるのがforなんだ。ちょっと書き方がややこしいけど、覚えておいて損はない構文だ。

ifによる条件分岐

次は「**条件分岐**」。これは、条件をチェックして処理を実行する機能のことだ。「○○のときは、××を実行する」なんて具合に、必要に応じて処理を実行するのに使われるものなんだ。

これも、一番よく使われる「**if構文**」から紹介しよう。ifは、前の章でも出てきたけど、ほとんどのプログラミング言語に用意されている、条件分岐の標準装備みたいなものだ。

リスト7-6

```
<body>
    <h1>Sample Page</h1>
    <script>
    var day = new Date();
```

```
    var h = day.getHours();
    document.write('<p>' + h + '時です。');
    var tz = Math.floor(day.getHours() / 6);
    if (tz == 0){
        document.write("深夜だよ・・・");
    }
    if (tz == 1){
        document.write("おはよう！");
    }
    if (tz == 2){
        document.write("こんにちは。");
    }
    if (tz == 3){
        document.write("こんばんは。");
    }
    document.write('</p>');
    </script>
</body>
```

図7-7 ページをリロードすると、今の時刻と挨拶のメッセージが表示される。

7-1 JavaScripでプログラミング！

● if構文の基本形

　では、肝心の条件分岐を見てみよう。ここで使っているのは「**if構文**」って呼ばれるものだね。今回は、四つのifが書いてある。これらはざっと次のような書き方をしているのがわかるだろう。

```
if ( 条件 ){
    ……実行する処理……
}
```

　こんな感じで書いてあるのがわかるだろう。これで条件に設定した式が成立するなら、{ }の間に書いてある処理を実行するようになるんだ。

● 条件が成立しないときは？

　ここでは「条件が成立したら処理を実行」しているけど、実をいえばifという構文は、式が成り立たないときの処理も用意できるんだ。、

```
if ( 条件 ){
    ……実行する処理……
} else {
    ……実行する処理……
}
```

　こんな感じで書けばいい。こうすると、条件が成り立ったら( )の後にある{ }部分を実行する。条件が成り立たない場合には、**else**の後にある{ }部分を実行するようになるよ。

● 時間とDateオブジェクト

　if構文以外のところで、少し補足をしておこう。まずは「**Date**」から。

　ここでは、現在の時刻が何時かによって異なるメッセージを表示するサンプルを挙げておいた。現在の時間というのは「**new Date()**」で得られる。これは「**時刻を示すオブジェクト**」を作成する文だ。

　前にdocumentのところでも触れたけど、オブジェクトっていうのは数字やテキストみたいに単純なものでなくて、その中にいろんな**機能**を持っている。

「**メソッド**」ってやつだね。ここでは「getHours」っていうのも、このDateオブジェクトの中にあるメソッドの一つで、現在の「時」の値を調べるためのものなんだ。

割り算とMath.floor

こうして取り出した時の値を6で割る。すると、今が0 〜 5時ならゼロ、6 〜 11時なら1、……という具合に、6時間ごとに0 〜 3の数字が結果として得られるわけだね。つまり、6で割った数字がゼロなら、今は0 〜 5時だってことがわかるわけだね。

この6で割る計算は「**Math.floor**」ってメソッドの( )の中に書いてあるね。Math.floorは、( )にある数字の小数点以下を切り捨てるメソッドなんだ。JavaScriptでは、普通に割り算をすると小数点以下まで計算しちゃうので、これで整数の値にしてる、ってわけ。

switchで複数に分岐する

しかし、今作ったプログラム、なんとなく整理してない感じがするのだね。いくつも似たようなifを書いて条件をチェックして動くなんて……。「もっと、数字ごとにパパッとあちこちにジャンプできるようなものはないの？」と思った人もいるんじゃないかな。実は、あるんだ。

リスト7-7

```
<body>
    <h1>Sample Page</h1>
    <script>
    var day = new Date();
    var h = day.getHours();
    document.write('<p>' + h + '時です。');
    var tz = Math.floor(day.getHours() / 6);
    switch(tz){
        case 0:
            document.write("深夜だよ・・・");
```

```
                break;
            case 1:
                document.write("おはよう！");
                break;
            case 2:
                document.write("こんにちは。");
                break;
            case 3:
                document.write("こんばんは。");
                break;
        }
        document.write('</p>');
        </script>
</body>
```

　さっきのスクリプトをちょっと修正してみたのがこれ。これは「**switch構文**」を使って書き直したものだ。

● switch構文の書き方

　switch構文は、**switch**の後に記述した式や変数などの値をチェックし、その値の**case**にジャンプする。書き方は、ちょっと複雑になってる。

```
switch ( 条件 ){
    case 値:
        ……実行する処理……
        break;
    case 値:
        ……実行する処理……
        break;

    ……必要なだけcaseを書く……
}
```

caseの部分は、必要なだけいくらでも書き足すことができる。これで、switchの値がいくつかによって、たくさんの候補の中からぴったりな項目にジャンプして実行できるようになる。なかなか便利だろう？

switchで一つ注意したいのは、それぞれのcaseの最後にある「**break;**」っていう文。これは、「**この構文から抜け出す**」という働きをするんだ。これがないと、実はまずいことになる。その後にあるcaseの文も全部そのまま実行していっちゃうんだ。

だから、「caseの処理を書いたら、必ず最後にbreak;を書く」と覚えておこう！

応用例：石取りゲームを作ろう！

ここまで駆け足だったけど、JavaScriptの基本的な書き方がだいぶわかってきたね。値の扱い方、計算の仕方、繰り返しや分岐の仕方。これぐらいわかれば、それなりのプログラムがもう作れるようになっているはずだよ。

それじゃ、実際に簡単なプログラムを作ってみることにしよう。簡単な数字の計算で楽しめるもの……ということで、ここでは「石取りゲーム」という割と古典的な数学ゲームを作ってみよう。

石取りゲームというのは、2人で交互に石を取っていって、最後の1個を取ったほうが負け、というごく簡単なゲームだ。一度に取れる石の数はあらかじめ決められている。つまり、取れる範囲内でいくつとるか、お互いの駆け引きで勝敗が決まるというわけ。

ここでは、次のような形でプログラムを考えてみよう。

- 最初にある石の数は、20個。
- 一度に取れる石の数は1〜3個。プレーヤーの入力した数が1より小さい場合は1、3より大きい場合は3として扱う。
- プレーヤーが先攻で、コンピュータと交互に石を取り合っていく。最後の1個を取ったら勝ち負けを表示して終了する。

基本的な流れは、なんとなくわかるよね。が、一番重要なところがわからないままだとアルゴリズムは書けない。なんだかわかるだろうか？

それは、「コンピュータの手をどうやって計算するか」だ。つまり、「コンピュータがいくつ取るかをどうやって算出するか」がわからないと、ゲームは作れないわけ。
　これは、「このゲームではどうすれば勝てるか」を考えないといけない。このゲームは、最終的に自分が取った後に1個だけ（っていうか、一度に取れる最低数ね）石が残っていれば、こっちが勝ちになる。もう相手は、残った石を取るしかないわけだからね。

🔵 アルゴリズムを考えよう

　では、「相手と自分が交互に取った後、最後の1個が残る状態」にするためには、いくつ残せばいいんだろうか。いい換えれば、相手と自分と交互に取ったとき、確実に1個残せるようにするためには、相手が取る前に石がいくつ残った状態になっていればいいのか。

　相手がいくつ取るかわからないんだから考えようがない、と思うかもしれない。だが、そんなことはない。相手は、必ず1～3個のいずれかの数しか取らない。そして、自分も1～3個の好きな数だけを取れる。ということは、相手の取る数がいくつでも、こっちが取る数を調整することで、必ず残り1個にできる数があるはずだ。考えてみよう。

- 相手が1個取ったときには、こっちは3個取る。
- 相手が2個取ったときには、こっちは2個取る。
- 相手が3個取ったときには、こっちは1個取る。

　こうすれば、相手がいくつ取ろうと、こっちが取る数を調整することで、常に「交互に決まった数だけ減らす」ことができるようになる。決まった数というのは「4」だ。ってことは、残りが「5個」の状態で相手の番になったら、相手がいくつ取ろうと、こっちの取る数を調整することで必ず4個減らせる、すなわち必ず1個だけを残せることになる。

　では、相手の番のときに「5個」になるには、その前の相手の番のときは？
　そう、4個増えて「9個」なら、交互にとって必ず5個にできる。そうすれば、また交互にとって必ず1個できる。
　……ほら。だんだん、コンピュータのアルゴリズムが見えてきただろう？

つまり、コンピュータは、自分が取った後に、次の数だけ石が残るようにすればいいんだ。

> 取った後の残り数＝（取れる最小数＋取れる最大数）の倍数＋1

こうなるように、自分が取る石の数を計算すれば、コンピュータの取るべき数は求められる。では、どうすればその数は求められるか。上の式を元に、取れる数を得られるような計算式を考えてみると、こんな具合になるだろう。

> 取る数＝（残りの数－1）÷（取れる最小数＋取れる最大数）の余り

残りの数から1を引いた数を（取れる最小数＋取れる最大数）で割った余りを取る。そうすると、必ず残りの石の数は、「（取れる最小数＋取れる最大数）＋1個」になる。

なんだかよくわからない……という人。まぁ、今すぐ理解する必要はないよ。ただ、ここでいいたいのは「アルゴリズムはこうやって作られていくんだ」ということなんだ。やりたいことを分解し、整理していく。そうして、漠然とした一つの処理を具体的なものとして再構築していくわけだ。

そう。プログラミングってのは、「**処理を再構築すること**」なんだよね。

石取りゲームのスクリプト

それじゃ、石取りゲームを、実際のプログラミング言語であるJavaScriptで作ってみよう。まずは、HTMLからだ。これは、さっきのHTMLとほとんど同じでいいだろう。前回のHTMLのファイルをそのまま使うことにしよう。まずは、**<body>**部分のタグの部分を修正しておこう。

リスト7-8

```
<body>
    <script src="script.js"></script>
    <h1>石取りゲーム</h1>
    <input type="button" onclick="doAction();"
```

```
      value="スタート！">
</body>
```

　見ればわかるように、タイトルのテキストとボタンの名前を変えただけだ。まぁ、元のままでも別にいいんだけど、一応、「石取りゲーム」ってわかるようにしておいた。

　ここでは、**<script src="script.js">** っていうタグが追加してあるね。この**<script>**タグは、スクリプトを読み込むためのものだ。つまりこれで、**script.js** っていう名前のスクリプトファイルを読み込むようになっていた、というわけ。

　それから、**<input type"button" 〜 >**というのは、プッシュボタンを表示するタグだ。ここでは、**onclick="doAction();"**という「**属性**」が書いてあるね。これは、「クリックしたら、doActionって関数を呼び出す」ということを指定している。この後でスクリプトを書くけど、そこでは「**関数**」という形で実行するスクリプトを用意しているんだ。

　これは、今理解する必要はないよ。ただ、「ボタンクリックで、こんな具合にJavaScriptを実行できるんだ」ってことだけ頭に入れておこう。

● スクリプトファイルを作成しよう

　続いてスクリプトファイルの作成だ。今回はスクリプトが長いので、HTMLファイルとは別にJavaScriptのファイルをを用意した、というわけ。さっき<script>タグで説明したように、これは「script.js」っていう名前のファイルになる。HTMLファイルと同じ場所に、この名前でテキストファイルを作っておこう。そして、このファイルに次のスクリプトを書いておくんだ。

リスト7-9　script.js

```
function doAction(){
    var kazu = 20;
    var min = 1;
```

```
var max = 3;
alert("ゲーム開始します!\n残りの石の数:" + kazu);
while(true){
    var n = window.prompt("残りの石の数:"
        + kazu +
        "\nいくつとりますか?(" + min + "〜"
        + max + ")");

    if (n < min) n = min
    if (n > max) n = max;
    kazu = kazu - n;
    if (kazu < 0) kazu = 0;
    alert("あなたは、" + n +
        "個取りました。 \n残りの石の数:"
        + kazu);
    if (kazu == 0){
        alert("残念、あなたの負けです。");
        break;
    }
    var n2 = (kazu - 1) % (min + max);
    if (n2 < min) n2 = min;
    if (n2 > max) n2 = max;
    kazu = kazu - n2;
    if (kazu < 0) kazu = 0;
    alert("私は、" + n2 +
        "個取りました。 \n残りの石の数:"
        + kazu,min);
    if (kazu == 0){
        alert("おめでとう、あなたの勝ちです!");
        break;
    }
}
}
```

できあがったら、実際にWebブラウザで表示して動かしてみよう。「スタート！」ボタンを押すと、まず石の数20個からゲームを開始する。取る石の数を尋ねてくるので、1〜3の間で数字を入力しよう。すると、コンピュータも石を取って、また尋ねてくる。こうして交互に石を取ってゲームを進めていく。

Chapter 7 「プログラミングの世界」を覗く

図 7-8 石取りゲームは、取る石の数を入力し、交互に石を取っていくゲーム。最後の1個を取った方が負けになる。

関数はどう作る？

ここでは、スクリプトは「関数」っていうものとして作っている。関数は、実行する処理をひとまとめにして呼び出せるようにしたものだ。

この「関数」というのは、こんな感じで作る。

```
function 関数名(){
    ……実行する処理……
}
```

ここでは、「**doAction**」っていう関数としてスクリプトを作ってあるのがわかるだろうか。関数の形にすると、スクリプトを読み込んでも実行されないんだ。この関数をどこかから**呼び出した**とき、はじめて実行されるようになる。

さっき、**<input type="button">**のところで、**onclick="doAction();"** って書いてあったね？　これが、**呼び出し**ている部分だ。これで、ボタンをクリックするとdoAction関数が呼び出され、そこにある処理が実行されるようになっていた、というわけ。

● window.prompt って何だ？

　ここでは、ユーザーから石の個数を入力してもらうダイアログが表示されるようになっているね。これには「**window.prompt**」を使って行ってる。これの結果を変数に収めるようにすれば、入力された値が取り出せるのだ。

　また、繰り返しには「**while ～**」という構文を使っている。これは、その後にある( )内が**true**だった場合には繰り返しを続けるというものだ。繰り返しの途中で脱出したくなったら「**break**」を実行すればいい。これで途中でも繰り返しから抜け出せる。

　いろいろ細かい部分でよくわからないところもあるだろうけど、その辺は後にして、実際に動かしてコンピュータと対戦してみよう。はっきりいって、コンピュータは必勝法を元に計算しているので、かなり強いぞ。また、だいたいの流れがわかったら、最初のkazu（開始時の石の数）、min（一度に取れる石の最小数）、max（一度に取れる石の最大数）といった**変数**の値をいろいろと変えて試してみよう。いろいろ設定を変えたら、コンピュータに勝てる……かも？

7-2 オブジェクトでWebページを操作しよう

 ## オブジェクトって？

　それにしてもこのJavaScriptという言語、なんだか妙な命令の書き方をするもんだと思わないか？　ほら、**メソッド**って呼んでいるやつだ。document.writeの「write」とかのことさ。

　実は、これはJavaScriptの根本的な設計思想に関係する重要なことなんだ。
　JavaScriptでは、あらゆる値は「**オブジェクト**」として扱えるようになってる。例えば「10」とかいった数字や「Hello」といったテキストなんかも、オブジェクトとして扱えるように設計されているんだよ。

　オブジェクトっていうのは、「それ自身に必要な情報や機能を自分自身に持っていて独立して扱うことのできる『何か』」のこと。というと難しげだけど、うーん、どういえばいいのか……。
　例えば、数字とかテキストの「値」っていうのは、それだけのものだろう？
　1という数字は、1という値だけのものでしかない。コンピュータのメモリのどこかに「1」っていう数字のデータが書き込まれてる、ただそれだけ。それ以外の要素など何もない。
　が、オブジェクトは違う。「1」というオブジェクトは、1という数字の値の情報も持っているし、1という数字を扱うために必要なさまざまな情報や機能まで自分自身の中に持っているんだ。

　例えば、こんなプログラムを見て欲しい。

リスト7-10

```
<body>
```

```
    <h1>Sample Page</h1>
    <script>
    var n = 12345678;
    document.write('<p>' + n.toString(16) +
        '</p>');
    </script>
</body>
```

図7-9 リロードすると、変数nを16進数にした値が表示される。

　これをWebブラウザで表示すると、「12345678」っていう数字を16進数に変換した値が表示される。数字が入ってる**変数nの「toString」っていうメソッド**を呼び出して値を変換しているんだよ。
　つまり、整数の値だと思っていたnは、実は「**整数のオブジェクト**」というやつで、このオブジェクトの中には整数を扱うためのさまざまな機能などが詰まっていたというわけ。

　数字がただの「**値**」だったら、そんなことは不可能だよね？　「12345678」が、実はただの値じゃなくて「オブジェクト」で、その中にさまざまなものが詰まっているからこそ、こういう書き方が可能なんだ。

> もう少し正確にいうと、「12345678」は数字の値なんだけど、その変数nをオブジェクトのように扱おうとすると、自動的に数字のオブジェクトに変換される、ということなんだ。

● プロパティとメソッド

この「オブジェクト」というものは、その中に2種類の要素を持つことができる。それは「**プロパティ**」と「**メソッド**」だ。

- プロパティ――オブジェクトの中に保管されているさまざまな値のこと。普通の変数と違って、実行している処理が終わった後でも、そのオブジェクトがある限りずっと値を保管し続けることができるんだ。

- メソッド――オブジェクトに保管されている「処理」を実行するためのもの。メソッドを呼び出すことで、オブジェクトをいろいろと操作したりできるようになる。

オブジェクトの中には、整数を扱うさまざまなメソッドや、そのオブジェクトに関する情報を保管したプロパティが用意されている。で、さっきみたいに「数字を16進数にしたい」って思ったら、その数字のオブジェクトの中にあるtoStringっていうメソッドを呼び出せばいい。メソッドを呼び出すことで、オブジェクトを操作できるようになっているんだ。

こうした「オブジェクト」を中心にして物事を考えていくやり方を「**オブジェクト指向**」っていう。オブジェクトを中心にしたプログラミングは「**オブジェクト指向プログラミング**」というわけだね。

プログラミング以外にも、このオブジェクト指向という考え方は広まっていて、けっこうさまざまなところで応用されている。だから、オブジェクト指向の考え方を理解しておくことは、プログラミングだけでなくもっと幅広いことに役立つはずだ。

――もっとも、ここでの短い説明で「オブジェクト指向が理解できた」なんて思っちゃダメだ。ここは「どんなもんか、ちらっと体験してみる」程度なんだから。とりあえず「オブジェクト指向のプログラミングってこんな感じで書

くんだ」という雰囲気を感じられればよし、としよう。

オブジェクトを作ってみる

　このオブジェクト指向っていうのは、実際に自分で作って動かしてみないとピンとこないものだ。そこで、ごく単純なオブジェクトを定義して使ってみたい。まず、簡単なオブジェクトの定義を考えてみよう。

リスト7-11

```
function MyData(name,age){
    this.name = name;
    this.age = age;
    
    this.printData = function(){
        document.write('<p>Name:' + this.name);
        document.write(' age:' + this.age
            + '</p>');
    }
}
```

　ここでは、名前と年齢の情報をもった「MyData」オブジェクトを定義してみた。これは、ただオブジェクトの定義部分だけを書いたものだから、これだけsample.htmlに書いても何も動かないよ。動かしてみたい人も、もうちょっと我慢して話を聞いてくれ。

オブジェクトの定義の書き方

　このMyDataは、「オブジェクトの定義」の書き方に沿って書いてある。これは、ごく大雑把にいえば、こんな感じで書くんだ。

```
function オブジェクト名 ( 引数 ){
    
    this.プロパティ名 = 値;
```

```
……必要なだけプロパティを書く……

this.メソッド名 ( 引数 ){
    ……メソッドの内容……
}

……必要なだけメソッドを書く……

}
```

　オブジェクトの定義っていうのは、JavaScriptではいろんなやり方ができるようになっている。ここに挙げたのは、「**コンストラクタ関数**」っていうものを使ったやり方。ほかにもいろんなやり方があるから、「これが唯一の方法だ」なんて思わないように。「オブジェクトを定義する一番わかりやすそうな方法が、コンストラクタ関数っていうのを使ったやり方だ」ってだけだからね。

　このコンストラクタ関数ってのは、文字通り、オブジェクトを作るための「**関数**」なんだ。関数ってのは、「石取りゲーム」を作ったときに出てきたよね。よく使う処理なんかをあらかじめまとめておいて、いつでも使えるようにしたもの、だったね。これはこんな具合に書く。

```
function 関数名 ( 引数 ){
    ……実行する処理……
}
```

　「**function**」っていう単語の後に関数の名前をつけ、その後に**( )**をつけて、更にその後の**{ }**の中に実行する処理を書く。こうすると、いつでもどこでも必要なときにその関数を呼び出せば、そこに書いた処理が実行できるようになる。

● 引数って何？

　( )にある「**引数**」（ひきすう）っていうのは、その関数を呼び出すときに**渡す値**だ。例えば、「商品の金額から消費税額を計算する関数」なんてものを作る

場合、金額のデータを関数に知らせないといけないよね？　こういう「関数を実行するのに必要な値」を渡すためにあるのが引数だ。これは、単に値を保管する変数名を書いておくだけでいい。渡す値がいくつもあるときは、カンマで区切って変数名を書いておけばいいよ。

● プロパティの設定とthis

さて、このコンストラクタ関数の中には、オブジェクトの中に用意できる「プロパティ」と「メソッド」を書いておく。プロパティは、こんな具合に書く。

```
this.プロパティ名 = 値;
```

この「**this**」っていうのは、「**このオブジェクト自身**」を表す特別な値なんだ。前にメソッドを呼び出すのに「document.write」なんて具合に、オブジェクト名の後にドットをつけてメソッド名を書いたけど、プロパティも書き方は同じ。「○○.**プロパティ名**」なんて具合にして使う。

だから、プロパティを作成するときも、thisオブジェクト（つまり、このオブジェクト）の後にドットをつけて、プロパティ名を指定して値を保管してやればいいってわけ。

● メソッドの設定とthis

メソッドも基本は同じ。thisオブジェクトにメソッド名をつけて、そこに実行する処理を設定してやる。この処理は、関数の形で書いてやればいい。ただし、メソッドに設定する処理なんで、関数名はいらない。つまり、

```
this.メソッド名 = function( 引数 ){
    ……実行する処理……
}
```

こんな具合に書けば、メソッドが作れるってわけだ。関数と基本的な書き方はだいたい一緒なのがわかるね？　メソッドは、いってみれば「**関数を設定したプロパティ**」なんだよ。

MyDataオブジェクトを利用してみる

それじゃ、MyDataを利用してみよう。<body>の部分を書き換えて、MyDataを使ってデータを作成して表示する処理を考えてみるよ。

リスト7-12

```
<body>
    <h1>Sample Page</h1>
    <script>
    function MyData(name,age){
        this.name = name;
        this.age = age;
        this.printData = function(){
            document.write('<p>Name:' +
                this.name);
            document.write(' age:' + this.age
                + '</p>');
        }
    }

    var taro = new MyData("太郎",24);
    taro.printData();
    var hanako= new MyData("花子",36);
    hanako.printData();
    </script>
</body>
```

図7-10 リロードすると、「Name:太郎 age:20」と、MyDataの内容が表示される。

「**new MyData**」っていうのは、コンストラクタ関数を使ってMyDataのオブジェクトを作る文だ。**new**を使うと、オブジェクトを作り、変数に設定することができる。あとは、その変数の中からprintDataメソッドを呼び出すだけだ。意外と簡単だろう？

実際に書いてみるとわかるけど、ここではMyDataオブジェクトを使ってtaroとhanakoっていう二つのオブジェクトを作り、利用している。コンストラクタ関数を使うと、全く同じ仕組みのオブジェクトをいくつも簡単に作っていくことができるんだ。

オブジェクトのメリットって？

オブジェクトという形でプログラムを作っていくと、プログラムがそれぞれのオブジェクトごとに独立して扱われる感覚が次第に身についてくる。どんなに巨大なプログラムでも、修正するときは「どのオブジェクトを修正すればいいか」を考え、そのオブジェクトの中身だけ手直しすればいい。ほかのものは一切触れる必要はない。

何千行、何万行というプログラムリストがあっても、何百というオブジェクトが定義されていても、それらすべてを知る必要はない。オブジェクトが

きちんと動いているなら、「**中でどう処理されているか**」は知らなくていいんだ。知る必要があるのは、「**使い方**」だけ。ここがオブジェクト指向の最大のメリットだ。

例えば、MyDataオブジェクトは、printDataメソッドの中身がどうなっているかなんて知らなくてもいい。ただprintDataを呼び出せば、ちゃんと中身が表示されるんだから。中身がどうなっているかなんて考える必要ないんだ。

オブジェクト指向は、オブジェクトという仕組みを使ってさまざまな処理を**ブラックボックス化**する。「中身を知る必要はない、利用の仕方だけ知っていればいい」というわけだ。

MyDataオブジェクトを改造してみる

なんとなくオブジェクトっていうのがどういうものかイメージできたかな？　じゃあ、MyDataを更に改良してみよう。

リスト7-13

```
<body>
    <h1>Sample Page</h1>
    <script>
    function MyData(name,age){
        this.name = name;
        this.age = age;
        this.printData = function(){
            document.write('<p>Name:'
                + this.name);
            document.write(' age:' + this.age
                + '</p>');
        }
        this.birthday = function(){
            this.age++;
            document.write('<h6>' + this.name
                + 'は、誕生日を迎えました。</h6>');
```

7-2 オブジェクトでWebページを操作しよう

```
        }
    }

    var taro = new MyData("太郎",20);
    taro.printData();
    for(var i = 0;i < 5;i++){
        taro.birthday();
    }
    taro.printData();
    </script>
</body>
```

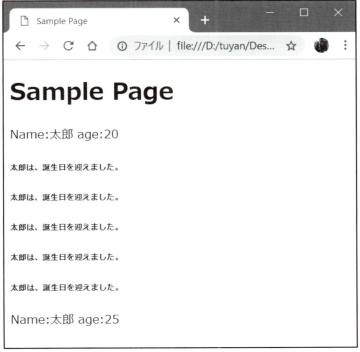

図7-11 20歳だった太郎君は、5回の誕生日を迎えて25歳になった。

誕生日を示す**birthday**メソッドを足してみた。誕生日を迎えると、年齢が1増えるというわけね。new MyDataしてから5回birthdayを呼び出してprintDataすると、ちゃんと年齢が25になっていることがわかるぞ。

オブジェクトは、こんな具合に必要に応じてどんどんメソッドやプロパティを足していける。そうすれば、どんどん便利なオブジェクトになっていく。便利になれば、いろんなところで使えるようになる。そうやって、作ったオブジェクトをあちこちで**再利用**できるようになれば、プログラムを作る手間が省けるようになる。

JavaScriptでは、いろんな**ライブラリ**があるんだけど、そうしたもののほとんどはオブジェクトとしてさまざまな機能を提供している。オブジェクトを使いこなせるようになることが、より高度なプログラムをより簡潔なコードで実現できるようになる秘訣なんだ。

まぁ、これだけで「オブジェクト指向がどういうものか」が完璧にわかるわけはないんだけど、「こういう考え方でプログラムが作られていく」っていうことぐらいは、なんとなくイメージできたんじゃないかな。

HTMLタグを操作する！

さて、オブジェクトがどんなものかわかったところで、JavaScriptに用意されているオブジェクトを使ったプログラミングをしてみよう。JavaScriptでは、HTMLとして記述したタグをすべてオブジェクトとして扱えるようになってる。ということは、JavaScriptの中から、HTMLのタグの表示などを操作できるってことになる。これができると、かなり面白いことができるようになる。じゃ、やってみようか。

リスト7-14

```
<body>
    <h1>Sample Page</h1>
    <p id="msg">ちょっと待って下さい……</p>
```

```
    <script>
    var msg = document.getElementById('msg');
    msg.textContent = 'スクリプトで書き換えてみた。';
    </script>
</body>
```

図7-12 <p>タグのテキストが書き換えられて表示される。

　Webブラウザでページをリロードすると、「スクリプトで書き換えてみた。」って表示される。でも、<p>タグには「ちょっと待って下さい……」ってテキストが書かれているよね？ **スクリプトを使って、この<p>タグのテキストを書き換えてしまっている**のがわかるだろう。

<p>タグのオブジェクトを取り出す

　ここでは、二つのとても重要な処理をしている。
　一つは、「<p>タグのオブジェクトを取り出す」という処理。
　もう一つは「取り出したオブジェクトから、表示しているテキストを書き換える」って処理だ。
　まず、<p>タグのオブジェクトを取り出す処理から。これはこんな文で実現している。

```
var msg = document.getElementById('msg');
```

documentオブジェクトにある「**getElementById**」っていうメソッドを使ってる。documentは、前に出てきたね？　ブラウザに表示されているドキュメントのオブジェクトだった。そしてgetElementByIdは、「**idを指定して、そのドキュメント内にあるエレメントを取り出す**」っていうメソッドだ。**エレメント**ってのは、とりあえず「HTMLで書いたタグのことだ」って思っていいだろう。

<p>タグの部分を見ると、「**id="msg"**」っていう属性が書いてあるのに気がつくだろう。これが、このタグに割り振られたidだ。**getElementById('msg')**とすることで、**id="msg"**のタグのオブジェクトが取り出せる、ってわけ。

<p>タグのテキストを書き換える

そして、取り出したオブジェクトの中にあるプロパティを書き換える。この部分だね。

```
msg.textContent = 'スクリプトで書き換えてみた。';
```

textContentっていうのは、そのタグ内に書かれているテキストのコンテンツのこと。<p>タグのように、開始タグと終了タグの間にテキストを書いてあるようなタグのオブジェクトで使う。このtextContentで、**<p>〜</p>間にあるテキストを取り出せる**んだ。取り出すだけでなく、このtextContentの値を書き換えれば、テキスト自体を書き換えることだってできてしまうんだ。

「**<p>タグのオブジェクトを取り出す**」「**オブジェクトのテキストを書き換える**」という二つを組み合わせることで、<p>タグで表示されているテキストを書き換えることができた、というわけ。

イベントを使ってみる

タグのオブジェクトをスクリプトから操作できるようになると、「document.writeは必要ない」ってことに気がつくだろう。

writeは、その<script>タグがあるところにテキストを書き出すことができた。だけど、タグのオブジェクトを取り出して書き換えられるなら、別にwriteを使う必要なんてない。

writeでテキストを書き出すためには、テキストを表示したいところにスク

リプトを書かないといけなかった。writeは、その場所に書き出すものだからね。でも、getElementByIdでタグのオブジェクトを取り出して操作できるなら、別にそのタグがあるところにスクリプトを書く必要はなくなる。どこに書いてもいいことになるよね。これでずいぶんとスクリプトの柔軟性は高くなった。

でも、まだこれだけじゃ、「**自由にスクリプトを扱える**」というようにはならない。スクリプトでタグを操作できるだけでなく、その**処理を自由に呼び出せる**ようにならないとダメだ。

例えば、ページを表示したとき。例えば、マウスで操作したときや、キータイプしたとき。そのときの状況に応じて、いつでも必要な処理を実行できるようになれば、もう完璧。自分の思ったように、自由自在にスクリプトを実行できるようになる。

● イベントって何？

この、「**いつスクリプトを実行するか**」は、「**イベント**」という仕組みを使うことで、かなり思い通りのことができるようになる。

イベントっていうのは、さまざまな操作をしたときに発生する、一種の**信号**のようなものだ。これは、目には見えないし、耳にも聞こえない。Webブラウザから Webページをよーく隅から隅まで眺めても、イベントなんて見つからない。

でも、あるんだ。目にも見えず、耳にも聞こえないけど、コンピュータの内部で、ちゃんとイベントは発生しているんだ。

JavaScriptには、あらかじめ「**こういう操作をしたらこのイベントが発生する**」っていう機能が組み込まれている。だから、利用したいイベントに、実行したい処理を組み込むことで、状況に応じた処理が実行されるようにできるんだ。

● onloadイベント

じゃ、このイベントっていうのを使ってみよう。まずは、「ページをロードしたとき（ロードが完了したとき）のイベント」から利用してみよう。

Chapter 7 「プログラミングの世界」を覗く

リスト7-15

```
<!DOCTYPE html>
<html lang="ja">
<head>
    <meta charset="utf-8">
    <title>Sample Page</title>
    <script>
    function setMsg(){
        var msg = document.getElementById
            ('msg');
        msg.textContent = 'ロード完了しました。';
    }
    </script>
</head>
<body onload="setMsg();">
    <h1>Sample Page</h1>
    <p id="msg">読み込み中……</p>
</body>
</html>
```

図7-13 ロードすると、「ロード完了しました。」と表示される。

このページをロードすると、**<p id="msg">**タグに「ロード完了しました。」と表示される。スクリプトは……、あれ？　**<head>**タグの中に移動しているね？　本当なら、ここに書いたスクリプトが読み込まれたときは、まだそのあとにある**<body>**タグの部分は読み込まれてないから、動かないはずなんだ。でも、ちゃんと実行できている。

それは、<body>タグにある「**onload**」という属性に秘密がある。これは、ロードが完了したときに実行する処理を設定するためのものなんだ。つまり、ページのロードが完了したときのイベントが発生したら、このonloadに書いた処理が呼び出される、ってわけ。

ここに直接スクリプトを書いてもいいけど、正直、見づらいし、書きにくい。そこで、**setMsg** っていう関数を定義して、これを呼び出すようにしておいた。イベント用の属性は、だいたいこんな具合に関数を利用して設定するのが一般的だろう。

ボタンクリックで操作しよう！

これだけだと、イベントの何が便利かよくわからないかもしれない。そこで、もっとイベントの便利さがわかりやすい例を見てみよう。それは、「ボタンをクリックしたときのイベント」だ。

HTMLでは、フォームなどを作るためにボタンやチェックボックスなどの基本的なGUIの部品が用意されている。これらのイベントを利用すれば、インタラクティブに操作できるフォームが作れることになる。

リスト7-16

```
<!DOCTYPE html>
<html lang="ja">
<head>
    <meta charset="utf-8">
    <title>Sample Page</title>
    <script>
    function doAction(){
        var input1 = document.getElementById
```

```
            ('input1');
        var str = input1.value;
        var msg = document.getElementById
            ('msg');
        msg.textContent = 'こんにちは、' + str
            + 'さん。';
    }
    </script>
</head>
<body>
    <h1>Sample Page</h1>
    <p id="msg">お名前は？</p>
    <p>
    <input type="text" id="input1">
    <button onclick="doAction();">クリック！
        </button>
    </p>
</body>
</html>
```

図7-14 名前を書いてボタンをクリックすると、「こんにちは、○○さん。」とメッセージが表示される。

　Webブラウザでロードしたら、入力フィールドに名前を書いてボタンをクリックしてみよう。「こんにちは、○○さん」ってメッセージが表示されるはずだ。

onclickの働き

ボタンクリックのイベントを利用すれば、こんな具合に、ユーザーの操作に応じて何かを実行させることもできるようになるんだ。**<button>**タグを見てみると、こんな具合に属性が書いてあるね。

```
onclick="doAction();"
```

これ、前に石取りゲームのときにも使ったけど、覚えてるかな。「**onclick**」というのが、クリックしたときのイベントに関する属性だ。ここに処理を書いておくことで、ボタンをクリックした際にそれが実行されるようになるんだ。

実行する処理は、ここでは**doAction**っていう関数にまとめてある。この関数では、まずフィールドに記入されたテキストを取り出さないといけない。フィールドは、**<input type="text">**というタグで作られている。これに入力されているテキストは「**text**」っていう属性として用意される。つまり、このタグのオブジェクトを取り出し、そのtextプロパティの値を取り出せば、ユーザーがフィールドに記入したテキストが得られるというわけ。

```
var input1 = document.getElementById('input1');
var str = input1.value;
```

これが、その部分。**getElementById**メソッドを使って、**id="input1"**のタグのオブジェクトを取り出す。そして、そのオブジェクトの「**value**」プロパティの値を変数に取り出す。これで、入力した値が取り出せたわけだ。ここではわかりやすいように2行に分けて書いたけど、

```
var str = document.getElementById('input1')↩
    .value;
```

こんな具合にすれば、たった1行で入力したテキストを変数に取り出すこともできる。ちょっと長くなるけど、便利な書き方だね（紙幅の都合で2行に見えますが、プログラムとしては1行です）。

グラフィックを動かそう！

　この調子で、もう少し面白そうなことをやってみよう。やっぱり、見て面白いものといえば、グラフィックだ。現在の最新ブラウザは、HTMLで簡単なグラフィックぐらい描けるようになっている。もちろん、そのグラフィックもJavaScriptで操作可能なんだ。やってみよう。

リスト7-17

```html
<!DOCTYPE html>
<html lang="ja">
    <head>
    <meta charset="utf-8">
    <title>Sample Page</title>
    <script>
    function doMove(e){
        var circle1 = document.getElementById
            ('circle1');
        circle1.setAttribute('cx', e.x + 'px');
        circle1.setAttribute('cy', e.y + 'px');
    }
    </script>
</head>
<body onmousemove="doMove(event);">
    <svg style="position:absolute;top:0px;
        left:0px;"
            width="400px" height="300px"
            xmlns="http://www.w3.org/2000/svg">
        <circle id="circle1" cx="200px"
            cy="200px"
            r="50px" opacity="0.5"
            fill="#ffaaaa" stroke="#aa6666"
            stroke-width="5px" />
    </svg>
```

```
        <h1>Sample Page</h1>
        <p>マウスの位置に円が移動します。</p>
</body>
</html>
```

ページをロードしたら、画面上にマウスポインタを持ってこよう。すると、淡い赤の円がマウスポインタにくっついてリアルタイムに移動するぞ。

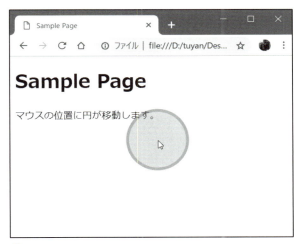

図7-15 マウスポインタにぴったりくっついて円が移動する。

SVGで図形を表示する！

ここでは「**SVG**」っていう機能を使ってる。SVGは「Scalable Vector Graphics」というもので、拡大したり変形したりしても画質が落ちない「ベクターグラフィック」っていうグラフィックを表示するための機能だ。これは、HTMLとはちょっと違うものなんだけど、最近のWebブラウザはたいていSVGに対応しているからちゃんと表示されるはずだ。

ここでは、こんな具合にタグが書かれているね。

```
<svg ……>
    <circle …… />
</svg>
```

この**<svg>**っていうタグが、SVGのグラフィックを表示するためのもの。**<svg>** 〜 **</svg>**の間に、図形のタグを書いておくんだ。

ここでは、**<circle />**っていうタグを書いてあるけど、これが円の図形のタグなんだ。それぞれのタグには細かな属性が書いてあるけど、まぁ、「**<svg>タグと図形のタグを組み合わせれば、いろんな図形を表示できる**」ってことだけわかっていれば十分だろう。

こんな具合にSVGは、HTMLと同じようにタグを書いてグラフィックを作ることができる。このグラフィックをJavaScriptから操作するときも、やっぱりHTMLと同じくグラフィックのタグのオブジェクトを取り出して、そのメソッドやプロパティを操作すればいいんだ。

厳密には、HTMLとSVGは違うものだし、オブジェクトに用意されているメソッドなどもHTMLのオブジェクトとは違うんだ。だけど、「JavaScriptから操作できる」という点に違いはない。感覚的には、HTMLのタグと同じ感覚でSVGタグも操作できるようになっているんだ。

HTMLでグラフィックを表示する機能としては、このほかに「**Canvas**」っていうのもある。こっちは**<canvas>**ってタグの中にJavaScriptでグラフィックを描画する処理を書いていく、というやり方をする。細かな違いはあるけど、「JavaScriptで操作する」という基本は同じ。これらを使えるようになれば、ビジュアルな表現も思いのままだ。

本格的なWebアプリはどうなってる？

というわけで、ごくざっとだけど、JavaScriptを使ったプログラミングについて紹介してみた。Webブラウザの中で動くプログラムの便利さが少しでも感じられたかな？

ここで紹介したのは、あくまで「ブラウザに表示されているWebページの中で動くプログラム」だ。ページの中で表示を変えたり何かを動かしたりするような処理はこれで実現できる。でも、Webで動くプログラム（いわゆるWebアプリケーション）というのは、それだけでできているわけじゃない。

　例えば、Amazonのようなサイトでは、たくさんの商品の紹介ページが用意されている。あれって、どうやって作っているんだろうか？　「え、商品の紹介をするWebページを一つずつ作ってアップしてあるんじゃないの？」と思った人。あのね、Amazonに一体いくつの商品があると思ってるの？　何百万、何千万とある商品ページを全部手書きするなんて不可能だよ。

　実は、こうした商品ページというのは、**サーバー**に設置したプログラムで作られているんだ。

　例えば、ユーザーが何かの商品を見ようとボタンをクリックしたとしよう。するとサーバーにその商品を示すデータ（ID番号とか、書籍ならISBNコードとか、そういったものね）が送られる。サーバーのプログラムは、それを元にデータベースにアクセスし、商品のデータを検索して取り出す。そしてそれを元に画面の表示を作成し、それをアクセスした君のブラウザに表示するんだ。

実は「裏側」こそ重要？

　こんな具合に、Webにある多くの便利サイトは、WebブラウザにあるJavaScriptよりも、インターネットの向う側にある「サーバー」に膨大なプログラムを用意して動いている。こっちのほうこそが、Webアプリケーションの核となる部分なんだ。

　インターネットの世界では、以前と比べれば圧倒的に簡単にWebサイトを作れるようになった。HTMLとJavaScriptがわかればWebは作れる、と思っている人も多いかもしれない。だけど、これらでできるのは、Webの「目に見える部分」だけだ。Webは、目に見えない「裏側」が実はとっても重要なんだ。

　今回、HTMLとJavaScriptを使ってごく簡単なプログラムを作って動かしてみて、「Webアプリってのも面白いかも」って思った人もきっといるだろう。そうした人は、JavaScriptだけでなく、「サーバーのプログラミング」についても挑戦してみて欲しい。

　サーバー側のプログラミングができるようになると、昔型の「あらかじめ用

意しておいた絵やテキストを表示するだけ」のサイトから、ダイナミックに情報が変化するWebアプリケーションへとステップアップできる。それは君にとっても、君のサイトを利用する多くの人にとっても幸せなことだよ。

Webアプリからスマホアプリへ

　この「HTML + JavaScript」というプログラミングスタイルは、ほかにも発展する道がある。それは「**スマホアプリ**」だ。
　スマホの開発について、**第4章**でいろいろと取り上げたね。その中で、PhoneGapとかMonaca、React Nativeなんてものを紹介した。これ、全部JavaScriptで動いてるものだ。今やスマホアプリの開発もJavaScriptで普通に行われるようになっているんだ。

　ほんの数年前までは、「そんなもの使い物にならないよ」といわれたかもしれない。が、今やスマホも進化し、ちょっと前のパソコンと変わらないぐらいに高速で動くようになった。JavaScriptでも、十分すぎるぐらいのスピードで動かせるのだ。

　こうした開発ツールを使えば、**iPhoneアプリもAndroidアプリも一度に作ることができる**。マルチプラットフォームの開発を考えているなら、この開発スタイルはかなり有効だ。スマホ開発は、現在、アマチュアプログラマがもっとも活躍している分野。JavaScriptでそれが実現できるなら、一度挑戦してみて欲しいな。

プログラミング体験は始まったばかり！

　……というわけで、JavaScriptを使って、ごく簡単なプログラミングを体験してみた。ここで重要なのは、JavaScriptというソフトの使い方や機能じゃない。「プログラミング」というものがどんな具合に行われるのか、ってことだ。

　ここではJavaScriptを使ったけれど、JavaScriptにだって、「ない機能」はたくさんある。また、ほかのプログラミング言語とは異なる機能も山ほどあるだろう。だから、ここで紹介したものをそのまま丸暗記したからって何かの足しになるわけじゃない。

が。どんな言語であれ、「**プログラミング言語に用意されている機能をいかに組み合わせれば、自分のやりたいことが実現できるか**」を考える、その基本は変わらない。そう、JavaScriptでやったことも、結局は「**アルゴリズム**」だったんだ。

　また、プログラミング言語に用意されている部品はそれぞれ違う。なにより、「それらの部品は、どんな考え方に基づいて設計されているか」という考え方が違う。いわゆる「**設計思想**」ってやつだ。例えば、JavaScriptはオブジェクト指向だけど、実はそのほかの言語（JavaとかC＃とかいったもの）のオブジェクト指向とは全く仕組みが違うんだ。違うけど、オブジェクト指向というのは同じ。違いは、機能とか使い方ということの以前に、「オブジェクトに対する思想」の違いなんだ。
　そうした「**言語やライブラリなどの思想を理解する**」ということも、実はプログラミングの重要な要素だったりするんだよ。

プログラマはコンピュータ界の「思想家」

　プログラミングというと「足したり引いたり、計算のかたまりみたいなことを書いてる」というイメージしかなかった人も多いだろう。けれど、プログラミングの本質は、実は「計算」じゃない。
　「**思想を理解し、その思想を元にすべてを再構築する**」ことなんだ。なんだかよくわからない？　うん、そうかもしれない。だがね、プログラマというのは、実はコンピュータの世界の思想家であり哲学者なんだ、ってことを頭のどこかに入れておいてほしいな。

今日から「プログラマ」を名乗ろう！

　……ま、ややこしい話はもういい。ともかくも、君は「プログラミング」を体験することができた。ということは、君はもうこれで「**プログラマ**」の仲間入りをしたわけだ。「え？　こんな屁みたいなもん作っただけじゃ、プログラマとはいえないよ」と思った人。あのね、プログラマってのは「プログラムを作る人」なんだ。だから、どんなちっぽけなものであれ、プログラムを作った君は、「プログラマ」なんだ。

Chapter 7 「プログラミングの世界」を覗く

　そりゃあ「プロのプログラマ」とはいえないよ。だけど、楽しみでプログラムを書く「アマチュアプログラマ」としてなら、別に「これができないとプログラマと名乗ってはいけない」なんて資格はない。1行だってプログラムを書けたら、君は立派な「プログラマ」だ。

　コンピュータに関わる人の多くは、大いなる偏見の中にいる。「高度な知識を持った人ほど偉い」「高度な技術のある人ほど偉い」「高度なプログラムを作れる人ほど偉い」といった偏見の中に。君も、おそらくはその偏見の只中にいる。そうじゃないか？
　そりゃ、それで飯を食っているプロならそうだろう。だが、少なくとも「楽しみでやっているアマチュア」にそんなもんが通用するわけがない。——例えば、趣味でギターを弾いてる人とか、趣味で油絵をやってる人とか、世の中にはいっぱいいる。そうした人たちの間で、「立派な作品を作っている人ほど偉い」なんてことが通用するだろうか？

　楽器は下手だけど、面白い曲を書ける人もいる。音痴なのに、なぜだか聞き入ってしまう歌をうたう人もいる。デッサンが狂っているけど、味わい深い絵を描く人もいる。正確な音程で歌える人、写真のような絵を描ける人が、優れた歌手や絵かきだろうか？　それが商売なら、そうかもしれない。だけど「好きだから」やっている人に、そんな理屈は通用しないよ。

　そりゃ、すごい作品を作った人がいれば、素直に尊敬するだろう。「ああなりたいな」と思うだろう。だけど、そうした人と自分との間に「どっちが偉い」とかいう上下関係なんてあるわけがない。だって、アマチュアなんだから。楽しみでやっているんだから。「仲間」でありこそすれ、上下関係なんてあるわけがない。
　プログラミングだってそうだ。楽しみでやっている人間であれば、ものすごいテクを持った人も、昨日今日始めたばかりの人間も、みんな立場は同じだ。どっちが偉いわけでもない、同じ仲間なんだ。
　だから、今日から君は堂々と名乗っていいんだ。「僕は、アマチュアプログラマです！」って。

——というわけで、長かったプログラミング話もこれでおしまい。君のプログラマ人生は、遂にスタートした。あとは、君次第だ。JavaScriptをもっと極めるもよし、C#やSwiftといった本格言語を試してみるもよし。「やっぱりこの世界はオレには合わなかった」とプログラミングをやめるのだって、一つの選択だ。背伸びせず、君自身の身の丈にあった楽しみ方を探していこう。では、がんばって進めよ！

INDEX

さ・く・い・ん

▶記号

.NET	86, 144, 176
\<script\>	319
\<svg\>	344

▶A

AIDE	203
AltJS	126
Amazon Lumberyard	259
Android Studio	226
Angular	166
Apache NetBeans	221
App Inventor	178
Atom	243
AWS	260

▶B

BASIC	76
Blockly	278
Brackets	232

▶C

C#	86, 144, 176
C++	72
CakePHP	152
Cascading Style Sheet	120
case	316
CGI	128
Cocos2d-x	262
Cocos Creator	261
Codenvy	234
CodeSandbox	236
Colaboratory	286
CryEngine	259
CSS	120
C言語	68

▶D

Dart	190
Date	313
Defold	266
DI	156
Django	159
document	302
DroidScript	200

▶E

Eclipse	218
Electron	102
else	313
Epic Games	257
ES6	126
Express	160

▶F

Flash 278
floor 314
Flutter 190
Flutter Studio 191
for 309
function 322

▶G

GDScript 265
getElementById 336
Git 235
GitHub 238
Go 96
Godot 264
Google Apps Script 107, 140
GPL 52
Gradle 112
Groovy 109
Groovy Console 110

▶H

HTML 119

▶I

if 311
IntelliJ IDEA Community Edition 224
Interface Builder 216
Ionic 193
iPad 284
ITパスポート試験 58

▶J

Java 171

Java EE 142
JavaScript 102, 122, 137, 294
JavaScriptCode 186
Java SE 80
Java仮想マシン 174
JSP 142
JSX 163, 165, 186
Jupyter 286

▶K

Kotlin 173

▶L

Laravel 154
Linux 42
Lua 263, 268
Lumberyard 259

▶M

Mac 42
Markdown 287
Math 314
matplotlib 197
Maven 112
Microsoft Certified Trainer 59
Microsoft Office Specialist 58
Microsoft Small Basic 281
MIT App Inventor 178
MITメディアラボ 272
Monaca 183
Mono 177, 265
MOS(Microsoft Office Specialist) 58
MVCフレームワーク 150
MySQL 131

▶ N

NativeScript 187, 265
NetBeans 222
Node.js 137
Notepad++ 240
numpy 198

▶ O

Objective-C 89, 176
onclick 341
onload 337
Oracle Java Certifications 59

▶ P

Perl 128
PhoneGap 181
PHP 130
pip 199
Play Framework 114
Playground 189
PostgreSQL 131
Processing 289
prompt 323
Pydroid 3 198
Python 99, 135
Pythonista3 196

▶ R

React 164
React Native 185
Ruby 133
Ruby on Rails 150

▶ S

SBT 114
Scala 113
Scratch 272
ScriptCanvas 261
Small Basic 281
Smalltalk 90
Snack 186
Spring Boot 157
SQLite 131
StackBlitz 239
Sublime Text 245
SVG 343
Swift 93, 175
Swift Playgrounds 284
switch 314
Symfony 155

▶ T

textContent 336
this 329
Tkinter 200
toString 325
Try Blockly 279
TypeScript 125

▶ U

Unity 254
Unreal Engine 256

▶ V

var 305
VBA 104
Vector 62

さ・く・い・ん

Visual Basic for Applications 104
Visual Basic .NET. 76
VisualScript. 265
Visual Studio Code 229
Visual Studio Community Edition 212
Vue.js 162

▶ W

while 308
window 323
Windows 42
write. 302

▶ X

Xamarin 177
Xcode. 215

▶ あ行

アマチュアプログラマ. 20
アルゴリズム. 317
石取りゲーム. 316
イベント 336
インタープリタ 30
インデント. 100
ウィジェット. 191
エレメント. 336
演算子 305
演算子のオーバーライド. 73
応用情報技術者試験 58
オープンソース. 50
オブジェクト. 324
オブジェクト指向 34

▶ か行

仮想DOM. 163
仮想マシン. 81
関数 322
関数型言語. 113
機械学習 135
基本情報技術者試験 58
キャンディークラッシュ. 267
クラウドサービス 136
クラス 84
繰り返し 307
ゲームエンジン 252
構造化 79
構造体 97
高度情報処理技術者試験. 58
コンストラクタ関数 328
コンパイラ. 30
コンポーネント. 163, 165, 167

▶ さ行

サーバーサイドJava. 142
サーブレット. 142
サブルーチン. 79
サンドボックス. 237
条件分岐 311
情報処理技術者試験 57
情報セキュリティマネジメント試験. . . 58
職業プログラマ 19
スクラッチ. 273
スクリプト言語. 100
スパゲティコード 77
正規表現 128
静的型付け. 97, 126
ソースコード. 30

353

さ・く・い・ん

ソフトウェア 9

▶ た行

ダイナミックコンテンツリリース 260
代入演算子 309
中間コード 87
著作権 51
ツムツム 262
ディストリビューション 43
手続き型言語 113
テンプレート 73, 163
統計解析 135

▶ な行

ネイティブアプリ 38

▶ は行

ハードウェア 9
比較演算子 308
引数 328
ビルドツール 112
フォートナイト 257
フリープログラマ 19
ブループリント 258
プログラミン 275
プログレッシブWebアプリ 166
プロパティ 326
ページ記述言語 119

▶ ま行

マイクロカーネル 156
マサチューセッツ工科大学 273
窓の杜 62
メソッド 326

モジュール 167
モンスト 262
文部科学省 275

▶ ら行

ライトウェイト言語 36
リアクティブ・プログラミング 165
リポジトリ 158
リリースビルド 184

―――― **著者略歴** ――――

掌田 津耶乃（しょうだ つやの）

　日本初の Mac 専門月刊誌「Mac +」の頃から主に Mac 系雑誌に寄稿する。ハイパーカードの登場により「ビギナーのためのプログラミング」に開眼。以後、Mac、Windows、Web、Android、iPhone とあらゆるプラットフォームのプログラミングビギナーに向けた書籍を執筆し続ける。

◎最近の著作
『Vue.js & Nuxt.js 超入門』（秀和システム）
『Java/Scala フレームワーク PlayFramework 入門』（秀和システム）
『PHP フレームワーク Symfony4 入門』（秀和システム）
『Android/iOS クロス開発フレームワーク React Native 入門』（秀和システム）
『Google Apps Script Web アプリ開発超入門』（秀和システム）
『Android/iOS クロス開発フレームワーク Flutter 入門』（秀和システム）
『Node.js 超入門 第 2 版』（秀和システム）
『Python Django 超入門』（秀和システム）

◎筆者の Web サイト
https://plus.google.com/+TuyanoSYODA/

◎著書一覧
http://www.amazon.co.jp/-/e/B004L5AED8/

◎筆者の運営サイト
https://www.tuyano.com
https://card.tuyano.com
https://blog.tuyano.com

◎ご意見・ご感想の送り先：
syoda@tuyano.com

カバーデザイン　高橋サトコ
カバーイラスト　高田　真弓

これからはじめる人の
プログラミング言語の選び方

| 発行日 | 2019年　3月19日 | 第1版第1刷 |

著　者　掌田　津耶乃

発行者　斉藤　和邦
発行所　株式会社　秀和システム
　　　　〒104-0045
　　　　東京都中央区築地2丁目1−17　陽光築地ビル4階
　　　　Tel 03-6264-3105（販売）　Fax 03-6264-3094
印刷所　三松堂印刷株式会社

©2019 SYODA Tuyano　　　　　　　　　　Printed in Japan
ISBN978-4-7980-5746-0 C3055

定価はカバーに表示してあります。
乱丁本・落丁本はお取りかえいたします。
本書に関するご質問については、ご質問の内容と住所、氏名、
電話番号を明記のうえ、当社編集部宛FAXまたは書面にてお
送りください。お電話によるご質問は受け付けておりません
のであらかじめご了承ください。